網軒
絡轅

21 世纪高等院校
云计算和大数据人才培养规划教材

刘志成 林东升 彭勇◎编著

云计算技术与应用基础

The Technologies and
Applications of
Cloud Computing

人民邮电出版社
北 京

图书在版编目（CIP）数据

云计算技术与应用基础 / 刘志成，林东升，彭勇编著. -- 北京：人民邮电出版社，2017.4（2023.8重印）
21世纪高等院校云计算和大数据人才培养规划教材
ISBN 978-7-115-44820-0

Ⅰ. ①云… Ⅱ. ①刘… ②林… ③彭… Ⅲ. ①云计算－高等学校－教材 Ⅳ. ①TP393.027

中国版本图书馆CIP数据核字(2017)第022890号

内 容 提 要

本书从云计算技术与应用的 8 个维度对云计算技术基础进行了全面介绍，内容包括云概述、云标准、云存储、云服务、云桌面、云安全、云技术和云应用。编者搜集、整理、制作了大量的典型案例，帮助读者揭开云计算的神秘面纱，为后续云计算相关技术的深入学习和应用实践奠定基础。书中合理设置了认知（知识学习）、体验（案例剖析）、提升（课外拓展）环节，为读者学习提供便利。

本书适合作为计算机类相关专业云计算技术的入门教材，也可作为云计算初学者的自学用书。

◆ 编 著 刘志成 林东升 彭 勇
责任编辑 桑 珊
执行编辑 左仲海
责任印制 焦志炜

◆ 人民邮电出版社出版发行 北京市丰台区成寿寺路 11 号
邮编 100164 电子邮件 315@ptpress.com.cn
网址 http://www.ptpress.com.cn

北京市艺辉印刷有限公司印刷

◆ 开本：787×1092 1/16
印张：17.75   2017 年 4 月第 1 版
字数：451 千字   2023 年 8 月北京第14次印刷

定价：45.00 元

读者服务热线：(010)81055256 印装质量热线：(010)81055316
反盗版热线：(010)81055315
广告经营许可证：京东市监广登字 20170147 号

云计算技术与应用专业教材编写委员会名单
（按姓氏笔画排名）

序

信息技术正在步入一个新纪元——云计算时代。云计算正在快速发展，相关技术热点也呈现百花齐放的局面。2015 年 1 月，国务院印发的《关于促进云计算创新发展培育信息产业新业态的意见》提出，到 2017 年，我国云计算服务能力大幅提升，创新能力明显增强，在降低创业门槛、服务民生、培育新业态、探索电子政务建设新模式等方面取得积极成效，云计算数据中心区域布局初步优化，发展环境更加安全可靠。到 2020 年，云计算技术将成为我国信息化重要形态和建设网络强国的重要支撑。

为进一步推动信息产业的发展，服务于信息产业的转型升级，教育部颁布的《普通高等学校高等职业教育（专科）专业目录（2015 年）》中设置了"云计算技术与应用（610213）"专业，国家相关职能部门正在组织相关高职院校和企业编制专业教学标准，这将更好地指导高职院校的云计算技术与应用专业人才的培养。作为高层次 IT 人才，学习云计算知识、掌握云计算相关技术迫在眉睫。

本套教材由广东轩辕网络科技股份有限公司策划，联合全国多所高校一线教师及国内多家知名 IT 企业的高级工程师编写而成。全套教材紧跟行业技术发展，遵循"理实一体化""任务导向"和"案例驱动"的教学方法；围绕企业实际项目案例，注重理论与实践结合，强调以能力培养为核心的创新教学模式，加强学生对内容的掌握和理解。知识内容贴近企业实际需求，着眼于未来岗位的要求，注重培养学生的综合能力及良好的职业道德和创新精神。通过学习这套教材，读者可以掌握服务器、虚拟化、数据存储和云安全等基本技术，能够成为在生产、管理及服务第一线，从事云计算项目实施、开发、运行维护、基本配置、迁移服务等工作的高技能应用型专门人才。

本套教材由《云计算技术与应用基础》《云计算基础架构与实践》《云计算平台管理与应用》《云计算虚拟化技术与应用》《云计算安全防护技术》《云计算数据中心运维与管理》六本组成。六本教材之间相辅相成，承上启下，紧密结合。教材以高技能应用型专门人才培养为目标，将能力与创新融合为一体，为云计算产业培养和挖掘更多的人才，服务于各行各业，从而促进和推动云计算产业建设的蓬勃发展。

相信这套教材的问世，一定会受到广大教师的青睐与学生的喜欢！

云计算技术与应用专业教材编写委员会

前 言

"云物移大智"（即云计算、物联网、移动互联网、大数据、智能化）成为新一代信息技术的重要标志，已经深刻影响了经济、社会、教育、医疗和行政管理等多个领域，极大促进了产业发展转型、管理方式变革和社会效率提升。其中云计算是互联网的广泛普及和深度应用，它颠覆了个人计算和传统的IT应用模式，开创了崭新的技术领域，提供了定制化的服务。2015年3月，国务院印发的《关于促进云计算创新发展培育信息产业新业态的意见》提出，到2020年，云计算成为我国信息化重要形态和建设网络强国的重要支撑。

本书从云计算技术与应用的8个维度，即云概述、云标准、云存储、云服务、云桌面、云安全、云技术和云应用，对云计算技术和云计算应用进行了全面介绍。书中摒弃了大量艰涩难懂的技术和原理性的知识，搜集、整理、制作了大量的典型案例（企业产品、典型服务和解决方案等），力求以实际应用和典型案例为基础，通过认知、体验、提升的层次化学习环节的设计，帮助读者快速、全面地掌握云计算的内涵、云计算的技术架构和云计算的相关应用。

本书由湖南铁道职业技术学院刘志成、林东升、彭勇编著，湖南大众传媒职业技术学院文林彬，湖南信息职业技术学院邓杰，湖南铁道职业技术学院冯向科、吴献文、颜谦和、肖素华、王欢燕、林保康、张军参与了部分章节的编写和文字校对工作。

在本书的编写过程中，广东轩辕网络科技股份有限公司给予了大力支持，广东轩辕网络科技股份有限公司、蓝盾信息安全技术股份有限公司、升腾资讯有限公司、华为技术有限公司、金蝶国际软件集团有限公司、湖南科创信息技术有限公司等提供了企业真实的案例和解决方案，在此表示感谢。同时，编者在编写过程中也参考和引用了互联网中的大量资料（包括文本和图片等），对资料原创的相关组织和个人深表谢意。编者也郑重承诺，引用的资料仅用于通过本书进行的知识介绍和技术推广，绝不用于其他商业用途。

编者
2016 年 11 月

目 录 CONTENTS

PART 1

第1章
云概述

本章目标

　　本章将向读者介绍云计算产业发展和云计算技术的基础知识，主要包括云计算产业发展概况、国家发展云计算相关政策、云计算产业链、云计算的内涵、云计算的特点和云计算的分类。本章的学习要点如下。

（1）云计算产业链及相关企业与服务情况。

（2）云计算的内涵及相关定义。

（3）云计算的主要特点。

（4）基于不同角度的云计算的分类。

1.1　产业发展及政策支持

　　2016 年 9 月中国信息通信研究院发布的《云计算白皮书（2016 年）》对全球和我国的云计算产业发展进行了分析。下面关于云计算产业发展的资料主要来源于中国信息通信研究院（原工业和信息化部电信研究院）。

1.1.1　概览全球云计算市场发展

1. 全球云计算市场规模及发展趋势

　　全球云计算市场总体平稳增长。2015 年以 IaaS（基础设施即服务）、PaaS（平台即服务）和 SaaS（软件即服务）为代表的典型云服务市场规模达到 522.4 亿美元，增速 20.6%，预计 2020 年将达到 1435.3 亿美元，年复合增长率达 22%。

　　（1）美国在全球云计算市场的领导地位进一步巩固。

　　作为云计算的"先行者"，北美地区仍占据市场主导地位，2015 年美国云计算市场占据全球 56.5% 的市场份额，增速达 19.4%，预计未来几年仍以超过 15% 的速度快速增长。从服务商来看，Amazon 的 AWS（Amazon Web Services）2015 年收入近 79 亿美元，增速超过 50%，服务规模超过全球 IaaS 领域第 2 到第 15 名厂商总和的 10 倍，数据中心布局美国、欧洲、巴西、新加坡、日本和澳大利亚等地，服务全球 190 个国家和地区；Salesforce 2015 财年营收 53.7 亿美元，增速为 32%，服务全球超过 10 万个企业用户。欧洲作为云计算市场的重要组成部分，以英国、德国、法国等为代表的西欧国家占据了 21.5% 的市场份额，近两年增长放缓，2015 年增速仅为 4.2%，其中西班牙等国家出现负增长，预计未来几年增速将达到 10%。2015 年日本云计算市场全球占比为 4.2%，增速为 7.9%，预测未来几年增速会小幅上升，但仍低于北美国家。预计未来美国与欧洲、日本云计算市场差距将进一步扩大。全球云计算市场分布情况如图 1-1 所示。

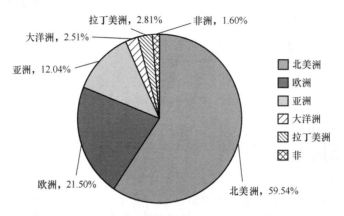

图 1-1　全球云计算市场分布情况（数据来源：Gartner）

（2）以中国、印度为代表的云计算新兴国家高速增长。

2015 年亚洲云计算市场全球占比为 12%，保持快速增长。其中印度增速达 35%，中国市场全球占比已由 2012 年的 3.7% 上升到 5%。金砖国家巴西、俄罗斯、南非云计算市场占有率总和仅为 3% 左右，但增速较快，且市场潜力较大，预计未来几年市场会进一步扩大。

2．全球云计算发展热点分析

《云计算白皮书（2016 年）》分析指出全球云计算技术发展热点包括：容器技术助力云计算发展、更加高效的 Unikernel 技术引发关注、x86 在基础计算架构领域一统天下的局面或将改变、云计算与物联网（IoT）技术的结合成为新的技术与业务发展方向等。发展热点包括以下 4 个方面。

（1）企业级应用场景成为云计算产业蓝海。

云服务从业者逐渐增多，云计算生态链日益完善，越来越多的企业开始走向并深入云计算，而混合云则是其中最可能的实现方式。据 RightScale2015 年的调研数据显示，虽然有 88% 的企业使用公有云，但 68% 的企业在云端仅运行不到 1/5 的企业应用，大多数企业未来会将更多的应用迁移到云端，并且 55% 以上的企业表明目前至少有 20% 以上的应用是构建在云兼容（Cloud Friendly）架构上的，可以快速转移到云端。对于企业，其在转移到云计算的需求与管理内部资源之间寻找平衡，特别是出于数据安全性顾虑。混合云则满足市场需求，既可以保存敏感数据在私有云上，又可以利用公有云的低成本和可扩展性优势。据统计，在公有云、私有云以及混合云策略中，82% 的企业优先选择混合云。目前云服务商和设备厂商也采用虚拟私有云、托管云等多种方式进军混合云市场，提供多种混合云解决方案，未来几年混合云市场仍将快速增长。

（2）云服务商构建以"我"为主的生态圈。

随着云计算从互联网市场向企业市场拓展，应用开发、集成、咨询、培训等配套环节也愈发重要，建立产业生态成为服务商竞争的关键。国际公有云服务商通过不断丰富业务种类、培育合作伙伴，构建以自己为核心的生态体系。以 Amazon 为例，除 50 余种基本云服务外，它还可提供多达 2 300 多种第三方应用，包括基础软件、应用软件、开发和测试工具等，且每年更新的特性超过 500 个。

（3）私有云供应商抱团取暖共推开源。

除云服务巨头企业之外，开源社区聚集了传统 IT 软、硬件厂商以及技术创新企业，形成了"众筹"式发展的局面，成为云计算产业生态的另一个核心。热点开源社区的平台产品技术能力迅速提升，传统 ICT 设备对开源平台的兼容性显著提高。

（4）物理设施故障和系统安全漏洞成为云安全的最主要威胁。

由于云服务商数据中心资源的规模化和集中化，数据中心、网络链路等物理设施的人为破坏和故障造成的影响进一步扩大，对服务商的运维水平提出巨大考验。2014 年 6 月 23 日，由于外部网络故障，Microsoft 在北美洲大部分地区的 Office 365 企业电子邮件中断，部分用户受影响长达 8 个小时；2015 年 8 月 20 日，Google 位于比利时布鲁塞尔的数据中心遭雷击，造成电力系统的供电中断，导致数据中心磁盘受损和云存储系统断线，部分数据永久丢失。面对数据中心承载的庞大业务规模，云服务商需要进一步提升运维能力与资源冗余水平。

公有云服务提供商向用户提供大量一致化的基础软件（如操作系统、数据库等）资源，这些基础软件的漏洞将造成大范围的安全问题与服务隐患。

1.1.2 概览我国云计算市场发展

1. 我国云计算市场规模及发展趋势

我国云计算市场总体保持快速发展态势。2015 年我国云计算整体市场规模达 378 亿元，整体增速为 31.7%。其中私有云市场规模为 275.6 亿元，年增长率为 27.1%，预计 2016 年增速仍将达到 25.5%，市场规模将达到 346 亿元左右。

我国公有云服务逐步从互联网向行业市场延伸，2015 年市场整体规模约为 102.4 亿元，比 2014 年增长 45.8%，增速略有下滑。预计 2016 年国内公有云服务市场仍将保持高速增长态势，市场规模可望达到近 150 亿元。

我国私有云市场中硬件市场占主导。2015 年私有云市场中硬件市场规模约为 200 亿元，占比为 72.6%，软件市场规模约为 41.6 亿元，服务市场规模约为 33.9 亿元。据中国信息通信研究院调查统计，70%企业采用硬件、软件整体解决方案部署私有云，少数企业单独采购和部署虚拟化软件，硬件厂商仍是私有云市场的主要服务者，其中国内设备厂商已经占据半壁江山。从用户角度来看，企业选择私有云的首要原因是其可控性强、安全性好，但大多数企业并没有把核心业务系统运行在私有云上，企业管理系统是私有云承载的主要应用。在使用私有云的企业中，70%以上的企业将企业管理系统承载在私有云上，只有约 1/4 的企业选择将核心业务系统承载在私有云上，未来企业应用将加速向私有云迁移。

2. 国内云计算发展热点分析

（1）国内云服务商从内向型向外向型转变。

近两年国内云计算厂商向境外拓展的步伐正在加快。2014 年 UCloud 在北美部署数据中心，2015 年开始在全球 37 个数据节点提供加速方案，逐步拓展境外市场。阿里云 2015 年集中启用了 3 个境外数据中心，2 个位于美国，1 个位于新加坡，境外业务量随之增长了 4 倍以上，未来还计划在日本、欧洲、中东等地设立新的数据中心，完善阿里云的全球化布局。继 2014 年在我国香港部署云数据中心之后，2015 年腾讯也启用了位于加拿大多伦多的北美数据中心，提供超过 10 项云服务。随着中国企业国际化发展的不断加快，尤其是互联网领域，国内云计算厂商纷纷提供境外服务，实现云计算业务全球化，并积极拓展境外企业用户，加速国际化发展。

（2）云计算应用逐渐从互联网行业向传统行业渗透。

当前，云计算的应用正在从游戏、电商、移动、社交等在内的互联网行业向制造、政府、金融、交通、医疗健康等传统行业转变，政府、金融行业成为主要突破口。截至 2015 年，济南市 52 个政府部门、300 多项业务应用均采用购买云服务方式，非涉密电子政务系统在政务云中心建设和运行的比率达 80%以上。"数字福建政务外网云计算平台"建设一期按 5 年使用规模预算，拟承载 50 个省直部门、7 321 项业务事项、1 804 个业务线，共计 616 个应用系统应用。中国金融电子化公司的"金电云"平台可提供基于异构 IaaS 平台的灾备数据中心服务，为中小金融机构提供灾备、演练、接管、恢复、切换和回切等云服务，目前已经为中国人民银行总行和 20 多家中小金融机构提供了灾备服务。此外，蚂蚁金服、天弘基金、人人贷、宜信、众筹网、众安保险等众多互联网金融机构均已将业务迁移至云端。

（3）国内云服务商积极构建生态系统。

伴随着云计算应用逐渐从互联网、游戏行业向传统行业延伸，国内云服务商开始构建生态系统，与设备商、系统集成商、独立软件开发商等联合为企业、政府提供一站式服务。继 2014 年发布"云合计划"（3 年内招募 1 万家云服务商）之后，2015 年 7 月阿里云携手 200 余家大型合作伙伴推出了 50 多个行业解决方案，2015 年 10 月召开的云栖大会吸引了全球超过 20 000 个开发者参加，200 多家云上企业展示了量子计算、人工智能等前沿科技，阿里云生态系统正在加速形成。2015 年国内创业型公司 UCloud 获得近 1 亿美元的 C 轮融资，启动 UEP 企业成长计划持续扶持创业者，以上海为试点布局 UCloud 孵化器，并在全国开展与投资及创业服务机构的深入合作，标志着 UCloud 已由单纯的第三方服务商向完善的游戏行业生态平台拓展。

国内电信运营商也逐步构建合作伙伴生态系统，2015 年 6 月中国电信天翼云发起亿元资金扶持创业的计划，首站定位医疗移动行业，创业者只要通过认证均能获得天翼云提供的资金和技术支持。联通沃云联合华为部署 SDN 联合创新战略，与 CDN 服务商 Akamai 建立战略合作关系，利用其 CDN 技术部署高度可扩展、完全交钥匙的内容分发网络（Turnkey CDN）产品。

1.1.3　解读国家发展云计算相关政策

1．云计算相关政策

（1）国务院《关于加快培育和发展战略性新兴产业的决定》。

2010 年 10 月 10 日，国务院下发《关于加快培育和发展战略性新兴产业的决定》（国发 [2010]32 号），提出要大力发展新一代信息技术产业，要"加快推进三网融合，促进物联网、云计算的研发和示范应用"。

（2）国家发改委、工信部《关于做好云计算服务创新发展试点示范工作的通知》。

2010 年 10 月 18 日，为了加快应用和落地，推进云计算产业的切实发展，国家发改委、工业和信息化部联合下发《关于做好云计算服务创新发展试点示范工作的通知》（发改高技 [2010]2480 号），确定在北京、上海、深圳、杭州、无锡 5 个城市先行开展云计算服务创新发展试点示范工作，试点内容涵盖了平台搭建、产业联盟、核心技术研发和产业化以及标准和安全管理规范的研究制定等。随后，上海的"云海计划"、北京的"祥云计划"等地方云计算规划发布。

（3）工信部《通信业"十二五"发展规划》。

2012 年 5 月，工信部发布《通信业"十二五"发展规划》，将云计算定位为构建国家级信息基础设施、实现融合创新、促进节能减排的关键技术和重点发展方向，并在"云计算工程"发展任务中提出："组织制定云计算标准，突破计算、存储等核心技术，建立具有国际竞争力的云计算技术体系。推动传统互联网数据中心向云计算服务基础设施转型，建设符合国家节能环保等政策要求的绿色大型 IDC。组织云计算服务示范，加快云计算技术在电子政务、中小企业信息化、工业设计、移动支付等重点领域和教育、医疗、交通等公共服务领域推广应用。打造云计算产业链，构建网络基础设施、系统集成、服务运营、硬件产品制造、软件服务、基础技术研发等产业体系"。

（4）国务院《关于促进云计算创新发展培育信息产业新业态的意见》。

2015 年 3 月，国务院印发的《关于促进云计算创新发展培育信息产业新业态的意见》提出，到 2020 年，云计算成为我国信息化重要形态和建设网络强国的重要支撑。随着"一带一路"经济带的贯通，云计算在"一带一路"发展过程中必将释放巨大潜力。

2．我国云计算政策环境分析

（1）国内支持云计算发展的宏观政策环境已经形成。

2015 年是国内云计算政策集中出台的一年，从 1 月至 9 月，国务院先后出台了 3 项与云计算密切相关的政策文件，中央网信办也发布了关于党政部门云计算安全管理的文件。云计算产业发展、行业推广、应用基础、安全管理等重要环节的宏观政策环境已经基本形成。2015 年出台的云计算的相关政策文件如下。

- 2015 年 1 月，《国务院关于促进云计算创新发展培育信息产业新业态的意见》（国发[2015]5 号）（以下简称"5 号文"）。
- 2015 年 5 月，《关于加强党政部门云计算服务网络安全管理的意见》（中网办发文[2015]14 号）（以下简称"14 号文"）。
- 2015 年 7 月，《国务院关于积极推进"互联网+"行动的指导意见》（国发[2015]40 号）（以下简称"40 号文"）。
- 2015 年 8 月，《促进大数据发展行动纲要》（国发[2015]50 号）（以下简称"50 号文"）。

（2）加快发展是云计算政策的主线。

"5 号文"是未来几年指导我国云计算发展最重要的政策依据，实现我国自主云计算产业的快速有序发展是其最终目标，其中包含了 3 个方面的重要部署：一是以公共服务为先导，形成产业生态，带动技术创新。《国务院关于促进云计算创新发展培育信息产业新业态的意见》中第一个任务就是"增强云计算服务能力"，并提出 "鼓励大企业开放平台资源，打造协作共赢的云计算服务生态环境""大力发展面向云计算的信息系统规划咨询、方案设计、系统集成和测试评估等服务"等任务要求，意在以骨干云服务企业为核心，构建云计算产业生态。二是以电子政务为牵引，带动云计算产业快速发展。"5 号文"提出了通过政府信息化建设的投入带动云计算产业、市场发展的思路，这不仅是国际上许多国家的通行做法，也能够实现政府和产业的双赢。三是以布局优化为目标，实现云计算健康有序发展。近几年国内以云计算为名的数据中心建设存在过热倾向，这种无序发展的状态实际上不利于云计算产业的健康发展。"5 号文"不仅提出"加强全国数据中心建设的统筹规划"的要求，还提出"结合云计算发展布局优化网络结构，加快网络基础设施建设升级，优化互联网网间互联架构，提升互联互通质量，降低带宽租费水平"等任务，从数据中心、网络等基础设施的层面保障了云计算的健康发展。

（3）拓展行业领域是主要方向。

全球云计算的发展正在从互联网向其他传统行业领域延伸，我国也不例外。2015年国家发布的各项政策从宏观层面为云计算向行业领域的拓展铺平了道路。

"5号文"夯实了云计算向行业领域拓展的技术、产业、政策基础。从技术方面看，拥有安全可靠的云计算技术是云计算在各行业领域得到进一步推广并保障安全的重要前提。"5号文"提出"提升云计算自主创新能力"，要求"加强云计算相关基础研究、应用研究、技术研发、市场培育和产业政策的紧密衔接与统筹协调"，推动安全可靠的云计算产品和解决方案在各领域的应用。从产业方面看，增强云计算服务能力，建立产业生态是云计算在行业领域应用推广的基础。"5号文"还重点提出了"增强云计算服务能力"的任务，通过大力发展各类公有云服务，充分满足企业、政府、行业部门对于信息化资源各个层面的需求，以期培育新业态、新模式。从政策方面看，适应产业发展情况的法规、政策环境是云计算行业应用发展的基本保障。"5号文"在政策方面提出了市场管理、隐私保护、财税扶持、安全保障等几方面的考虑。

"40号文"指明了云计算与传统行业结合的方向。一是在工业领域，通过云计算推动工业生产的智能化升级。二是在金融领域，利用云计算提供的新型平台和技术，实现金融产品和服务的创新。三是在社会化服务领域，无论是医疗、物流还是教育，都可以与云计算相结合衍生新型业务模式。

（4）云计算安全是政府着力的重点。

中央网信办发布的"14号文"为我国党政部门开展云计算应用的安全管理奠定了政策基础。"14号文"提出了"安全管理责任不变，数据归属关系不变，安全管理标准不变，敏感信息不出境"4条基本要求，为党政部门云计算安全管理定下了基调。"14号文"还重点提出了建立"党政部门云计算服务网络安全审查"机制，这一审查机制已经在2015年正式启动，包括中国信息通信研究院在内的4家第三方机构已经开始了对国内面向党政部门的云服务企业的审查工作。安全审查不仅将成为云服务商进入政务行业的敲门砖，也将为其他行业领域的云计算服务安全管理提供良好的参照和示范。

1.1.4　认知云计算产业链

1. 我国云计算生态系统

我国云计算生态系统（见图1-2）主要涉及硬件、软件、服务、网络和安全5个方面。

（1）硬件。云计算相关硬件包括服务器、存储设备、网络设备、数据中心成套装备以及提供和使用云服务的终端设备。目前，我国已形成较为成熟的电子信息制造产业链，设备提供能力大幅提升，基本能够满足云计算发展需求，但低功耗CPU、GPU等核心芯片技术与国外相比尚有较大差距，新型架构数据中心相关设备研发较为滞后，规范硬件性能、功能、接口及测评等方面的标准尚未形成。

（2）软件。云计算相关软件主要包括资源调度和管理系统、云平台软件和应用软件等。资源调度管理系统和云平台软件方面，我国已在虚拟弹性计算、大规模存储与处理、安全管理等关键技术领域取得一批突破性成果，拥有了面向云计算的虚拟化软件、资源管理类软件、存储类软件和计算类软件，但综合集成能力明显不足，与国外差距较大。云应用软件方面，我国已形成较为齐全的产品门类，但云计算平台对应用移植和数据迁移的支持能力不足，制约了云应用软件的发展和普及。

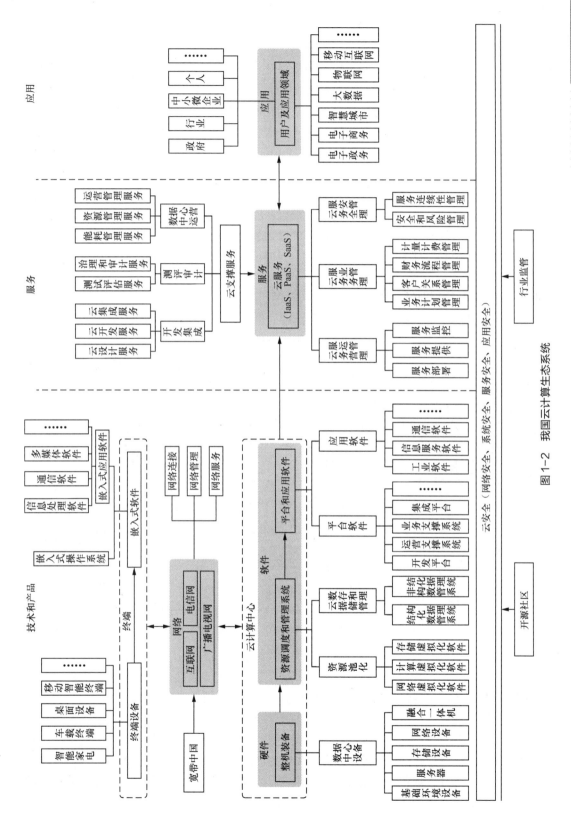

图 1-2　我国云计算生态系统

（3）服务。服务包括云服务和面向云计算系统建设应用的云支撑服务。云服务方面，各类 IaaS、PaaS 和 SaaS 服务不断涌现，云存储、云主机、云安全等服务实现商用，阿里云、百度云、腾讯云等公有云服务能力位居世界前列，但国内云服务总体规模较小，需要进一步丰富服务种类，拓展用户数量。同时，服务质量保证、服务计量和计费等方面依然存在诸多问题，需要建立统一的 SLA（服务水平协议）、计量原则、计费方法和评估规范，以保障云服务按照统一标准交付使用。云支撑服务方面，我国已拥有覆盖云计算系统设计、部署、交付和运营等环节的多种服务，但尚未形成自主的技术体系，云计算整体解决方案供给能力薄弱。

（4）网络。云计算具有泛在网络访问特性，用户无论通过电信网、互联网或广播电视网，都能够使用云服务。"宽带中国"战略的实施为我国云计算发展奠定坚实的网络基础。与此同时，为了进一步优化网络环境，需要在云内、云间的网络连接和网络管理服务质量等方面加强工作。

（5）安全。云安全涉及服务可用性、数据机密性和完整性、隐私保护、物理安全、恶意攻击防范等诸多方面，是影响云计算发展的关键因素之一。云安全不是单纯的技术问题，只有通过技术、服务和管理的互相配合，形成共同遵循的安全规范，才能营造保障云计算健康发展的可信环境。

2．我国云计算产业链

云计算产业泛指与云计算相关联的各种活动的集合，其产业链主要分为 4 个层面，即基础设施层、平台与软件层、运行支撑层和应用服务层，如图 1-3 所示。

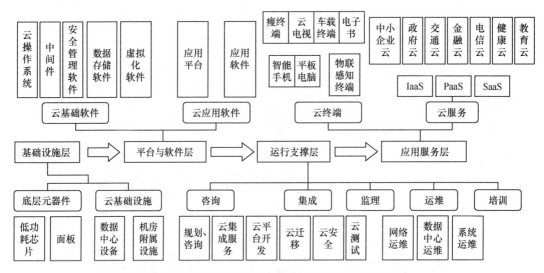

图 1-3　中国云计算产业链全景图（资料来源：赛迪顾问）

基础设施层以底层元器件、云基础设施等硬件设备资源为主；平台与软件层以云基础软件、云应用软件等云平台与云软件资源为主；运行支撑层主要包括咨询、集成、监理、运维、培训等；应用服务层主要包括云终端和云服务。

（1）基础设施层。

基础设施层是指为云计算服务体系建设提供硬件基础设备的产业集合，主要包括底层元器件和云基础设施两个方面，处于云计算产业链的上游环节，是云计算产业发展的重要基础，为云计算服务体系建设提供基础的硬件设施资源。为提高我国在云计算产业中的话语权，增强本土企业在云计算产业中的竞争力，国家将加大在云计算核心芯片研发及下一代互联网、新一代移动通信网、下一代数据中心等基础设施建设中的投入力度，扶持国内重点企业在芯片研发领域实现突破，大力完善云计算业务应用的基础环境，推动我国云计算产业不断快速发展。基础设施层的细分环节和代表企业如表1-1所示。

表1-1　基础设施层细分环节

序号	细分环节名称	描　　述	代 表 企 业
1	底层元器件	为构建云平台基础设施而提供的基础元器件产品集合，是支撑云平台硬件架构的上游主要环节，主要包括低功耗芯片、面板等	● 龙芯 ● 新岸线工厂 ● ARM ● Intel ● AMD ● LG 工厂 ● Samsung 工厂
2	云基础设施	指云计算平台的核心硬件设备如服务器、存储系统、网络设备和机房附属设施所组成的云数据中心的基础平台，主要包括数据中心设备和机房附属设施	● 曙光 ● 浪潮 ● 联想 ● Oracle ● EMC/Cisco ● Microsoft ● Google ● IBM ● HP

（2）平台与软件层。

平台与软件层是指为云计算服务体系建设提供基础平台与软件的产业集合，主要包括云基础软件和云应用软件两个方面，处于云计算产业链的上游环节。其基于基础设施层，为云计算服务体系建设与运行提供基础工具软件、应用开发软件及平台等，是云计算产业发展的活力之源。政策方面，国家未来在加大云计算核心芯片研究的同时也将大力加强在基础软件领域的研发投入，支持国内重点企业在云计算操作系统与平台开发领域实现突破；同时，还将通过服务、应用创新带动技术创新，加快虚拟化技术、资源管理技术、负载均衡技术等云计算关键技术的产业化发展，提升国内云计算产业及企业的竞争实力。平台与软件层的细分环节和代表企业如表1-2所示。

表1-2　平台与软件层细分环节

序号	细分环节名称	描　　述	代 表 企 业
1	云基础软件	指构建在云基础平台之上，为各种应用提供必要运行和支撑的软件，主要包括云操作系统、中间件、安全管理软件、数据存储软件和虚拟化软件等	● 浪潮（云操作系统） ● 阿里巴巴、腾讯、百度、华为（云存储） ● 中创软件（中间件） ● 瑞星、绿盟、奇虎、蓝盾、山石网科（安全管理）

序号	细分环节名称	描 述	代 表 企 业
1	云基础软件	指构建在云基础平台之上，为各种应用提供必要运行和支撑的软件，主要包括云操作系统、中间件、安全管理软件、数据存储软件和虚拟化软件等	● 汉王（生物认证） ● 中金数据（海量存储） ● 南大通用（数据库） ● 中软（分布式数据库） ● Microsoft、Citrix、VMware（虚拟化）
2	云应用软件	指在平台软件和中间件之上，为特定领域开发的直接辅助人工完成某类业务处理或实现企业业务管理的软件与平台，包括应用平台和应用软件	● 轩辕（行业云应用软件） ● 百度、高德（位置导航平台） ● 用友、金蝶（企业管理软件） ● 腾讯、阿里旺旺（通信软件）

（3）运行支撑层。

运行支撑层是指为云计算服务体系建设提供规划、咨询及整合相关基础设施资源进行云计算服务体系建设以及相关运维和培训服务的产业集合，处于云计算产业链的中游，是云计算产业链中连接上下游产业的重要环节。虽然目前中国云计算产业链主要以基础设施层为主体，但运行支撑层却是其中发展最为活跃、发展速度最快的产业环节之一，众多上下游企业都积极参与其中，业务模式也处于快速创新之中，提供的服务也越来越丰富，如规划咨询、云集成、云平台开发、云安全等均取得了快速发展，有效支撑了云计算产业的发展，是中国云计算产业链中的重要支撑环节。运行支撑层的细分环节和代表企业如表 1-3 所示。

表 1-3 运行支撑层细分环节

序号	细分环节名称	描 述	代 表 企 业
1	咨询	指面向云计算产业链上各个环节企业提供云计算业务相关战略决策支撑的活动	● 赛迪顾问 ● 赛迪信息
2	集成	指通过顶层设计、软件开发、系统架构等一系列手段实现云计算数据中心、平台、系统的建设与服务	● 软通动力 ● 奇虎360 ● 中国软件评测中心
3	监理	指对私有云、公有云、混合云构建相关工程的生产（进度、质量和投资）进行监督和管理工作	● 北京长城电子 ● 中信国安 ● 中华通信
4	运维	指为云计算服务和应用所需的网络、数据中心、系统等基础设施提供运行维护的服务	● 中国电信、中国联通、中国移动、世纪互联、Cisco（网络运维） ● 中金数据、万国数据、世纪互联、IBM（数据中心运维） ● 中金数据、中企动力、IBM、HP（系统运维）

序号	细分环节名称	描　　述	代 表 企 业
5	培训	指为从事云计算产业相关领域业务的决策者、管理人员、技术人员、服务人员提供云计算理念、技术、技能培训的服务	华三通信 腾讯云 云唯+

（4）应用服务层。

应用服务层是指在云计算服务体系中提供云服务和云服务应用平台的产业集合，主要包云终端和云服务两个方面，处于云计算产业链的下游环节，是云计算产业获得持续发展的动力所在。

在云终端领域，近年来随着智能手机、平板电脑、车载终端、电子书及物联感知终端产品销售的快速增长，相关服务应用需求也在不断提升，云终端领域的应用价值也得到了快速发展，进一步拓展了云应用的价值链，为云计算产业的持续发展提供了充足动力。

在云服务领域，目前主要以 IaaS 服务为主导，但未来随着基础设施建设的逐步成熟以及云计算应用新需求的不断涌现，SaaS 服务将不断普及，PaaS 服务也将具有较大发展空间，使云计算产业链呈现软化趋势，国内企业也将依托本土优势占据产业发展主导地位。另外，中小企业云、电信云、政府云、健康云、金融云、教育云等行业云服务近年来在云计算快速发展的浪潮中获得了快速发展，吸引了包括 IBM、Microsoft、华为、曙光、浪潮、用友等国内外大型 ICT 企业的积极参与，推动了云计算在各大行业的应用落地，也为云服务应用市场未来持续快速发展打下了坚实基础。

1.2　云计算技术概述

1.2.1　理解云计算的内涵

1．名称的由来

云计算是英文 Cloud Computing 的翻译。1983 年，Sun Microsystems 提出"网络是计算机（The Network is the Computer）"；2006 年 3 月，Amazon 推出弹性计算云（Elastic Compute Cloud，EC2）服务；2006 年 8 月 9 日，Google 首席执行官埃里克·施密特（Eric Schmidt）在搜索引擎大会（SES San Jose 2006）首次提出"云计算（Cloud Computing）"的概念，该概念源于Google 工程师克里斯托弗·比希利亚（Christophe Bisciglia）所做的"Google 101"项目中的"云端计算"。2008 年初，Cloud Computing 在中文中开始被翻译为"云计算"。

云计算是继 20 世纪 80 年代大型计算机到客户端-服务器的转变之后的又一次巨变。它是分布式计算、并行计算、效用计算、网络存储、虚拟化、负载均衡、热备份冗余等传统计算机和网络技术发展融合的产物。

2．定义

云计算没有统一的定义和标准。下面列出美国国家标准与技术研究院、维基百科、中国科学技术大学陈国良院士、中国电子学会云计算专家委员刘鹏教授给出的云计算的定义。

（1）美国国家标准与技术研究院（National Institute of Standards and Technology，NIST）给出的定义。

英文原文：Cloud computing is a model for enabling convenient, on-demand network access to a shared pool of configurable computing resources （e.g., networks, servers, storage, applications, and services） that can be rapidly provisioned and released with minimal management effort or service provider interaction. This cloud model promotes availability and is composed of five essential characteristics, three service models, and four deployment models.

中文翻译（意译）：云计算是一种能够通过网络以便利的、按需付费的方式获取计算资源（包括网络、服务器、存储、应用和服务等）并提高其可用性的模式。这些资源来自一个共享的、可配置的资源池，并能够以最省力和无人干预的方式获取和释放。这种模式具有 5 个关键功能、3 种服务模式和 4 种部署方式。

（2）维基百科给出的定义。

云计算是一种动态的易扩展的且通常是通过互联网提供虚拟化的资源计算方式，用户不需要了解云内部的细节，也不必具有云内部的专业知识或直接控制基础设施。

（3）中国科学技术大学陈国良院士给出的定义。

云计算是指基于当前已相对成熟与稳定的互联网的新型计算模式，即把原本存储于个人计算机、移动设备等个人设备上的大量信息集中在一起，在强大的服务器端协同工作。

（4）中国电子学会云计算专家委员，解放军理工大学刘鹏教授给出的定义。

长定义："云计算是一种商业计算模型。它将计算任务分布在大量计算机构成的资源池上，使各种应用系统能够根据需要获取计算力、存储空间和信息服务。"

短定义："云计算是通过网络按需提供可动态伸缩的廉价计算服务。"

云计算的参考架构示意图如图 1-4 所示。

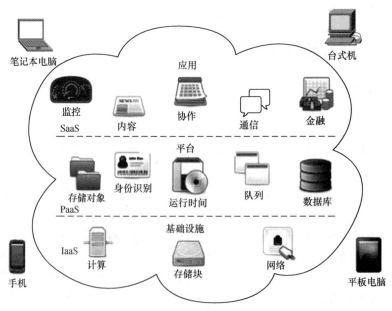

图 1-4　云计算的参考架构示意图

如图 1-4 所示，云计算的组成通常可以分为 6 个部分，它们由下至上分别是：云基础设施、云存储、云平台、云应用、云服务和云客户端。

（1）云基础设施：主要是指 IaaS，包括计算机基础设施（如计算、网络等）和虚拟化的平台环境等。

（2）云存储：即将数据存储作为一项服务（类似数据库的服务），通常以使用的存储量为结算基础。它既可交付作为云计算服务，又可以交付给单纯的数据存储服务。

（3）云平台：主要指 PaaS，即将直接提供计算平台和解决方案作为服务，以方便应用程序部署，从而帮助用户节省购买和管理底层硬件和软件的成本。

（4）云应用：最终用户利用云软件架构获得软件服务，用户不再需要在自己的计算机上安装和运行该应用程序，从而减轻软件部署、维护和售后支持的负担。

（5）云服务：云架构中的硬件、软件等各类资源都通过服务的形式提供。

（6）云客户端：主要指为使用云服务的硬件设备（台式机、笔记本电脑、手机、平板电脑等）和软件系统（如浏览器等）。

3．云和端的概念

云计算将计算任务分布在大量计算机构成的资源池上，使各种应用系统能够根据需要获取计算力、存储空间和各种软件服务。这种资源池称为"云"。"云"是一些可以自我维护和管理的虚拟计算资源，通常为一些大型服务器集群，包括计算服务器、存储服务器、宽带资源等。云计算将所有的计算资源集中起来，并由软件实现自动管理，无需人为参与。之所以称为"云"，是因为它在某些方面具有现实中云的特征：云一般都较大；云的规模可以动态伸缩，它的边界是模糊的；云在空中飘忽不定，你无法也无需确定它的具体位置，但它确实存在于某处。

"端"指的是用户终端，可以是个人计算机、智能终端、手机等任何可以连入互联网的设备。

云计算的一个核心理念就是通过不断提高"云"的处理能力，进而减少用户"端"的处理负担，最终使用户"端"简化成一个单纯的输入输出设备，并能按需享受"云"的强大计算处理能力。

1.2.2 认识云计算的特点

云计算技术具有以下特点。

1．可靠性较强

云计算技术主要是通过冗余方式进行数据处理服务。在大量计算机机组存在的情况下，系统中所出现的错误会越来越多，而通过采取冗余方式则能够降低错误出现的概率，同时保证了数据的可靠性。

2．服务性

从广义角度上来看，云计算本质上是一种数字化服务，同时这种服务较以往的计算机服务更具有便捷性，用户在不清楚云计算具体机制的情况下，就能够得到相应的服务。

3．可用性高

云计算技术具有很高的可用性。在储存上和计算能力上，云计算技术相比以往的计算机技术具有更高的服务质量，同时在节点检测上也能做到智能检测，在排除问题的同时不会对系统造成任何影响。

4．经济性

云计算平台的构建费用与超级计算机的构建费用相比要低很多，但是在性能上基本持平，这使得开发成本能够得到极大的节约。

5．多样性服务

用户在服务选择上将具有更大的空间，通过缴纳不同的费用来获取不同层次的服务。

6．编程便利性

云计算平台能够为用户提供良好的编程模型，用户可以根据自己的需要进行程序制作，这样便为用户提供了巨大的便利性，同时也节约了相应的开发资源。

1.2.3　概览云计算的演化和发展

1．云计算演化的 4 个重要阶段

云计算主要经历了 4 个阶段才演化到现在这样比较成熟的水平，这 4 个阶段依次是电厂模式、效用计算、网格计算和云计算。

（1）电厂模式阶段。

电厂模式就好比是利用电厂的规模效应来降低电力的价格，并让用户使用起来更方便，且无需维护和购买任何发电设备。

（2）效用计算阶段。

在 1960 年左右，当时计算设备的价格是非常高昂的，远非普通企业、学校和机构所能承受，所以很多人产生了共享计算资源的想法。1961 年，人工智能之父约翰·麦卡锡（John McCarthy）在一次会议上提出了"效用计算"这个概念，其核心借鉴了电厂模式，具体目标是整合分散在各地的服务器、存储系统以及应用程序来共享给多个用户，让用户能够像把灯泡插入灯座一样来使用计算机资源，并且根据其所使用的量来付费。但由于当时整个 IT 产业还处于发展初期，很多强大的技术还未诞生，比如互联网等，因此，这个想法虽然一直为人称道，但是总体而言"叫好不叫座"。

（3）网格计算阶段。

网格计算研究如何把一个需要非常巨大的计算能力才能解决的问题分成许多小的部分，然后把这些部分分配给许多低性能的计算机来处理，最后把这些计算结果综合起来攻克大问题。可惜的是，网格计算在商业模式、技术和安全性方面的不足，使得其并没有在工程界和商业界取得预期的成功。

（4）云计算阶段。

云计算的核心与效用计算和网格计算非常类似，也是希望 IT 技术能像使用电力那样方便，并且成本低廉。但与效用计算和网格计算不同的是，云计算在需求方面已经有了一定的规模，同时在技术方面也已经基本成熟了。

2．云计算发展阶段

从 1959 年克里斯托弗·斯特雷奇（Christopher Strachey）提出虚拟化的基本概念，2006 年 Google 首席执行官埃里克·施密特（Eric Schmidt）在搜索引擎大会首次提出"云计算（Cloud Computing）"的概念，2010 年工信部联合发改委联合印发《关于做好云计算服务创新发展试点示范工作的通知》，到 2015 年工信部关于印发《云计算综合标准化体系建设指南》的通知，云计算由最初的美好愿景到概念落地，目前已经进入到广泛应用阶段。概览云计算的发展过程，我们可以将云计算的发展分为理论完善阶段（1959 年—2005 年）、发展准备阶段（2006 年—2009 年）、稳步成长阶段（2010 年—2012 年）和高速发展阶段（2013 年—2016 年）4 个阶段。

（1）云计算关理论完善阶段（1959 年—2005 年）。

云计算的相关理论逐步发展，云计算概念慢慢清晰，部分企业开始发布初级云计算平台，提供简单的云服务。

（2）云计算发展准备阶段（2006年—2009年）。

云计算概念正式提出，用户对云计算认知度仍然较低，云计算相关技术不断完善，云计算概念深入推广。国内外云计算厂商布局云计算市场，但解决方案和商业模式尚在尝试中，成功案例较少。初期以政府公有云建设为主。

（3）云计算稳步成长阶段（2010年—2012年）。

云计算产业稳步成长，云计算生态环境建设和商业模式构建成为这一时期的关键词，越来越多的厂商开始介入云计算领域，出现大量的应用解决方案，成功案例逐渐丰富。用户了解和认可程度不断提高，用户主动将自身业务融入云中。公有云、私有云、混合云建设齐头并进。

（4）云计算高速发展阶段（2013年—2016年）。

云计算产业链、行业生态环境基本稳定；各厂商解决方案更加成熟稳定，提供丰富的 XaaS 产品。用户云计算应用取得良好的绩效，并成为 IT 系统不可或缺的组成部分，云计算成为一项基础设施。

"云计算发展大事记"请参阅附录1。

1.2.4　辨别云计算的分类

1．按服务方式分类

云计算从服务方式角度分为公有云、私有云、混合云。

公有云：基础设施被一个销售云计算服务的组织所拥有。该组织将云计算服务销售给一般大众或广泛的群体。

私有云：云基础设施被一个单一的组织拥有或租用。该基础设施完全由该组织管理。

混合云：基础设施由私有云和公有云组成，每种云仍然保持独立，但用标准的或专有的技术将它们组合起来，具有数据和应用程序的可移植性（例如，可以用来处理突发负载）。

（1）公有云。

公有云被认为是云计算的主要形态，公有云通常指第三方提供商为用户提供的能够使用的云，让具有权限的用户可通过 Internet 使用。公有云价格低廉，其核心属性是共享服务资源。目前市场上公有云占据了较大的市场份额，在国内公有云可以分为以下几类。

① 传统的电信基础设施运营商建设的云计算平台，如中国移动、中国联通和中国电信等提供的公有云服务。

② 政府主导建设的地方性云计算平台，如贵州省建设的"云上贵州"等，这类云平台通常被称为政府云。

③ 国内知名互联网公司建设的公有云平台，如百度云、阿里云、腾讯云和华为云等。

④ 部分 IDC 运营商建设的云计算平台，如世纪互联云平台等。

⑤ 部分国外的云计算企业建设的公有云平台，比如 Microsoft Azure、Amazon AWS 等。

（2）私有云。

私有云是企业内部建设和使用云计算的一种形态，私有云是在企业内部原有基础设施上部署应用程序的方式。由于私有云是为企业内部用户使用而构建的，因而在数据安全性以及服务质量上自己可以有效地管控，私有云可以部署在企业数据中心的防火墙内，其核心属性是专有资源。

私有云可以搭建在企业的局域网上，与企业内部的公司的监控系统、资产管理系统等相关系统进行打通，从而更有利于企业内部系统的集成管理。

私有云虽然数据安全性方面比公有云高，但是维护的成本也相对较大（对于中小企业而言），因此一般只有大型的企业会采用这类的云平台。另外一种情况是，一个企业尤其是互联网企业发展到一定程度之后，自身的运维人员以及基础设施都已经充足完善了，搭建自己的私有云成本反而会比购买公有云服务来得低。

（3）混合云。

混合云融合了公有云与私有云的优劣势，近几年来快速发展起来。混合云综合了数据安全性以及资源共享性双重考虑，个性化的方案达到了节约成本的目的，从而获得越来越多企业的青睐。但在部署混合云时需要关注下面几个问题。

① 数据冗余方面：对于企业数据而言，做好冗余以及容灾备份是非常有必要的。但混合云缺少数据冗余，因此实际上数据安全性也不能得到很好的保证。

② 法律方面：由于混合云是私有云和公有云的集合，因此在法律法规上必须确保公有云和私有云提供商符合法律规范。

③ SLA（服务质量）方面：混合云相比于私有云而言在标准统一性方面会有欠缺。

④ 成本方面：混合云虽然兼有了私有云的安全性，但是由于 API 带来的复杂网络配置使得传统系统管理员的知识经验及能力受到挑战，随之带来的是高昂的学习成本或者系统管理员能力不足带来的额外风险。

⑤ 架构方面：基于混合云的私有网络（VPC）要求对公有云的整体网络设计进行重构，这对企业来说是很大的挑战。

（4）公有云、私有云和混合云比较。

公有云、私有云和混合云在建设地点、服务对象和数据安全等方面的比较如表 1-4 所示。

表 1-4 公有云、私有云和混合云比较

云类型＼属性	建设地点	服务对象	数据安全	功能拓展	服务质量	弹性扩容	成本	核心属性
私有云	企业内部	内部用户	高	高	强	差	维护成本较高	专有
公有云	互联网	外部用户	低	低	中	强	数据风险成本较高	共享
混合云	企业内部+互联网	内部用户外部用户	高	中	差	中	学习成本较高	个性化配置

关于私有云和公有云，有专家打比喻说："私有云相当于自己建个水塔，塔里有多少水是固定的；而公有云就相当于自来水厂，可以应付波动的用水需求。" 究竟哪种云才是云计算的最终形态，业界也有很多争论：公有云阵营认为，混合云是国内用户从"购买服务器"到"购买云服务"的过渡阶段，用户未来会把所有资源放在云端，这是趋势；而混合云阵营则认为，"公有云虽实现弹性扩容，但无法满足定制化需求；私有云可提高资源利用率，但无法为突发业务长期租用资源"；混合云阵营认为，私有云与公有云均有弊端，混合云才能融合两者的优势。从 2015 年至今，私有云厂商 VMware、IBM，公有云厂商 Amazon、Microsoft 都陆续推出自己的混合云方案——这至少是未来 5 年的主流方向。因此，企业最终选择部署私有云、公有云还是混合云，一方面取决于企业内部业务及基础设施建设情况，另一方面取决于云计算技术的发展对数据安全、资源利用、弹性扩容等企业需求的满足情况。

2．按服务类型分类

云计算按照服务类型大致可以分为 3 类：IaaS、PaaS 和 SaaS。我们可以这样理解：云计算是一栋大楼，而这栋楼又可以分为顶楼、中间、低层三大块，IaaS（基础设施）、PaaS（平台）、SaaS（软件）可以理解为这栋楼的 3 个部分，IaaS（基础设施）在最下端，PaaS（平台）在中间，SaaS（软件）在顶端，如图 1-5 所示。

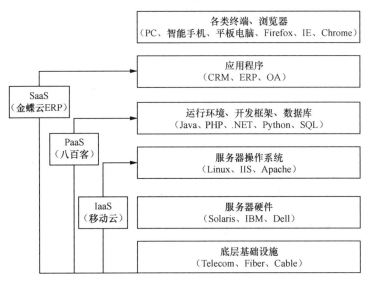

图 1-5　云计算分类图（按服务类型）

（1）IaaS。

基础设施即服务（Infrastructure as a Service，IaaS）：服务提供商把计算基础（服务器、网络技术、存储和数据中心空间）作为一项服务提供给用户。它也包括提供操作系统和虚拟化技术等。

举例来说：几年前，如果企业想在办公室或者企业网站上运行一些新增的企业应用，就需要去买服务器或者别的高昂的硬件来控制本地应用，这样才能让业务正常运行。但现在可以租用云计算服务公司提供的场外服务器、存储和网络硬件而不用自己购买和维护，这样一来，企业便大大地节省了维护成本和办公场地。云计算服务公司提供的场外服务器、存储和网络硬件等基础设施就是为企业提供的服务，即 IaaS。

（2）PaaS。

平台即服务（Platform as a Service，PaaS）：服务提供商将软件开发环境和运行环境等以开发平台的形式提供给用户。

举例来说：随着企业业务的不断发展，企业内部应用不断增多，复杂度也不断增加，通过 IaaS 公司提供的服务可以减少硬件的支出成本，但企业还需要构建和维护各种应用解决方案（如虚拟服务器、操作系统和开发环境等），如果有特定的云计算服务公司可以直接在网上提供各种开发和分发应用的解决方案（应用开发平台），企业通过购买服务的方式使用，这就是 PaaS。PaaS 既可以帮助企业省硬件上的投资，也可以让分散的网页应用管理、应用设计、应用虚拟主机和存储、安全以及应用开发协作工具等发挥更高效率。

（3）SaaS。

软件即服务（Software as a Service，SaaS）：服务提供商将应用软件提供给用户。在这种模式下，应用作为一项服务托管，通过 Internet 提供给用户，可以帮助用户更好地管理他们的 IT 项目和服务，确保他们 IT 应用的质量和性能，监控他们的在线业务。

举例来说：随着移动互联技术的快速发展和智能设备的不断推陈出新，在工作和生活中，我们随时会采集很多图像信息，也需要随时记录和查看个人的运动健康信息等，这些原来都需要通过本地的存储和应用来实现，现在可以通过"百度云"和"QQ 运动"等进行快捷操作。"百度云"和"QQ 运动"等基于云计算技术的"软件"为我们提供的服务就是 SaaS。

（4）Iaas 和 Paas 之间的比较。

如前所述，PaaS 的主要作用是将一个开发和运行平台作为服务提供给用户，而 IaaS 的主要作用是提供虚拟机或者其他资源作为服务提供给用户。PaaS 和 IaaS 的联系和区别如下。

① 开发环境：PaaS 通常情况下会给开发者提供一整套包括 IDE 在内的开发环境和测试环境。IaaS 用户主要还是沿用以前比较熟悉的开发环境，但是因为之前的开发环境在和"云"的整合方面比较欠缺，所以使用起来不是很方便。

② 支持的应用：因为 IaaS 主要是提供虚拟机，而且普通的虚拟机能支持多种操作系统，所以 IaaS 支持的应用的范围是非常广泛的。PaaS 支持的应用是受限的，因为要让一个应用能跑在某个 PaaS 平台，不仅需要确保这个应用是基于这个平台所支持的语言，还要确保这个应用只能调用这个平台所支持的 API。所以，如果这个应用调用了平台所不支持的 API，那么就需要对这个应用进行修改。

③ 开放标准：虽然很多 IaaS 平台都存在一定的私有功能，但是由于 OVF 等协议的存在，使得 IaaS 在跨平台和避免被供应商锁定这两方面是稳步前进的。而 PaaS 平台的情况则不容乐观，因为不论是 Google 的 GAE（Google App Engine），还是 Salesforce 的 Force.com，都存在一定的私有 API。

④ 可伸缩性：PaaS 平台会自动调整资源来帮助运行于其上的应用更好地应对突发流量。而 IaaS 平台则需要开发人员手动对资源进行调整才能应对。

⑤ 整合率和经济性： PaaS 平台整合率非常高，例如 PaaS 的代表 GAE 能在一台服务器上承载成千上万的应用。而普通的 IaaS 平台的整合率最多也不会超过 100，而且普遍在 10 左右，使得 IaaS 的经济性不如 PaaS。

⑥ 计费和监管：因为 PaaS 平台在计费和监管这两方面不仅达到了 IaaS 平台所能企及的操作系统层面（如 CPU 和内存的使用量等），而且还能做到应用层面（如应用的反应时间或者应用所消耗的事务多少等），这将提高计费和管理的精确性。

⑦ 学习难度：因为在 IaaS 上面开发和管理应用与现有的方式比较接近，而 PaaS 上面开发则有可能需要学一门新的语言或者新的框架，所以 IaaS 学习难度更低。

PaaS 和 IaaS 的比较如表 1-5 所示。有关 IaaS、PaaS 和 SaaS 的详细内容请参阅"第 4 章 云服务"。

表 1-5　PaaS 和 IaaS 的比较

观测点　类型	PaaS	IaaS
开发环境	完善	普通
支持的应用	有限	广泛

类型 观测点	PaaS	IaaS
通用性	欠缺	稍好
可伸缩性	自动伸缩	手动伸缩
整合率和经济性	高整合率，更经济	整合率低
计费和监管	精细	简单
学习难度	略难	低

【巩固与拓展】

一、知识巩固

1. （　　　　）中提出：到 2020 年，云计算成为我国信息化重要形态和建设网络强国的重要支撑。

　　A.《关于促进云计算创新发展培育信息产业新业态的意见》

　　B.《通信业"十二五"发展规划》

　　C.《关于做好云计算服务创新发展试点示范工作的通知》

　　D.《关于加快培育和发展战略性新兴产业的决定》

2. 一般认为，我国云计算产业链主要分为 4 个层面，其中包含底层元器件和云基础设施的是（　　　）。

　　A. 基础设施层　　　　　　　　B. 平台与软件层

　　C. 运行支撑层　　　　　　　　D. 应用服务层

3. 下列描述中属于云计算技术的特点的是（　　　）。

　　A. 可靠性较强　　　　　　　　B. 可用性高

　　C. 多样性服务　　　　　　　　D. 经济性

4. 从服务方式角度可以把云计算分为（　　　）3 类。

　　A. 私有云　　　　　B. 金融云　　　　　C. 混合云

　　D. 政务云　　　　　E. 公有云　　　　　G. 桌面云

5. SaaS 是指（　　　）。

　　A. 软件即服务　　　　　　　　B. 平台即服务

　　C. 安全即服务　　　　　　　　D. 桌面即服务

二、拓展提升

1. 搜索智联招聘（http://www.zhaopin.com/）和前程无忧（http://www.51job.com/）等招聘网站中云计算相关的职业岗位及其任职资格，总结归纳出云计算相关的 5 个主要职业岗位及其任职资格，并填写到下表中。

序号	岗 位 名 称	任 职 资 格	主要工作任务
1			
2			

序号	岗 位 名 称	任 职 资 格	主要工作任务
3			
4			
5			

2. 网上探索各种解释云计算内涵的相关比喻，以小组为单位研讨云计算的内涵，比较哪一种比喻最贴切。请列举出你所体验或理解的云应用，并试着填写下表。

序号	应 用 领 域	应 用 名 称	主 要 功 能
1			
2			
……	……	……	……

3. 查询并列出目前在 A 股上市的云计算相关公司有哪些，并结合该公司云计算相关业务情况，分析其在云计算产业链中的位置。试着填写下表。

序号	公 司 名 称	主 要 业 务	产业链中位置
1			
2			
……	……	……	……

PART 2

第2章
云标准

本章将向读者介绍云计算基础架构和云计算标准化相关的知识，主要包括云计算基础架构、云计算与 SOA 以及分布式计算的异同、云计算国际标准化现状和云计算国内标准化进程等。本章的学习要点如下。

（1）云计算基础架构。

（2）云计算与 SOA 以及分布式计算。

（3）国际云计算标准化组织与进程。

（4）国内云计算标准化组织与进程。

2.1　云计算架构

2.1.1　剖析云计算基础架构

1. 传统的 IT 部署架构

传统的 IT 部署架构是"烟囱式"的，或者叫做"专机专用"系统，其简化结构如图 2-1 所示。在"烟囱式"架构中，新的应用系统上线的时候需要分析该应用系统的资源需求，然后确定基础架构所需的计算、存储、网络等设备规格和数量。这种架构存在的问题有：不同的应用系统拥有不同的基础设施（硬件）和应用基础设施（中间件）；每个新应用都要建设一个新"烟囱"，建设周期长；系统要基于峰值规模设计，系统资源利用率低；系统扩展困难；没有统一的技术标准，运维成本高。概括来说，这种部署模式主要存在以下两方面的问题。

（1）硬件高配低用。考虑到应用系统未来 3 ~ 5 年的业务发展以及业务突发的需求，为满足应用系统的性能、容量承载需求，往往在选择计算、存储和网络等硬件设备时会留有一定比例的余量。但硬件资源上线后，应用系统在一定时间内的负载并不会太高，使得较高配置的硬件设备利用率不高。

（2）整合困难。用户在实际使用中也注意到了资源利用率不高的情形，当需要上线新的应用系统时，会优先考虑部署在既有的基础架构上。但因为不同的应用系统所需的运行环境、对资源的抢占会有很大的差异，更重要的是考虑到可靠性、稳定性、运维管理问题，将新、旧应用系统整合在一套基础架构上的难度非常大，更多的用户往往选择新增与应用系统配套的计算、存储和网络等硬件设备。

在传统的"烟囱式"部署模式中，每套硬件与所承载应用系统"专机专用"，多套硬件和应用系统构成了"烟囱式"部署架构，使得整体资源利用率不高，占用过多的机房空间和能源，随着应用系统的增多，IT 资源的效率、扩展性、可管理性都面临很大的挑战。

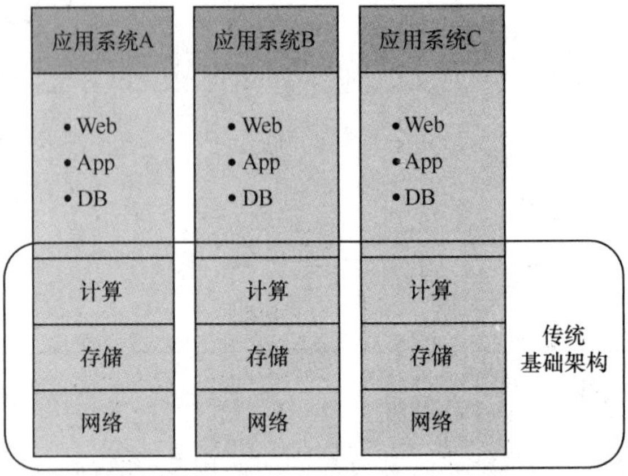

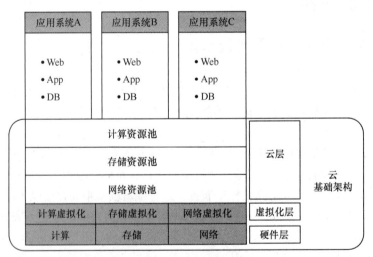

图 2-1　传统 IT "烟囱" 模式部署架构

2．云计算基础架构

为了进一步解决传统的 IT 部署架构存在的明显问题，可以借助于云计算技术改造传统的部署构架。众所周知，云计算不仅是技术的创新，更是服务模式的创新。云计算之所以能够为用户带来更高的效率、灵活性和可扩展性，是基于对整个 IT 领域的变革，其技术和应用涉及硬件系统、软件系统、应用系统、运维管理、服务模式等各个方面。云计算基础架构的简化形式如图 2-2 所示。

图 2-2　云计算融合模式部署架构

如图 2-2 所示，云基础架构在传统 IT 部署架构的硬件层（包括计算、存储和网络）的基础上，增加了虚拟化层和云层。通过虚拟化层，屏蔽了硬件层自身的差异和复杂度，向上呈现为标准化、可灵活扩展和收缩、弹性的虚拟化资源池。大多数云基础架构都广泛采用虚拟化技术，包括计算虚拟化、存储虚拟化、网络虚拟化等。在云层，通过对资源池进行调配、组合，根据应用系统的需要自动生成、扩展所需的硬件资源，将更多的应用系统通过流程化、自动化部署和管理，提升 IT 效率。

相对于传统 IT 部署架构，云基础架构通过虚拟化整合与自动化，应用系统共享基础架构资源池，实现高利用率、高可用性、低成本、低能耗，并且通过云层（云平台层）的自动化管理，实现快速部署、易于扩展、智能管理，帮助用户构建 IaaS 云业务模式。

云基础架构资源池使得计算、存储、网络以及对应虚拟化单个产品和技术本身不再是核心，重要的是这些资源的整合，形成一个有机的、可灵活调度和扩展的资源池，面向云应用实现自动化的部署、监控、管理和运维。

云基础架构资源的整合对计算、存储、网络虚拟化提出了新的挑战，并带动了一系列网络、虚拟化技术的变革。传统模式下，服务器、网络和存储是基于物理设备连接的，因此，针对服务器、存储的访问控制、QoS 带宽、流量监控等策略基于物理端口进行部署，管理界面清晰，并且设备及对应的策略是静态、固定的。云基础架构模式下，服务器、网络、存储、安全采用了虚拟化技术，资源池使得设备及对应的策略是动态变化的，如图 2-3 所示。

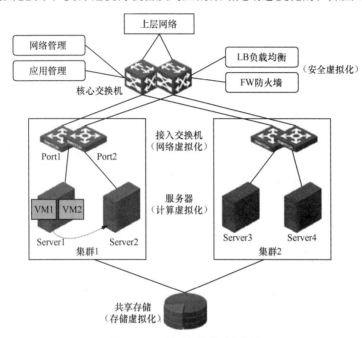

图 2-3　云基础架构的融合部署

云基础架构的融合部署分为 3 个层次的融合：硬件层的融合、业务层的融合和管理层的融合。

（1）硬件层的融合。

将计算虚拟化与网络设备和网络虚拟化进行融合，实现虚拟机与虚拟网络之间的关联。或者将存储与网络进行融合。还包括横向虚拟化、纵向虚拟化实现网络设备自身的融合。

（2）业务层的融合。

典型的云安全解决方案就是通过虚拟防火墙与虚拟机之间的融合，实现虚拟防火墙对虚拟机的感知、关联，确保虚拟机迁移、新增或减少时，防火墙策略也能够自动关联；此外，还有虚拟机与 LB 负载均衡之间的联动。当业务突发资源不足时，传统方案需要人工发现虚拟机资源不足，再手动创建虚拟机，并配置访问策略，响应速度很慢，而且非常费时费力。通过自动探测某个业务虚拟机的用户访问和资源利用率情况，在业务突发时，自动按需增加相应数量的虚拟机，与 LB 联动进行业务负载分担；同时，当业务突发减小时，可以自动减少相应数量的虚拟机，节省资源，不仅有效解决虚拟化环境中面临的业务突发问题，而且大大提升了业务响应的效率和智能化。

（3）管理层的融合。

云基础架构通过虚拟化技术与管理层的融合，提升了 IT 系统的可靠性。例如，虚拟化平台可与网络管理、计算管理、存储管理联动，当设备出现故障影响虚拟机业务时，可自动迁移虚拟机，保障业务正常访问；此外，对于设备正常、操作系统正常，但某个业务系统无法访问的情况，虚拟化平台还可以与应用管理联动，探测应用系统的状态，例如 Web、App、DB 等响应速度，当某个应用无法正常提供访问时，自动重启虚拟机，恢复业务正常访问。

2.1.2 比较云计算、SOA 与分布式计算

1. SOA

SOA（面向服务的体系结构）是一个组件模型，它将应用程序的不同功能单元（称为服务）通过它们之间定义良好的接口和契约联系起来。接口是采用中立的方式进行定义的，它应该独立于实现服务的硬件平台、操作系统和编程语言。这使得构建在各种这样的系统中的服务可以以一种统一和通用的方式进行交互。

SOA 是一种粗粒度、松耦合服务架构，服务之间通过简单、精确定义接口进行通信，不涉及底层编程接口和通信模型。SOA 可以看做是 B/S 模型、XML（标准通用标记语言的子集）/Web Service 技术之后的自然延伸。

SOA 将能够帮助软件工程师站在一个新的高度理解企业级架构中的各种组件的开发、部署形式，它将帮助企业系统架构者以更迅速、更可靠、更具重用性的方式架构整个业务系统。较之以往，以 SOA 架构的系统能够更加从容地面对业务的急剧变化。

虽然面向服务的体系结构不是一个新鲜事物，但它却是更传统的面向对象的模型的替代模型，面向对象的模型是紧耦合的，已经存在 20 多年了。虽然基于 SOA 的系统并不排除使用面向对象的设计来构建单个服务，但是其整体设计却是面向服务的。由于它考虑到了系统内的对象，因此虽然 SOA 是基于对象的，但是作为一个整体，它却不是面向对象的。

SOA 具有以下 5 个特征。

（1）可重用：一个服务创建后能用于多个应用和业务流程。

（2）松耦合：服务请求者到服务提供者的绑定与服务之间应该是松耦合的，因此，服务请求者不需要知道服务提供者实现的技术细节，例如程序语言、底层平台等。

（3）明确定义的接口：服务交互必须是明确定义的。Web 服务描述语言（Web Services Description Language，WSDL）用于描述服务请求者所要求的绑定到服务提供者的细节。WSDL 不包括服务实现的任何技术细节。服务请求者不知道也不关心服务究竟是由哪种程序设计语言编写的。

（4）无状态的服务设计：服务应该是独立的、自包含的请求，在实现时它不需要获取从一个请求到另一个请求的信息或状态。服务不应该依赖于其他服务的上下文和状态。当产生依赖时，它们可以定义成通用业务流程、函数和数据模型。

（5）基于开放标准：当前 SOA 的实现形式是 Web 服务，基于的是公开的 W3C 及其他公认标准。采用第一代 Web 服务定义的 SOAP、WSDL 和 UDDI 以及第二代 Web 服务定义的 WS-*来实现 SOA。

2. 分布式计算

（1）广义定义。

分布式计算是一门计算机科学，它研究如何把一个需要非常巨大的计算能力才能解决的

问题分成许多小的部分，然后把这些部分分配给许多计算机进行处理，最后把这些计算结果综合起来得到最终的结果。现在的分布式计算项目已经可以使用世界各地成千上万位志愿者的计算机的闲置计算能力，通过 Internet，可以分析来自外太空的电信号，寻找隐蔽的黑洞，并探索可能存在的外星智慧生命；可以寻找超过 1 000 万位数字的梅森质数；也可以寻找并发现对抗艾滋病病毒的更为有效的药物。这些项目都很庞大，需要惊人的计算量，仅仅由单个的计算机或是个人在一个能让人接受的时间内计算完成是不可能的。

（2）中国科学院的定义。

分布式计算是一种新的计算方式。所谓分布式计算就是在两个或多个软件互相共享信息，这些软件既可以在同一台计算机上运行，也可以在通过网络连接起来的多台计算机上运行。分布式计算比起其他算法具有以下几个优点。

- 稀有资源可以共享。
- 通过分布式计算可以在多台计算机上平衡计算负载。
- 可以把程序放在最适合运行它的计算机上。

其中，共享稀有资源和平衡负载是计算机分布式计算的核心思想之一。

3. 云计算与 SOA

云计算与 SOA 是两个不同的概念，不同点主要体现在如下几个方面。

（1）云计算是一种部署体系结构，而 SOA 则是企业 IT 的体系结构。

（2）SOA 与云整合既带来应用和业务流程灵活的虚拟化和节省的费用（云），又带来原有应用的集成应用及业务流程的敏捷重构（SOA）。

（3）上层基于 SOA 进行应用服务的开发，底层基于云计算进行资源整合，包括存储、网络、数据库和服务器等。

从关键的技术和属性看，通过产生背景和原因的分析，SOA 和云计算是不同的概念，但是它们却互相联系，又有一定的相似性。

（1）从产生的背景和原因看，SOA 产生的原因是为解决企业存在的信息孤岛和遗留系统这两大问题。云计算产生的原因是企业的信息系统数据量的高速增长与数据处理能力的相对不足，还有计算资源的利用率处于不平衡的状态。

（2）从服务角度来看，SOA 实现了可以从多个服务提供商得到多个服务（一个服务便是一个功能模块），并通过不同的组合机制形成自己所需的一个服务；云计算实现了所有的资源都是服务，可以从云计算提供商购买硬件服务、平台服务、软件服务等，把购买的资源作为云计算提供商提供的一种服务。

（3）从关键技术来看，SOA 需要实现业务组件的可重用性、敏捷性、适应改变、松耦合、基于标准；云计算则需要虚拟化技术、按需动态扩展、资源即服务的支撑。

（4）从应用场景来看，当企业的业务需求经常改变的时候可以考虑使用 SOA；当企业对 IT 设施的需求经常改变或者无法提前预知的时候可以考虑使用云计算，当有大量的批处理计算的时候也可以考虑使用云计算。

（5）从应用的侧重点来看，SOA 侧重于采用服务的架构进行系统的设计，关注如何处理服务；云计算侧重于服务的提供和使用，关注如何提供服务。

（6）从商业模式来看，SOA 可能会降低软件的开发及维护的成本，商业模式是间接的，需要落地；云计算根据使用的时间（硬件）或流量（带宽）进行收费，具有明确的商业模式。

4．云计算与分布式计算

云计算和分布式计算的区别和联系体现在如下几个方面。

（1）分布式计算是云计算涉及的一项重要技术。分布式计算更多解决的是多个计算节点共同提供更强计算能力的问题；云计算的核心还是终端计算和存储能力朝云端的迁移和集中化，并能够弹性扩展。

（2）分布式计算往往更加强调是单个 Request 请求的拆分，主要通过应用设计，将任务进行分解来进行。而云计算的 PaaS 层往往并不会拆分单个 Request，而是将用户访问的多 Request 并发通过调度规则进行 Retouer 分发。

（3）从计算机用户角度来说，分布式计算是由多个用户合作完成的，而云计算是没有用户参与的，是交给网络另一端的服务器完成的。

2.2　云计算标准化

2.2.1　了解国际标准化现状

云计算已经成为当前信息技术产业发展和应用创新的焦点，然而伴随着云计算发展进程不断深化，相对应的问题也随之出现。云计算发展的背后还存在着规划不合理、基建不达标、配套有缺失、管理靠人工、能源虚耗严重、安全隐患大等缺陷，核心根源在于相应的产业规范和标准的缺失。

为了保证云计算产业的持续健康发展，国内外的各大标准组织纷纷启动云计算相关标准体质的研究，积极推动云计算技术、云管理、云服务等相关方面的标准制定与实施，实现产业链的开放和兼容。目前约有数十个标准化的组织开始积极推动云计算标准化工作。这些标准化组织可以分为三类。

（1）传统信息技术标准化组织：包括 ISO/IEC、美国国家标准技术研究院（NIST）、分布式管理任务组（DMTF）、网络存储工业协会（SNIA）、互联网工程任务组（IETF）、开放移动联盟（OMA）等。

（2）针对云计算新成立的组织：包括开放式数据中心联盟（ODCA）、筋斗云（Open Cirrus）、云计算安全联盟（CSA）、Hadoop 社区、开放网格论坛（OGF）、开放云计算联盟（OCC）、绿色网格（TGG）、中国云计算技术与产业联盟、中国云计算产业联盟、中国电子学会云计算专家委员会等。

（3）传统电信领域的标准化组织：包括国际电信联盟（ITU）、世界移动通信大会（GSMA）、欧洲电信标准研究院（ETSI）、城域以太网论坛（MEF）、中国通信标准化协会（CCSA）等。

国外标准化组织对云计算的研究自 2009 年起步，关注度逐步上升，目前大部分组织定位明确，已经逐步走向成熟。国际主要云计算标准组织以及主要工作内容如表 2-1 所示。

表 2-1　国际主要云计算标准组织以及主要工作内容

序号	组 织 名 称	主 要 工 作 内 容
1	ITU-T	主要负责确立国际无线电和电信的管理制度和标准。继云计算焦点组 FGCC 后成立 SG13 云计算工作组，主要关注云计算架构体系等相关内容。SG7 关注云计算安全课题

序号	组织名称	主要工作内容
2	TMF	为 ICT 产业运营和管理提供策略建议和实施方案，促成跨云催化剂项目，统一企业云及 SOA 架构白皮书等
3	ETSI	成立了 TC Cloud 工作组，关注云计算的商业趋势及 IT 相关的基础设置（即服务层面），输出白皮书等
4	ODCA	由行业用户代表构成的组织，建立开放式的行业生态系统，发布虚拟机交互等多个用例模型
5	SNIA	成立云工作组，推广存储即服务的云规范，统一云存储的接口，实现面向资源的数据存储访问，扩充不同的协议和物理介质
6	Open Cirrus	对于互联网范围的数据密集型计算进行研究。目前有 80 多个研究项目正在该测试床上进行。它能模拟一个真实的、全球性的、互联网的环境，来测试在大规模云系统上运行的应用、基础设施与服务的性能
7	DMTF	主要工作集成在制定虚拟化设备标准化接口规范，定义架构的语义和实施细则，实现服务提供者、消费者和开发者的互操作，以及云环境之间的相互作用等
8	TGG	全球首屈一指的旨在提高 IT 效率的联盟组织，提出比较通用的衡量和比较数据中心基础设施效率的标准
9	CSA	为了在云计算环境下提供最佳的安全方案，促进最完善的实践以提供在云计算内的安全保证，并提供基于使用云计算的架构来帮助保护其他形式的计算
10	NIST	为美国联邦政府服务，属于美国商业部的技术管理部门。发布云计算白皮书，提出业内公认的云计算定义及架构图
11	MEF	专注于解决城域以太网技术问题的非盈利性组织，目前在积极研究云计算相关的 SDN
12	OCC	向基于云的技术提供对开源软件配置的支持，开发不同类型支持云计算的软件之间可以进行互操作的标准和界面
13	Hadoop 社区	全世界 Hadoop 开发者、应用者和企业用户共同组成的标准化组织，负责牵头组织实施大数据分析应用的软件系统技术标准制定、企业部署应用经验分享、用户共性需要收集审核以及项目研发实施等工作

相关组织消息表明，国际标准体系框架基本形成，但标准/研究项目对框架覆盖不全；传统标准化组织流程僵化，标准形式化，产业目标不明确；除数据中心和系统虚拟化外，在某些已形成事实的工业标准方面（如云平台运维管理、云网络通信协议、云存储管理规范和接口、虚拟机之上软件的封装和分发格式等）尚未形成国际/行业标准。

2.2.2 跟踪国内标准化进程

标准是产业竞争的制高点，建立自主的云标准是中国云计算产业发展壮大的客观要求，也是中国云计算产业实现持续健康发展的核心课题。国内云计算标准组织及主要工作内容如

表 2-2 所示。

表 2-2　国内云计算标准组织以及主要工作内容

序号	组 织 名 称	主要工作内容
1	中国通信标准化协会	主要工作为评估电信领域云计算的影响，跟进并完成中国云计算标准第一阶段起草。其下属工作组 TC1、TC7、TC8、TC11 等已基本涵盖云计算的大部分内容
2	中国云计算技术与产业联盟	由电子学会发起，非营利性技术与产业联盟，成员总数超过 300 家，推进中国云计算技术发展
3	中国云计算产业联盟	由北京航空航天大学等 14 家组织联合发起，发布云产业联盟白皮书 1.0 版本
4	中国电子学会云计算技术与产业联盟	由中国电子学会发起，2010 年 2 月发布组织白皮书，召开中国云计算大会
5	中国通信学会大数据专家委员会	由中国通信学会发起，中国首个专门研究大数据应用和发展的学术咨询组织
6	中国通信学会智慧城市专业委员会	由致力于智慧城市研究、规划、服务、实践等 30 余位权威专家学者组成，重点覆盖城市规划、政府、交通、医疗、安防等重点行业，形成我国智慧城市最核心、最具影响力的智囊团和学术咨询机构。原信息产业部部长吴基传同志担任专家委员会主任委员

截至 2015 年，已立项的云计算相关的中国国家标准如表 2-3 所示。可以看出，中国云计算标准发展缓慢，目前尚未形成全面的云计算标准体系。因此，中国的云计算标准工作依旧任重道远。

表 2-3　我国已发布的部分云计算相关标准

序号	标 准 名 称	标 准 编 号
1	《信息技术 云计算 概览和词汇》	国标立项 20120570-T-469
2	《信息技术 云计算 参考架构》	国标立项 20121421-T-469
3	《信息技术 弹性计算应用接口》	国标立项 20120552-T-469
4	《信息技术 云数据存储和管理 第 1 部分 总则》	国标立项 20120567-T-469
5	《信息技术 云数据存储和管理 第 2 部分 基于对象的云存储应用接口》	国标立项 20120568-T-469
6	《信息技术 云数据存储和管理 第 5 部分 基于 Key-Value 的云数据管理应用接口》	国标立项 20120569-T-469
7	《信息技术 云计算 PaaS 平台参考架构》	国标立项 20120544-T-469

目前，正在研制部分云计算标准如表 2-4 所示。

表 2-4　目前正在研制部分云计算标准

序号	标准名称	主要研制单位	时间	状态
1	20153695-T-469《信息技术 云资源监控指标体系》、20153700-T-469《信息技术 云计算 云资源监控总体技术要求》	杭州华三通信技术有限公司、曙光信息产业股份有限公司、华中科技大学、深圳市金蝶天燕中间件股份有限公司、中国电子技术标准化研究院、武汉噢易云计算有限公司、北京亦庄国际互联网产业研究院股份公司、北京荣之联科技股份有限公司、阿里云计算有限公司、北京初志科技有限公司、IBM 中国有限公司、北京东方通科技股份有限公司、微软（中国）有限公司、北京华胜天成科技股份有限公司、东华软件股份公司、广东轩辕网络科技股份有限公司、天津天地伟业数码科技有限公司、电子科技大学、四川久远银海软件股份有限公司、北京世纪互联宽带数据中心有限公司、华为技术有限公司、中国联通、南京斯坦德云科技股份有限公司、烽火通信科技股份有限公司、中创中间件、神州数码集团股份有限公司、浪潮电子信息产业股份有限公司、中电28 所、北京蓝海讯通科技股份有限公司、江苏电信、北京博跃科技有限公司	2016-6-28 至 2016-7-1	研讨、完善
2	20153694-T-469《信息技术 云计算 文件服务应用接口》国家标准		2016-6-29	研讨、完善
3	20153675-T-469《信息技术 云计算 平台应用程序管理规范》		2016-6-29	研讨、完善
4	20153699-T-469《信息技术 云计算 云服务计量与计费》		2016-6-29	研讨、完善
5	GB/T 32399-2015《信息技术 云计算 参考架构》和 GB/T 32400-2015《信息技术 云计算 概览与词汇》	全国信标委云计算标准工作组 金蝶中间件、中国移动、华为、中兴、浪潮、东软、上海计算机软件技术开发中心、东方通、大唐、中软、电子五所、曙光信息产业股份有限公司、北京荣之联科技股份有限公司、中国电子技术标准化研究院、中国烟草总公司湖南省公司、湖南省烟草公司邵阳市公司、湖南省烟草公司衡阳市公司、华为技术有限公司、北京蓝海讯通科技股份有限公司、IBM 中国有限公司、广东轩辕网络科技股份有限公司、阿里云计算有限公司、	2015-12-31	2015-12-31日发布2017-1-1实施

序号	标 准 名 称	主要研制单位	时　　间	状　　态
5	GB/T 32399-2015《信息技术 云计算 参考架构》和 GB/T 32400-2015《信息技术 云计算 概览与词汇》	四川久远银海、东华软件股份公司、网宿科技股份有限公司、中国科学院云计算产业技术创新与育成中心、浪潮信息科技有限公司、武汉噢易云计算股份有限公司、湖南科创信息技术股份有限公司、电子科技大学、深圳赛西科技有限公司、广州市金禧信息技术服务有限公司	2016 年 4 月 19 日至 21 日	研讨、完善
6	20153700-T-469《信息技术 云计算 云资源监控总体技术要求》和 20153705-T-469《信息技术 云计算 云服务级别协议规范》			

注：以上内容从中国电子技术标准化研究院（http://www.cesi.ac.cn/index.html）网站搜索整理得到，读者可以自行搜索该网站获得更多云计算相关标准制定动态工作。

2.3　解读《云计算综合标准化体系建设指南》

按照《关于促进云计算创新发展培育信息产业新业态的意见》（国发[2015]5 号）提出建设云计算标准规范体系的要求，以及为贯彻实施《中国制造 2025》和"互联网+"行动计划，工业和信息化部、全国信息技术标准化技术委员会、全国信息安全标准化技术委员会、中国电子工业标准化技术协会和中国通信标准化协会等相关标准化组织，国内云服务提供商、云解决方案提供商和运营商等相关典型企业，以及相关高校等共计 125 家机构共同参与《云计算综合标准化体系建设指南》的制定工作，并向国内 7 个云计算试点示范城市征求意见后形成正式稿。

工业和信息化部于 2015 年 10 月 16 日印发《云计算综合标准化体系建设指南》（以下简称《指南》）。《指南》提出涉及硬件、软件、服务、网络和安全 5 个方面的云计算生态系统；依据其中技术和产品、服务和应用等关键环节以及贯穿于整个生态系统的云安全，结合国内外云计算技术和产业发展趋势，构建出包含云基础标准、云资源标准、云服务标准和云安全标准四大部分的云计算综合标准化体系框架；通过分析研究已有标准，提出现有标准缺失的、能直接反映云计算特征的且能解决应用和数据迁移、服务质量保证、供应商绑定等问题的 29 个标准研制方向。

《指南》从云计算实际发展出发，用标准化手段优化资源配置，促进技术、产业、应用和安全协调发展，同时明确云计算标准化研究方向，加快推进重要领域标准制定与贯彻实施，在为我国云计算标准化工作提供指导的同时，为促进我国云计算持续快速健康发展做好支撑。

《指南》介绍了国内外云计算体系的现状，并着重对硬件、软件、服务、网络和安全 5 个方面进行了介绍。《指南》提出由"云基础""云资源""云服务"和"云安全"4 个部分组成的云计算综合标准化体系框架。在此基础上，《指南》明确了 29 个云计算的标准研制方向。

2.3.1　概览云计算综合标准化体系框架

《指南》中的"三、云计算综合标准化体系建设内容"明确了我国云计算综合标准化体系框架。

依据我国云计算生态系统中技术和产品、服务和应用等关键环节以及贯穿于整个生态系统的云安全，结合国内外云计算发展趋势，构建云计算综合标准化体系框架，包括"云基础""云资源""云服务"和"云安全"4个部分（如图2-4所示），各个部分的概况如下。

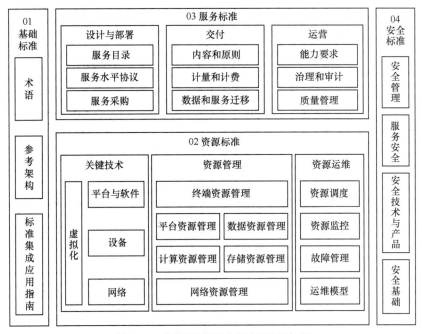

图2-4　我国云计算综合标准化体系框架

1．云基础标准

云基础标准用于统一云计算及相关概念，为其他各部分标准的制定提供支撑。云基础标准主要包括云计算术语、参考架构、指南等方面的标准。

2．云资源标准

云资源标准用于规范和引导建设云计算系统的关键软硬件产品研发以及计算、存储等云计算资源的管理和使用，实现云计算的快速弹性和可扩展性。云资源标准主要包括关键技术、资源管理和资源运维等方面的标准。

3．云服务标准

云服务标准用于规范云服务设计、部署、交付、运营和采购以及云平台间的数据迁移。云服务标准主要包括服务采购、服务质量、服务计量和计费、服务能力评价等方面的标准。

4．云安全标准

云安全标准用于指导实现云计算环境下的网络安全、系统安全、服务安全和信息安全，主要包括云计算环境下的安全管理、服务安全、安全技术和产品、安全基础等方面的标准。

2.3.2　云计算标准研制方向

《指南》中的"三、云计算综合标准化体系建设内容"同时明确了我国云计算标准研制方向。

以云计算综合标准化体系框架为基础，通过研究分析信息技术和通信领域已有标准，提出现有标准缺失的，并能直接反映云计算特征，有效解决应用和数据迁移、服务质量保证、供应商绑定、信息安全和隐私保护等问题的 29 个标准研制方向（如表 2-5 和表 2-6 所示），以指导具体标准的立项和制定。对尚未纳入标准研制方向但在云计算综合标准化体系框架中列出的，统一作为标准化需求研究方向。

表 2-5　我国云计算重点标准研制方向统计

序　号	名　　称	标准研制方向
1	云基础标准	3
2	云资源标准	8
3	云服务标准	6
4	云安全标准	12
合计		29

表 2-6　我国云计算标准研制方向明细表

序号	类型	子类型	编号	标准研制方向	对云计算发展关键环节的支撑作用及情况说明
1	01 云基础标准	0101 术语	010101	云计算术语	主要制定云计算术语、定义和概念以及关键特征、服务类型和部署模式等方面标准，用于统一云计算的认识，指导其他标准制定
2		0102 参考架构	010201	云计算参考架构	主要制定参考框架标准，规定云计算生态系统中的各类角色、活动以及用户视图和功能视图，为云服务的开发、提供和使用提供技术参考
3		0103 标准集成应用指南	010301	标准集成应用指南	主要结合公有云、私有云和混会云建设以及不同的云服务采购和使用场景，开发标准集成应用方案，支持实现标准配套应用
4	02 云资源标准	0201 云关键技术	020101	虚拟化	主要制定虚拟机总体技术要求、虚拟资源管理要求、虚拟资源描述格式、虚拟资源监控要求和监控指标等方面的标准，用于指导虚拟化技术和虚拟化产品的研发、测试，支持实现应用和数据迁移
5			020102	网络	主要制定云内（或数据中心内）、云间（或数据中心间）、用户到云（承载网）的网络互联互通方面的标准，规范云内网络连接、网络服务、网络管理
6			020103	设备	主要制定适用于云计算的服务器、存储、网络、终端等设备的技术要求、功能、性能、系统管理等方面的标准，规范设备的设计、研发、生产及使用

序号	类型	子类型	编号	标准研制方向	对云计算发展关键环节的支撑作用及情况说明
7	02 云资源标准	0201 云关键技术	020104	平台与软件	主要制定 PaaS 参考架构、PaaS 上的应用程序管理接口和应用打包格式，为实现应用程序在不同 PaaS 平台之间的可移植提供支持
8		0202 云资源管理	020201	计算资源管理	主要制定用户和计算服务的交互接口，用以支持用户在多个服务提供商中进行选择，并支持用户上层应用的跨计算平台部署
9			020202	数据资源管理	主要制定云数据存储和管理接口功能和协议，规范云数据存储和管理的体系结构以及对象存储、文件存储、基于 Key-Value 的存储等云存储服务接口及其测试；制定复杂异构云存储环境下资源存储信息模式和管理等方面的技术和管理要求，规范云存储系统的体系结构、主要功能和性能等
10		0203 云资源运维	020301	资源监控	主要制定物理和虚拟的计算、存储、网络等云计算资源的监控、响应支持、优化改善、应急处置等方面的标准，用于指导云计算系统的运维，支持运维软件系统的研发
11			020302	运维模型	主要制定云计算资源运维的参考模型和接口规范，用于指导云计算系统运维的实施
12	03 云服务标准	0301 云服务设计与部署	030101	服务目录	主要根据云服务分类，制定云服务目录建设规范，包括服务目录列表和服务内容详述等方面的要求，规范服务目录的内容和描述形式
13			030102	服务级别协议	主要制定服务级别协议的术语和定义、框架、度量指标和核心要求、度量方法等标准，为云服务商和用户建立服务级别协议提供所需的通用概念、需求描述、术语以及度量指标和测量方法
14			030103	云服务采购指南	主要制定云服务采购方法、流程及采购过程评价等方面的标准，为用户采购、评价和选择云服务提供指导
15		0302 云服务交付	030201	服务计量和计费	主要制定不同云服务使用计量和计费方面的标准，规范各类云服务的计量和计费原则
16		0303 云服务运营	030301	服务能力要求	主要制定运营云服务应具备的基本条件和能力以及 IaaS、PaaS、SaaS 等云服务能力分级方面的标准，规范各类云服务的服务能力要求与分级规则，并为选择云服务提供商提供参考

序号	类型	子类型	编号	标准研制方向	对云计算发展关键环节的支撑作用及情况说明
17	03 云服务标准	0303 云服务运营	030302	服务质量管理	主要制定云服务质量模型、评价指标体系和评价方法以及云数据质量等方面的标准，为开展云服务及云数据质量评价和管理提供指导
18	04 云安全标准	0401 安全基础	040101	云安全术语	主要统一云计算相关的基本术语、定义和概念，用于指导云计算平台安全方面的设计、开发、应用、维护、监管以及云服务安全等
19			040102	云安全指南	主要制定合规性、身份管理、虚拟化、数据和隐私保护、可用性、事件响应等方面的云安全标准，为保障云安全提供指导
20			040103	模型与框架	主要制定云计算安全参考模型和框架标准，规定云安全中的各类角色、活动，为云服务的开发和使用提供安全参考框架
21		0402 安全技术与产品	040201	软件安全	主要制定接口安全、虚拟机安全、身份管理、密钥管理、云存储安全等方面的软件安全标准，为软件设计、开发提供支持
22			040202	设备安全	主要制定虚拟防火墙、入侵检测系统、虚拟网关、服务器、终端等设备的安全标准，为设备的设计、开发和交付提供支持
23			040203	技术和产品安全测评	主要制定软件产品、系统和设备测试方法的标准，为开展技术和产品安全测评提供指导
24		0403 服务安全	040301	业务安全	主要制定云计算数据中心、移动云、健康云、政务云等业务应用的安全标准，为行业云的建设和应用提供支持
25			040302	运营安全	主要制定云服务运营安全方面的标准，规范云服务运营安全目标、安全过程、安全风险管理等
26			040303	服务安全测评	主要制定云服务安全测评方面的标准，规范云服务安全测试和评价
27		0404 安全管理	040401	管理基础	主要制定数据保护、供应链保护、通信安全和个人信息保护等方面的安全管理标准，提出数据保护、供应链保护、通信安全以及个人信息采集、存储和使用等特定的安全控制措施和实施指南
28			040402	管理支撑技术	主要制定云安全配置基线、安全审计流程等方面的标准，规范云平台中的安全配置基线、安全审计流程、安全责任认定、隐私保护以及风险评估等架构和要求

序号	类型	子类型	编号	标准研制方向	对云计算发展关键环节的支撑作用及情况说明
29	04 云安全标准	0404 安全管理	040403	安全监管	主要制定政府部门对云服务进行安全监管方面的标准，规范云服务提供商应满足的安全要求，云计算平台应具备的安全功能和应采取的安全措施，以及对云服务提供商进行测评的第三方测评机构的认可要求

【巩固与拓展】

一、知识巩固

1. 云基础架构的融合部署分为 3 个层次的融合，它们是（　　）。

A. 应用层的融合   B. 硬件层的融合

C. 业务层的融合   D. 管理层的融合

2. 下列关于云计算与 SOA（面向服务的体系结构）描述正确的是（　　）。

A. SOA 与云计算是两个完全没有关联的概念

B. SOA 是一个组件模型

C. 云计算需要虚拟化等技术的支持

D. SOA 侧重于采用服务架构的设计，云计算侧重于服务的提供和使用

3. 下列不属于云计算相关标准的制定组织的是（　　）。

A. CSA   B. ITU-T   C. NIST   D. UML

4. 我国工业和信息化部于 2015 年 10 月 16 日发布的和云计算标准相关的重要文件是（　　）。

A.《云计算综合标准化体系建设指南》

B.《信息技术 云计算 参考架构》

C.《信息技术 弹性计算应用接口》

D.《信息技术 云计算 PaaS 平台参考架构》

5.《云计算综合标准化体系建设指南》中指出我国云计算生态系统主要涉及硬件、软件、服务、网络和（　　）5 个方面。

A. 安全   B. 存储   C. 资源   D. 标准

二、拓展提升

1. 结合你所熟悉的企业（或领域），辨析传统 IT 部署架构和云计算基础架构的关系以及应用云计算技术前后的主要变化。

2. 对于教材中所提供的《云计算综合标准化体系建设指南》文本内容及相关链接，详细阅读其中的内容，了解该指南的重要作用和意义。

第 3 章
云存储

本章将向读者介绍云存储技术、云存储系统及其应用方面的基础知识，主要包括云存储的内涵、云存储的功能和特点、云存储的分类、云存储系统结构、云存储关键技术、云存储的个人应用（百度网盘等）和云存储的企业应用（浪潮云存储等）。本章的学习要点如下。

（1）云存储的内涵。

（2）云存储的分类。

（3）云存储的系统结构。

（4）云存储的个人应用。

（5）云存储的企业应用。

3.1 云存储概述

3.1.1 理解云存储的内涵

1．云存储的内涵

云存储是在云计算概念上延伸和发展而来的一个新的概念，是指通过集群应用、网格技术或分布式文件系统等功能，将网络中大量的、不同类型的存储设备通过应用软件集合起来协同工作，共同对外提供数据存储和业务访问功能的一个系统。当云计算系统运算和处理的核心是大量数据的存储和管理时，云计算系统中就需要配置大量的存储设备，那么云计算系统就转变成为一个云存储系统，所以云存储是一个以数据存储和管理为核心的云计算系统。存储技术的发展如图 3-1 所示。

相对传统存储而言，云存储改变了数据垂直存储在某一台物理设备的存放模式，通过宽带网络（如吉比特以太网、Infiniband 技术等）集合大量的存储设备，通过存储虚拟化、分布式文件系统、底层对象化等技术将位于各单一存储设备上的物理存储资源进行整合，构成逻辑上统一的存储资源池对外提供服务。云存储系统的基本架构如图 3-2 所示。

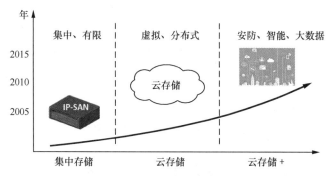

集中存储：传统 NVR/NAS/SAN 存储，多设备独立运行，存储容量有限。
云存储：海量设备容量虚拟化整合，分布式存储。
云存储 +：数据挖掘，智能分析，助力行业大数据应用。

图 3-1　存储技术的发展

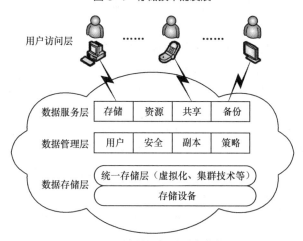

图 3-2　云存储系统的基本架构

云存储系统可以在存储容量上从单设备 PB 级横向扩展至数十、数百 PB；由于云存储系统中的各节点能够并行提供读写访问服务，系统整体性能随着业务节点的增加而获得同步提升；同时，通过冗余编码技术、远程复制技术，进一步为系统提供节点级甚至数据中心级的故障保护能力。容量和性能的按需扩展、极高的系统可用性，是云存储系统最核心的技术特征。

云存储本质上来说是一种网络在线储存的模式，即把资料存放在通常由第三方代管的多台虚拟服务器，而非专属的服务器上。代管公司营运大型的数据中心，需要数据储存代管的人则通过向其购买或租赁储存空间的方式来满足数据储存的需求。数据中心营运商根据用户的需求，在后端准备储存虚拟化的资源，并将其以储存资源池的方式提供，用户便可自行使用此储存资源池来存放数据或文件。实际上，这些资源可能被分布在众多的伺服主机上。云存储这项服务通过 Web 服务应用编程接口（API）或是 Web 化的使用者接口来存取。

云存储的主要用途包括数据备份、归档和灾难恢复等。

2．云存储系统与传统存储系统

云存储系统与传统存储系统相比有诸多不同，具体表现在：第一，功能需求方面，云存储系统面向多种类型的网络在线存储服务，而传统存储系统则面向如高性能计算、事务处理等应用；第二，性能需求方面，云存储服务首先需要考虑的是数据的安全、可靠、效率等指标，而且由于用户规模大、服务范围广、网络环境复杂多变等特点，实现高质量的云存储服务必将面临更大的技术挑战；第三，数据管理方面，云存储系统不仅要提供类似于 POSIX 的传统文件访问，还要能够支持海量数据管理并提供公共服务支撑功能，以方便云存储系统后台数据的维护。概括来说，云存储技术相对传统存储技术而言具有不可比拟的优点，但在发展的过程也仍然存在一些急待解决的问题。

（1）云存储的优点。

● 用户只需要为实际使用的存储容量付费。

● 用户不需要在自己的数据中心或者办公环境中安装物理存储设备，减少了 IT 和托管成本。

● 存储维护工作（例如备份、数据复制和采购额外存储）转移至服务提供商，让企业机构把精力集中在他们的核心业务上。

（2）云存储的潜在问题。

● 当在云存储提供商那里保存敏感数据时，数据安全就成为一个潜在隐患。

● 性能也许低于本地存储。

● 可靠性和可用性取决于 WAN 的可用性以及服务提供商所采取的预防措施等级。

● 具有特定记录保留需求的用户，例如必须保留电子记录的公共机构，可能会在采用云计算和云存储的过程中遇到一些复杂问题。

（3）云存储的优势。

● 按实际所需空间租赁使用，按需付费，有效降低企业实际购置设备的成本。

● 无需增加额外的硬件设施或配备专人负责维护，减少管理难度。

● 将常见的数据复制、备份、服务器扩容等工作交由云提供商执行，从而将精力集中于自己的核心业务。

● 随时可以对空间进行扩展增减，增加存储空间的灵活可控性。

3.1.2　认识云存储的功能与主要特征

1. 云存储的功能

云存储是一种资源、一种服务。云存储需要解决的问题包括：速度、安全、容量、价格和便捷。概括来说，云存储的主要功能如下。

（1）支持任何类型的数据（文本、多媒体、日志和二进制等）的上传和下载。

（2）提供强大的元信息机制，开发者可以使用通用和自定义的元信息机制实现定义资源属性。

（3）超大的容量。云存储支持从 0～2TB 的单文件数据容量，同时对于 Object 的个数没有限制。利用云存储的 Superfile 接口可以实现 2TB 文件的上传和下载。

（4）提供断点上传和断点下载功能。该功能在网络不稳定的环境下有非常好的表现。

（5）Restful 风格的 HTTP 接口。Restful 风格的 API 可以极大地提高开发者的开发效率。

（6）基于公钥和密钥的认证方案可以适应灵活的业务需求。

（7）强大的 ACL 权限控制。可以通过 ACL 设置资源为公有、私有；也可以授权特定的用户具有特定的权限。

（8）功能完善的管理平台。开发者可以通过该平台对于所有资源进行统一管理。

2. 云存储的主要特征

通过对云存储系统架构的认知以及对比传统存储技术，我们看到了云存储具有许多传统存储技术不具备的特征。云存储主要特征如表 3-1 所示。

表 3-1　云存储主要特征

序号	特　征	说　明
1	多租户	支持多个用户（或承租者）
2	可扩展性	能够满足用户存储功能、存储带宽、数据的地理分布等扩展要求
3	访问方法	公开云存储所用的协议
4	存储效率	度量如何高效使用原始存储
5	可用性	对云存储系统的正常运行时间的衡量
6	成本	度量存储成本（通常以美元每 GB 为单位）
7	可管理性	以最少的资源管理系统的能力
8	控制	控制系统的能力，特别是为成本、性能或其他特征进行配置
9	性能	根据宽带和延迟衡量的性能

（1）多租户。

云存储架构的一个关键特征称为多租户，表示存储由多个用户（或多个"承租者"）使用。多租户应用于云存储系统的多个层次，从应用层（其中存储名称空间在用户之间是隔离的）到存储层（其中可以为特定用户或用户类隔离物理存储）。多租户甚至适用于连接用户与存储的网络基础架构，向特定用户保证服务质量和优化带宽。

（2）可扩展性。

可扩展性是指云存储的随需视图，这也是云存储最具吸引力的一个特征。可扩展性既体现在为存储本身提供的可扩展性（功能扩展），也体现在为存储带宽提供的可扩展性（负载扩展），还包括数据的地理分布（地理可扩展性），即支持经由一组云存储数据中心（通过迁移）使数据最接近于用户。

（3）访问方法。

云存储与传统存储之间最显著的差异之一是其访问方法。大部分云存储提供商都提供 Web 服务 API 等多种访问方法。

（4）存储效率。

存储效率是云存储基础架构的一个重要特征。为确保存储系统存储更多数据，通常会使用数据简缩，即通过减少源数据来降低物理空间需求，包括压缩（通过使用不同的表示编码数据来缩减数据）和重复数据删除（移除可能存在的相同的数据副本）两种方法。前者涉及压缩方法和处理（重新编码数据进出基础架构）技术，后者涉及计算数据签名以搜索副本等技术。

（5）可用性。

可用性是指一个云存储供应商存有用户的数据，则它必须能够随时随地响应用户需求将该数据提供给用户。云存储可以通过提供 IDA（Information Dispersal Algorithm）等技术确保在发生物理故障和网络中断的情况下实现更高的可用性。

（6）成本。

云存储最显著的特征之一是可以降低企业成本，这包括购置存储的成本、驱动存储的成本、修复存储的成本（当驱动器出现故障时）以及管理存储的成本。

（7）可管理性。

前面提到云存储的成本包括物理存储生态系统本身的成本和管理它的成本。管理成本是隐式的，但却是总体成本的一个长期组成部分。为此，云存储必须能在很大程度上进行自我管理。引入新存储（其中系统通过自动自我配置来容纳它）的能力和在出现错误时查找和自我修复的能力很重要。在未来，诸如自主计算这样的概念将在云存储架构中起到关键的作用。

（8）控制。

一名用户控制和管理其数据存储方式及其相关成本的能力很重要。许多云存储提供商实施控制，使用户对其成本有更大的控制权。

（9）性能。

性能包括可靠、安全、易用等多个方面，在用户与远程云存储提供商之间移动数据的能力更是云存储最大的挑战。

3.1.3　辨别云存储的分类

目前的云存储模式主要有两种：一种是文件的大容量分享。有些存储服务提供商（SSP）甚至号称无限容量，用户可以把数据文件保存在云存储空间里。另一种模式是云同步存储模式。例如 Dropbox、SkyDrive、Google 的 GDrive、Apple 的 iCloud 等 SSP 提供的云同步存储业务。

云存储一般分为公有云存储、私有云存储和混合云存储 3 类。

1．公有云存储

公有云存储是 SSP 推出的能够满足多用户需求的、付费使用的云存储服务。SSP 投资建设并管理存储设施（硬件和软件），集中并动态管理存储空间满足多用户需求。用户开通账号后直接通过安全的互联网连接访问，而不需了解任何云存储方面的软硬件知识或掌握相关技能。在公有云存储中，通过为存储池增加服务器，可以很快且很容易地实现存储空间增长。

公有云存储服务多是收费的，如 Amazon 等公司都提供云存储服务，通常是根据存储空间来收取使用费。同时，SSP 可以保持每个用户的存储、应用都是独立的和私有的。国内公有云存储的代表的有：搜狐企业网盘、百度云盘、乐视云盘、移动彩云、金山快盘、坚果云、酷盘、115 网盘、华为网盘、360 云盘、新浪微盘和腾讯微云等。

2．私有云存储

私有云存储是为某一企业或社会团体私有、独享的云存储服务。私有云存储建立在用户端的防火墙内部，由企业自身投资并管理所拥有的存储设施（硬件和软件），满足企业内部员工数据存储的需求。企业内部员工根据分配的账号免费使用私有云存储服务，企业的所有数据保存在内部并且被内部 IT 员工完全掌握，这些员工可以集中存储空间来实现不同部门的访问或被企业内部的不同项目团队使用。

私有云存储可由企业自行建立并管理，也可由专门的私有云服务公司根据企业的需要提供解决方案协助建立并管理。

私有云存储的使用和维护成本较高，企业需要配置专门的服务器，获得云存储系统及相关应用的使用授权，同时还需支付系统的维护费用。

3．混合云存储

把公有云存储和私有云存储结合在一起满足用户不同需求的云存储服务就是混合云存储。混合云存储主要用于按用户要求的访问，特别是需要临时配置容量的时候。从公有云上划出一部分容量配置一种私有或内部云可以帮助公司面对迅速增长的负载波动或在高峰时很有帮助。

混合云存储带来了跨公有云存储和私有云存储分配应用的复杂性。混合云存储的关键是要解决公有云存储和私有云存储的"连接"技术。为了更加高效地连接外部云和内部云的计算和存储环境，混合云解决方案需要提供企业级的安全性、跨云平台的可管理性、负载/数据的可移植性以及互操作性。

 说明　云存储的分类（公有云存储、私有云存储、混合云存储）与基于服务的云计算分类（公有云、私有云、混合云）的分类依据相同，但本质不同，"云计算"的内涵比"云存储"要更加丰富。

3.2 云存储系统与关键技术

3.2.1 剖析云存储系统结构

与传统的存储设备相比，云存储不仅仅是一个硬件，而是一个网络设备、存储设备、服务器、应用软件、公用访问接口、接入网和客户端程序等多个部分组成的复杂系统，各部分以存储设备为核心，通过应用软件来对外提供数据存储和业务访问服务。云存储系统的结构模型如图 3-3 所示。

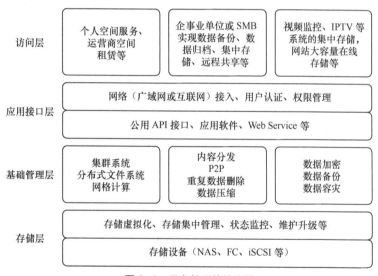

图 3-3　云存储系统结构图

云存储系统的结构模型由存储层、基础管理层、应用接口层和访问层 4 层组成，各层主要功能如下。

1. 存储层

存储层是云存储最基础的部分。存储层将不同类型的存储设备互连起来，实现海量数据的统一管理，同时实现对存储设备的集中管理、状态监控以及容量的动态扩展，其实质是一种面向服务的分布式存储系统。基于多存储服务器的数据组织方法能够更好满足在线存储服务的应用需求，在用户规模较大时，构建分布式数据中心能够为不同地理区域的用户提供更好的服务质量。

存储设备可以是光纤通道（FC）存储设备，可以是 NAS 和 iSCSI 等 IP 存储设备，也可以是 SCSI 或 SAS 等 DAS 存储设备（如一台云存储节点设备通常能安装 24 个以上的硬盘）。云存储中的存储设备往往数量庞大且分布在不同地域，彼此之间通过广域网、互联网或者光纤通道（FC）网络连接在一起形成存储设备资源池。

存储设备之上是一个统一存储设备管理系统，可以实现存储设备的虚拟化管理、集中管理以及硬件设备的状态监控和故障维护。

2．基础管理层

基础管理层是云存储最核心的部分，也是云存储中最难以实现的部分。这一层的主要功能是在存储层提供的存储资源上部署分布式文件系统或者建立和组织存储资源对象，并将用户数据进行分片处理，按照设定的保护策略将分片后的数据以多副本或者冗余纠删码的方式分散存储到具体的存储资源上去。基础管理层通过集群、分布式文件系统和网格计算等技术，实现云存储中多个存储设备之间的协同工作，使多个存储设备可以对外提供同一种服务，并提供更大、更强、更好的数据访问性能。

内容分发系统（CDN）、数据加密技术保证云存储中的数据不会被未授权的用户所访问，同时，通过各种数据备份、容灾技术及措施可以保证云存储中的数据不会丢失，保证云存储自身的安全和稳定。

同时，在本层还会在节点间进行读写负载均衡调度以及节点或存储资源失效后的业务调度与数据重建恢复等任务，以便始终提供高性能、高可用的访问服务。不过，在具体实现时，该层的功能也可能上移至应用接口层和访问层之间，甚至直接嵌入到访问层中，和业务应用紧密结合，形成业务专用云存储。

3．应用接口层

应用接口层是云存储最灵活多变的部分。不同的云存储运营单位可以根据实际业务类型开发不同的应用服务接口，提供不同的应用服务，比如视频监控应用平台、IPTV 和视频点播应用平台、网络硬盘应用平台、远程数据备份应用平台等。访问接口层是业务应用和云存储平台之间的一个桥梁，提供应用服务所需要调用的函数接口，通常云存储系统会提供一套专用的 API 或客户端软件，业务应用软件直接调用 API 或者使用云存储系统客户端软件对云存储系统进行读写访问，往往会获得更优的访问效率，但由于一个云存储系统往往需要支持多种不同的业务系统，而很多业务系统只能采用特定的访问接口，例如块接口或者 POSIX 接口，因此一个优秀的云存储系统应该同时提供多种访问接口，例如 iSCSI、NFS、CIFS、FTP、REST 等，以便在业务适配方面具有更好灵活性。

4．访问层

访问层通过云存储系统提供的各种访问接口，对用户提供丰富的业务类型，例如高清视频监控、视频图片智能分析、大数据查找等。部分云存储系统也会在这一层的应用业务平台上实现管理调度层的功能，将业务数据的冗余编码、分散存储、负载均衡、故障保护等功能和各种业务的实现紧密结合，形成具有丰富业务特色的应用云存储系统，而在存储节点的选择方面，则可以采用标准的 IPSAN、FC SAN 或者 NAS 设备，例如宇视科技的视频监控云存储 CDS（Cloud Direct Storage）解决方案就是这种应用云存储的典型代表。 任何一个授权用户都可以通过标准的公用应用接口来登录云存储系统，享受云存储服务。云存储运营单位不同，云存储提供的访问类型和访问手段也不同。

说明 对于云存储的层次结构有不同的划分方法（如将云存储系统划分为存储层、管理调度层、访问接口层、业务应用层等），请读者结合具体情况进行辨别和理解。

3.2.2 了解云存储关键技术

云存储相对传统存储从功能、性能、安全各方面都有质的飞跃，云存储服务是随着云存储相关技术（存储虚拟化技术、分布式存储技术等）的发展而不断发展的，云存储相关技术主要包括如下几种。

1．存储虚拟化技术

存储虚拟化技术是云存储的核心技术。通过存储虚拟化方法，把不同厂商、不同型号、不同通信技术、不同类型的存储设备互连起来，将系统中各种异构的存储设备映射为一个统一的存储资源池。存储虚拟化技术能够对存储资源进行统一分配管理，又可以屏蔽存储实体间的物理位置以及异构特性，实现了资源对用户的透明性，降低了构建、管理和维护资源的成本，从而提升云存储系统的资源利用率。

2．重复数据删除技术

数据中重复数据的数据量不断增加，会导致重复的数据占用更多的空间。重复数据删除技术一种非常高级的数据缩减技术，可以极大地减少备份数据的数量，通常用于基于磁盘的备份系统，通过删除运算，消除冗余的文件、数据块或字节，以保证只有单一的数据存储在系统中。其目的是减少存储系统中使用的存储容量，增大可用的存储空间，增加网络传输中的有效数据量。然而重复删除运算相当消耗运算资源，对存取能效会造成相当程度的冲击，若要应用在对存取能效较敏感的网络存储设备上，将会面临许多困难。

3．分布式存储技术

分布式存储是通过网络使用服务商提供的各个存储设备上的存储空间，并将这些分散的存储资源构成一个虚拟的存储设备，数据分散地存储在各个存储设备上。它所涉及的主要技术有网络存储技术、分布式文件系统和网格存储技术等，利用这些技术实现云存储中不同存储设备、不同应用、不同服务的协同工作。

4．数据备份技术

在以数据为中心的时代，数据的重要性不可置否，如何保护数据是一个永恒的话题，即便是现在的云存储发展时代，数据备份技术也非常重要。数据备份技术是将数据本身或者其中的部分在某一时间的状态以特定的格式保存下来，以备原数据由于出现错误、被误删除、恶意加密等各种原因不可用时，可快速准确地将数据进行恢复的技术。数据备份是容灾的基础，是为防止突发事故而采取的一种数据保护措施，其根本目的是数据资源重新利用和保护，核心的工作是数据恢复。

5．内容分发网络技术

内容分发网络是一种新型网络构建模式，主要是针对现有的 Internet 进行改造。其基本思想是尽量避开互联网上由于网络带宽小、网点分布不均、用户访问量大等影响数据传输速度和稳定性的弊端，使数据传输得更快、更稳定。通过在网络各处放置节点服务器，在现有互联网的基础之上构成一层智能虚拟网络，实时地根据网络流量、各节点的连接和负载情况、响应时间、到用户的距离等信息将用户的请求重新导向离用户最近的服务节点上。

6．存储加密技术

存储加密是指当数据从前端服务器输出或在写进存储设备之前通过系统为数据加密，以保证存放在存储设备上的数据只有授权用户才能读取。目前云存储中常用的存储加密技术有以下几种：全盘加密，全部存储数据都是以密文形式书写的；虚拟磁盘加密，存放数据之前建立加密的磁盘空间，并通过加密磁盘空间对数据进行加密；卷加密，所有用户和系统文件都被加密；文件/目录加密，对单个的文件或者目录进行加密。

3.3　云存储典型应用

3.3.1　体验个人应用（以百度网盘为例）

1．百度网盘简介

百度网盘是百度公司推出的一项提供用户 Web、PC、Android、iOS 和 Windows Phone 多平台数据共享的云存储服务，是百度云的其中一个服务。该服务依托于百度强大的云存储集群机制，发挥了百度强有力的云端存储优势，提供超大的网络存储空间。首次注册即有机会获得 15GB 的空间。目前百度网盘有 Web 版、Windows 版、Android 版、iPhone 版、iPad 版、WinPhone 版等，用户可以轻松把自己的文件上传到网盘上，并可以跨终端随时随地查看和分享。

2．注册百度网盘

步骤一：进入百度网盘主页面。

打开浏览器，在浏览器地址栏中输入 http://pan.baidu.com/，进入百度网盘主页面，如图 3-4 所示。已注册用户可以通过输入用户和密码进行登录，也可以选择使用微博账号或 QQ 账号进行登录。注册新账号选择 立即注册百度帐号 。

图 3-4　百度网盘主页面

步骤二：进入"注册百度账号"页面。

进入"注册百度账号"页面后页面显示信息如图 3-5 所示。此时，可以有两种注册方法。

（1）输入手机号（必须是未绑定过的手机）、用户名（符合命名规则且未被使用过的）、验证码和密码（登录密码）后单击【注册】按钮，完成注册。此时，如果注册的手机号已被绑定，则会弹出图 3-6 所示的提醒页面，提示用户可以通过手机号直接登录。

（2）根据页面提示，可以使用手机快速注册功能（发送登录密码短信至 10698000036590，手机号默认为用户名）进行注册。

图 3-5　"注册百度账号"页面

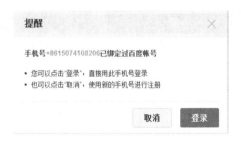

图 3-6　手机号已绑定提醒

用户注册后即可使用百度网盘提供的各项存储服务。

3．使用百度网盘（上传和下载）

步骤一：上传文件（文件夹）。

以已注册的百度网盘账号登录后进入网盘的管理界面。单击【上传】按钮后，会弹出下拉菜单（【上传文件】和【上传文件夹】），单击【上传文件】后，弹出【打开】对话框，用户通过在本地计算机中浏览选择需要上传的文件后，单击【打开】按钮，即可将选择的文件上传至网盘的指定文件夹中，并显示"有 1 个文件上传成功"的提示信息，如图 3-7 所示。

图 3-7 百度网盘上传文件（文件夹）

说明

- 如果要上传多个文件，在浏览时通过多选方式选定。
- 上传的文件要符合百度网盘的要求。
- 在百度网盘进行文件管理时，可以选择工具栏上的【新建文件夹】建立文件夹对文件进行分门别类的管理。
- 上传文件夹的基本操作同上传文件。

步骤二：下载文件（文件夹）。

如果要从百度网盘下载需要的文件，登录后选择指定的文件（文件夹），单击工具栏上的【下载】按钮后，打开【新建下载任务】对话框，指定下载文件的保存路径后即可完成文件（文件夹）的下载，如图 3-8 所示。

图 3-8 百度网盘下载文件（文件夹）

说明

- 使用百度账号登录，为保护用户账号信息，通常都会要输入验证码，有些时候还需要通过手机验证码进行验证，需要注意账号信息的保密和登录的安全。
- 如果要下载多个文件，通过多选方式选定。
- 如果安装有迅雷等下载软件，会启动相关下载软件完成下载。

4．百度云（PC端）

步骤一：下载百度云管家（Windows）。

进入百度云管家下载页面(http://pan.baidu.com/download)，如图 3-9 所示。选择【Windows】后，单击【下载百度云管家】按钮，打开【新建下载任务】对话框，如图 3-10 所示。选择下载文件保存的路径后，单击【下载】完成下载任务。

图 3-9　百度云管家下载页面

图 3-10　百度云管家下载任务

步骤二：安装百度云管家（Windows）。

双击下载好的百度云管家（Windows）对应的安装文件"BaiduYunGuanjia_5.4.10.exe"，进入安装界面，按提示步骤依次完成安装，安装完成后打开百度云管家登录窗口，如图 3-11 所示。

图 3-11　百度云管家登录窗口（PC 端）

步骤三：使用百度云管家（Windows）进行文件管理。

使用已注册的百度网盘账号登录后，进入百度云管家 PC 端的管理界面，如图 3-12 所示。用户可以在该界面方便、快捷地完成文件的分类管理、上传和下载等操作。

图 3-12　百度云管家管理界面（PC 端）

说明

- 百度云管家（Windows）提供的是一种 PC 端管理百度网盘中资源的一种方法。
- PC 端的百度云管家安装之后，右键单击计算机中的文件（文件夹），会有一个【上传到百度云】的菜单项，以便快速完成文件（文件夹）的上传。
- 选择百度网盘的 PC 端管理和 Web 端管理取决于用户的设备、网络和喜好。

5．百度云（移动端）

步骤一：下载百度云管家（Android）。

进入百度云管家下载页面（http://pan.baidu.com/download），见图 3-9。选择【Android】后，可以通过 3 种方式下载百度云管家（Android）：（1）单击【下载百度云管家】下载；（2）免费发送短信下载移动客户端；（3）扫描二维码（如图 3-13 所示）下载（微信→发现→扫一扫）。

图 3-13　3 种版本的百度云管家二维码

	● 用户根据设备及操作系统类型选择相应版本的百度云管家软件或 App。
说明	● 如果手机安装有"腾讯应用宝"等 App，则会实施保护以进行安全下载。

步骤二：安装百度云管家（Android）。

百度云管家（Android）下载后即可进行安装，安装后进入注册和登录界面，如图 3-14 和图 3-15 所示。

图 3-14　安装百度云管家（Android）　　　图 3-15　百度云管家（Android）启动界面

步骤三：使用百度云管家（Android）进行文件管理。

百度云管家（Android）的登录界面如图 3-16 所示。使用已注册的百度网盘账号登录后，进入百度云管家（Android）的管理界面，如图 3-17 所示。用户可以在该界面方便、快捷地完成文件的分类管理、上传和下载等操作。

图 3-16　百度云管家（Android）登录界面　　图 3-17　百度云管家（Android）的管理界面

| 说明 | ● 手机或 Pad 上安装好百度云管家之后,相关图片或其他文件即可通过"分享"功能方便快捷地上传到百度云,如图 3-18 所示。
● 百度云除了提供给个人用户免费使用网盘服务之外,还能够满足企业存储的个性化需求。 |

图 3-18　分享至"百度云"

3.3.2　体验企业应用（以浪潮云存储为例）

1．浪潮简介

作为中国商用存储市场的先行者,浪潮存储秉承"专业、专注"的自主创新理念,致力于适合中国用户的产品技术的研发和推广,不断丰富存储产品线布局,从高端海量存储到中端在线集中存储,再到数据保护、业务整合领域,浪潮存储产品应用范围覆盖了金融、电信、政府、教育、医疗、制造、企业、安防、航天等多个行业,并连续 10 年国有品牌市场占有率第一。先进可靠的产品、贴合本土需求的解决方案和完善的专业服务,使浪潮获得了用户的高度认可。

2．浪潮云存储及存储产品简介

目前,浪潮已经形成涵盖 IaaS、PaaS、SaaS 3 个层面的整体解决方案服务能力,凭借浪潮高端服务器、海量存储、云操作系统、信息安全技术为用户打造领先的云基础架构,浪潮 AS8000 存储系统是浪潮 In-Clould 时代下的 DaaS 存储产品,它传承了浪潮活性存储的产品设计理念,增加了云存储的技术内容,根据用户不同数据保护需求推出了业界领先的数据保护应用平台。它在统一的管理系统中为用户提供业务连续保护、自动精简配置、备份归档、远程容灾等数据保护功能,最大限度地保障用户数据安全,为不同需求的用户提供了多种级别的解决方案。

浪潮的 AS10000 是国内第一个研制成功的多控制器和全交换体系结构的存储系统,使我国在高端存储领域实现从无到有的零突破,打破国外厂商长期以来的市场垄断和技术垄断。AS10000 与同类产品的比较如表 3-2 所示。

表 3-2 浪潮 AS10000 与同类产品的比较

比较项目	EMC VMAX	日立 VSP	IBM DS8800	浪潮 AS10000
体系架构	Crossbar 交换式结构	Crossbar 交换式结构	Crossbar 交换式结构	Crossbar 交换式结构
存储容量	96PB	96PB	64PB	64PB
存储性能	172 万 IOPS 86Gbit/s 带宽	143 万 IOPS 72Gbit/s 带宽	152 万 IOPS 70Gbit/s 带宽	136 万 IOPS 65Gbit/s 带宽
可靠性	99.999%	99.999%	99.999%	99.999%

3．浪潮省级教育数据中心建设方案

（1）背景与需求。

国家教育管理公共服务平台是《国家中长期教育改革和发展规划纲要（2010—2020 年）》以及《教育信息化十年发展规划（2011—2020 年）》中确定的重要内容，是支撑教育管理现代化、促进教育改革发展的基础性工程，是"三通两平台"（宽带网络"校校通"、优质资源"班班通"、网络学习空间"人人通"，教育资源公共服务平台和教育管理公共服务平台）的核心内容。其具体内容是建立覆盖全国各级教育行政部门和各级各类学校的管理信息系统及基础数据库，为加强教育监管、支持教育宏观决策、全面提升教育公共服务能力提供技术和数据支撑。平台按照"两级建设、五级应用"体系实施。两级建设是指在教育部和省教育行政部门分别建立中央和省两级数据中心，建设数据集中、系统集成的应用环境；五级应用是指各类教育管理信息系统均同步建设中央、省、地市、县、学校五级系统，由教育部统一组织开发，其中中央级系统部署在中央级数据中心，省、地市、县、学校级系统下发并部署在省级数据中心，供中央、各地和学校使用。

省级教育数据中心首先要承载国家信息系统的部署运行，也要支撑自建应用系统及其他应用系统的部署运行，要采取云服务模式，为本级及所属各级教育行政部门和学校提供信息系统和数据库存储与服务，具体情况如图 3-19 所示。

如图 3-19 所示，省级数据中心的具体需求如下。

① 承载国家信息系统在省级数据中心的部署。

"教育服务与监管体系信息化建设"项目作为国家教育管理信息化的先导工程，已完成顶层设计。教育部正在统一开发建设一系列与学生、教师、学校资产及办学条件相关的系统，并陆续开始在部（中央）、省两级投入部署运行。省级教育数据中心必须承载这些信息系统的运行，在设计和建设中满足这些信息系统的计算、存储需求。

② 承载自建及其他应用系统的部署运行。

为满足省级教育信息化的应用需求，教育行政部门还需要建设自己特定的应用系统（如教育教学相关信息系统、教育信息服务门户等）。省级教育数据中心在保证国家信息系统部署运行的基础上，同时要考虑教育管理和服务信息系统的开发、运行需要。

③ 提供教育信息化基础设施云服务。

为统筹教育信息化基础设施建设，避免基础设施重复建设，教育数据中心在建设时充分利用云计算技术，搭建云服务平台，为教育行政部门和学校提供计算、存储等基础设施云服务。

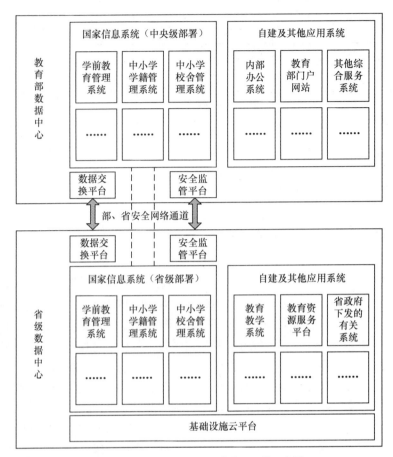

图 3-19 教育数据中心承载应用系统示意图

④ 形成完善的基础设施环境。

教育数据中心要按照国家信息系统的运行要求，构建机房、网络、计算、存储等基础环境和设施；根据业务系统和数据中心运行维护和管理的需要，构建基础软件支撑平台，包括数据库、门户、数据交换和系统管理等平台；建立重要系统和业务数据容灾备份；为应用系统敏感数据建立统一密码安全服务平台，实现敏感数据加密存储和安全访问；建设与教育部数据中心之间的数据交换平台与安全网络通道，保障部、省两级数据中心间的数据传输安全。

教育数据中心建设采用自动化、资源整合与管理、虚拟化、安全以及能源管理等新技术，解决数据中心成本快速增加、资源管理日益复杂、信息安全形势严峻等挑战，建设与教育信息发展相适应的新一代数据中心基础设施。

教育数据中心建设特点：绿色节能；虚拟化部署节省整体资源投入；自动化管理，降低维护成本；系统性能优化，业务持续；模块化部署，数据中心随需求逐步增长。

（2）浪潮解决方案。

浪潮针对省级教育数据中心的建设需求，给出了一套完整的方案，充分满足数据中心承担教育部系统应用和自建系统的应用需求。整体方案如图 3-20 所示。

浪潮针对数据中心服务区和数据存储区给出的方案如图 3-21 所示。

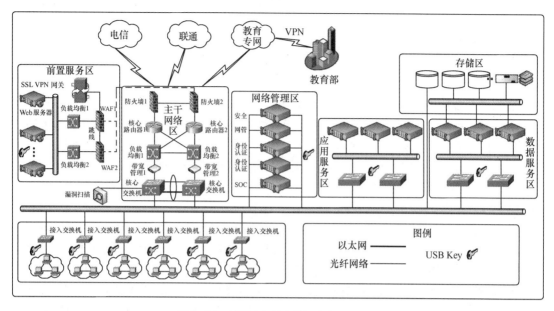

图 3-20　浪潮省级教育数据中心建设方案

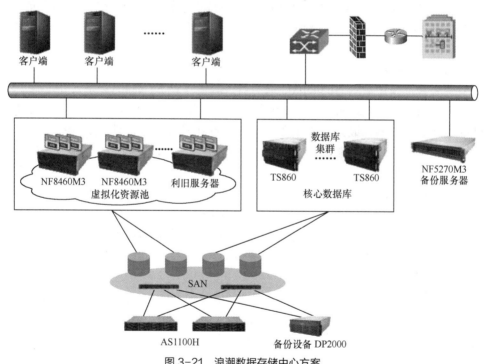

图 3-21　浪潮数据存储中心方案

　　方案采用浪潮高端服务器 TS860 8 路服务器作为数据库服务器，充分满足大量数据访问读写需求。同时为了提高系统利用率、节省空间及实现未来系统的动态扩展，采用 4 路服务器组建虚拟资源池，充分满足省级教育中心各个业务系统对资源的需求。考虑到整个数据中心对存储资源的需求，尤其是数据库需要频繁地读写，虚拟资源池也对存储带宽提出了很高的需求，推荐用浪潮 AS1100H 光纤存储，浪潮 AS1100H 最大支持 16 个 FC 接口，具有高带宽高 IOPS，充分满足数据中心对存储资源需求；同时考虑到数据中心的数据安全，推荐采用 DP2000 虚拟磁带库作为备份存储，对数据资源实时备份来保证数据的安全。配备云计算管理操作系统，对整个云计算数据中心进行统一管理，实现虚拟资源统一交付，实现云计算平台的自服务。

① 数据库服务器。

省级教育数据中心事关全省的教育信息化系统，有着非同一般的作用，而其中数据库系统尤为重要，涉及学生管理系统和教师管理系统的各种海量数据信息，这对数据库服务器提出了很高的要求，不仅需要具有很高的性能，而且需要保证服务器的稳定性、可靠性。

方案推荐采用浪潮 TS860 作为数据库服务器，选择 8 颗 E7-8800 v2 系列 CPU，充分满足大量用户数据访问的峰值需求。通过 RAC 集群方式实现高可用，充分满足整个系统的稳定性。

浪潮天梭 TS860 最大支持 8 颗 Intel 至强 E7-8800 v2 系列处理器，主频最高可达 3.4GHz，具备 37.5MB 大容量三级缓存，最多 120 个物理核心，240 个线程，为用户提供强大的计算处理能力。TS860 支持 192 条 DDR3 ECC 内存，最大支持 12TB，达到了该平台的极限，灵活应对各行业的不用应用需求，大幅降低 TCO；支持业界最高规格的 26 个 PCI-E 3.0 扩展插槽，满足用户对系统 IO 带宽的所有需求；系统最大支持 16 个 SAS/SATA/SSD 硬盘，提供充分的存储容量和磁盘带宽。浪潮 TS860 的 CPU、内存实现全面容错；IO 箱支持热替换和故障隔离，可灵活更换 IO 设备；电源支持监听模式，双路供电设计，提供 N+M/N+N 等多种冗余方式；系统风扇多级冗余。

② 云计算资源池。

云计算资源池采用浪潮 NF8460M3 服务器，配置 4 颗 E7-4800V2 系列处理器，充分满足各种中间件服务器、管理服务器、认证服务器对计算资源的需求。浪潮 NF8460M3 采用最新 E7 v2 平台处理器，最大支持 4 颗处理器，60 个计算核心，具备出色的处理性能；支持风扇前维护，便于管理和维护，具有丰富的 IO 扩展性；电源支持多种冗余方式；系统风扇多级冗余。

③ 存储资源池。

采用浪潮最先进的高端光纤存储 AS1100H，IOPS 可以达到 100 万，同时采取数据分层，重要结构化数据放在性能强劲的 SSD 硬盘，大量非结构化数据放在大容量的普通 SAS 盘，充分发挥存储的高效能，满足大量用户的同时并发访问。

④ 备份资源池。

DP2000 虚拟带磁库作为备份存储，能实现多磁带库仿真，允许多路备份数据流，达到高端备份能力；跃升备份性能，递减备份窗口，性能成倍增加；备份速率突破磁带机速率，接近备份通道速率。通过虚拟磁带库，充分保证系统的数据安全。

⑤ 云计算中心管理软件。

采用浪潮云海 OS3.0 对整个数据中心云资源进行管理，对底层服务器的计算、存储等资源池和虚拟化软件进行管理，实现资源供应与自服务，提供按需获取的可信赖资源服务；提供业务运营和管理，维护用户的资源使用信息和业务的运营情况，提供报表等数据给用户以了解整个云平台的资源使用情况。

浪潮数据存储中心方案推荐配置如表 3-3 所示。

表 3-3　浪潮数据存储中心方案推荐配置

项　目	设 备 选 择	部 署 方 式	注 意 事 项
数据库系统	2 台浪潮 TS860 作为数据库服务器	RAC 集群部署方式	
云计算资源池	6~8 台浪潮 NF8460M3	虚拟化部署方式	
存储系统	主存储	浪潮 AS1100H，配置双控制器，48Gbit/s 高速缓存，配置 8 个 8Gbit/s 光纤接口	主要存储结构化数据
备份存储	浪潮 DP2000	数据备份	
网络系统	2 台浪潮 FS5800 光纤交换机，24 口吉比特交换机	光纤交换机采用冗余模式，保证系统稳定性	
虚拟化软件	浪潮 InCloud Sphere 4.0	整合硬件设备为虚拟资源池	
云中心管理系统	浪潮云海 OS 操作系统	负责云中心业务流程管理	

　　浪潮省级教育数据中心方案采用先进的系统架构设计，充分满足了教育部对数据中心的建设要求，不仅能有效承载国家信息系统在省级数据中心部署，而且能够满足自建及其他应用系统的部署，并且充分考虑了未来几年的扩容需求，同时采取云计算中心方式充分提高整个数据中心的资源使用效率和管理维护能力，满足全省学校、老师、学生对教育信息化的需求，促进各省教育事业的发展。方案优势体现如下方面。

　　① 整个系统的高性能，充分满足大量用户峰值访问的需求，同时还考虑了未来几年的业务增长需求，充分满足系统的可用性。

　　② 业务连续性保证。云平台可以使运行中的虚拟机从一台物理服务器实时迁移到其他的物理服务器，同时保证业务的连续性。实现了零停机时间和连续可用的服务，并能全面保证事务的完整。可以实时监控整个资源池的利用率，并在多台物理机之间智能地分配可用资源，使资源优先于最重要的应用，以便让资源与业务目标相协调。

　　③ 出色、卓越的硬件设备，更是保证了整个系统的稳定性，浪潮 TS860 的 CPU、内存实现全面容错；IO 箱支持热替换和故障隔离，可灵活更换 IO 设备；电源支持监听模式，双路供电设计，提供 N+M/N+N 等多种冗余方式；系统风扇多级冗余。浪潮 AS1100H 存储系统是支持 16Gbit/s FC、IB、10Gbit/s iSCSI、SAS 的统一存储平台，提供超群的性能，并具备高可靠性、高扩展性、易管理和易维护特性。AS1100H 存储系统拥有技术领先的硬件平台，支持数据快照、数据复制等功能，支持远程数据同步的高端应用，可充分挖掘信息价值，有效提升业务连续性。

　　④ 采取云计算方式，提升资源利用率，统一管理。降低用户的整体拥有成本 TCO；降低整体功耗，更加节能；管理更加方便灵活，相对于传统的业务管理模式，可以通过一个端把所有的管理都集成在一起，彻底把管理员从繁重的系统维护和管理中解脱出来，管理更加方便和灵活。

浪潮省级教育数据中心建设方案的详细内容请参考：http://www.inspur.com/lcjtww/443009/443384/447435/448260/2164044/index.html。

【巩固与拓展】

一、知识巩固

1. 下列关于云存储的优势描述正确的是（　　　）。

A. 云存储按实际所需空间租赁使用，按需付费，有效降低企业实际购置设备的成本

B. 云存储无需增加额外的硬件设施或配备专人负责维护，减少管理难度

C. 云存储将常见的数据复制、备份、服务器扩容等工作交由云提供商执行，从而将精力集中于自己的核心业务

D. 云存储可以随时对空间进行增减，增加存储空间的灵活可控性

2. 云存储一般分为（　　　）3 类。

A. 公有云存储　　　　B. 私有云存储　　　　C. 混合云存储　　　　D. 园区云存储

3. 在云存储系统的结构模型中，将不同类型的存储设备互连起来，实现海量数据的统一管理的层次是（　　　）。

A. 存储层　　　　　　B. 基础管理层　　　　C. 应用接口层　　　　D. 访问层

4. 通过网络将分散的存储资源构成一个虚拟的存储设备的技术是（　　　）。

A. 存储虚拟化技术　　　　B. 重复数据删除技术

C. 分布式存储技术　　　　D. 数据备份技术

5. 浪潮发布国内第一个多控制器和全交换体系结构的存储系统 AS10000 的时间是（　　　）。

A. 2006 年　　　　　　B. 2012 年　　　　　　C. 2014 年　　　　　　D. 2011 年

二、拓展提升

1. 试着了解你所在单位（学校或企业）目前使用的存储系统的情况（软硬件配置、系统架构、提供服务等），如果还没有使用云存储，试着提出你的建议和意见。

2. 了解坚果云、腾讯、华为、icloud 等云存储服务，并试着注册成为其用户，通过 PC 端和手机端的使用和体验，与百度网盘进行比较。

3. 查询并整理国内提供公有云存储服务的主要企业，并了解其系统架构及提供的主要服务。

PART 4

第4章
云服务

本章目标

本章将向读者介绍云服务及 3 种主要的服务类型方面的基础知识，主要包括云服务的内涵、云服务的优缺点、云服务类型、SaaS 内涵与功能、SaaS 特点与优缺点、SaaS 典型案例、PaaS 内涵与特点、典型 PaaS 平台、IaaS 内涵与主要功能、典型 IaaS 产品与服务等。本章的学习要点如下。

（1）SaaS 内涵与功能。

（2）SaaS 典型案例（金蝶云 ERP）。

（3）PaaS 内涵与特点。

（4）典型 PaaS 平台（八百客 App）。

（5）IaaS 内涵与主要功能。

（6）典型 IaaS 产品与服务（天翼云）。

4.1 云服务概述

4.1.1 理解云服务内涵

中国云计算服务网的定义是：云服务是指可以拿来作为服务提供使用的云计算产品，包括云主机、云空间、云开发、云测试和综合类产品等。

云计算服务是指将大量用网络连接的计算资源统一管理和调度，构成一个计算资源池向用户提供按需服务，用户通过网络以按需、易扩展的方式获得所需资源和服务。云服务基本结构示意图如图 4-1 所示。

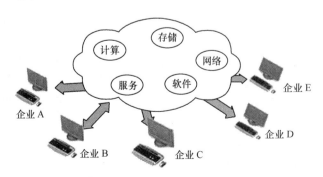

图 4-1　云服务基本结构示意图

根据美国国家标准和技术研究院的定义，云计算服务应该具备以下特征。

- 随需自助服务。
- 随时随地用任何网络设备访问。
- 多人共享资源池。
- 快速重新部署的灵活度。
- 可被监控与量测的服务。

一般认为云计算服务还有如下特征。

- 基于虚拟化技术快速部署资源或获得服务。
- 减少用户终端的处理负担。
- 降低用户对于 IT 专业知识的依赖。

4.1.2　辨析云服务类型

"云"提供 3 个层面的服务：IaaS、PaaS 和 SaaS。有关 IaaS、PaaS 和 SaaS 的基本内涵请参阅第 1 章 "1.2.4　辨别云计算的分类"。云服务的层次架构如图 4-2 所示。

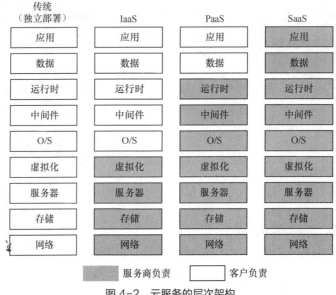

图 4-2　云服务的层次架构

IaaS 层服务于用户的是基础设施，如计算机，包括 CPU、内存、磁盘空间、网络连接等基础设备以及操作系统等基础软件。其计费往往以 CPU、内存、存储空间和网络流量等的使用收费。用户使用的一般都是虚拟机，因此 IaaS 服务是虚拟化技术发展的产物。

PaaS 服务是在基础层之上提供中间件，让用户能够快速开发部署 SaaS 应用，这些应用开发是对原始 PaaS 应用进行扩展，使其能够快速开展业务。比如网络培训平台，培训公司在其上部署自己的应用，针对自己专业、用户提供服务，但一般的培训公司更专注于自己的专业和流程，并不是实时通信的专家，而培训平台能够提供这些功能，使得培训公司从自己不熟悉的领域解放出来，更关注自己的专业能力，更好、更快地提供服务给自己的用户。

IaaS 和 PaaS 有些界限并不是很明显，如 Amazon 是一家 IaaS 服务公司，但也提供统一数据库服务，用户可以租用数据库，不用关心数据同步、备份等一系列问题，这些是 PaaS 功能，但被集成到 IaaS 服务中。

SaaS 服务是面向用户的应用，是基于 PaaS 开发的，并可使用 IaaS 部署的服务，因此构建"云"服务时，要同时了解 IaaS、PaaS 和 SaaS 特点，有针对性地设计构架。

4.1.3 跟踪云服务发展趋势

1. 全球云服务市场分析

2016 年 9 月中国信息通信研究院发布的《云计算白皮书（2016 年）》中对"全球云计算细分市场分析"统计结果如下。

（1）全球 IaaS 市场保持稳定增长，云主机仍是最主要产品。2015 年 IaaS 市场增速为 32%（2014 年 IaaS 市场增速为 33%），市场规模达 162 亿美元，其中云主机占据 85% 以上的市场份额，预计未来几年将持续增长，但增幅会略有下降。

（2）全球 PaaS 市场总体增长放缓，但数据库服务和商业智能平台服务增长较快。2015 年 PaaS 市场规模为 44 亿美元，增长 17%，其中应用基础架构和中间件服务占据 54% 的市场份额；数据库服务市场规模仅为 1.7 亿美元，但增长较快，增速达 30%，预计未来几年仍将以 30% 以上的速度高速增长，远超过应用开发（增速为 11.9%）、应用基础架构和中间件（增速为 16.5%）等其他 PaaS 产品。

（3）SaaS 仍然是全球公有云市场的最大构成部分，CRM、ERP、网络会议及社交软件占据主要市场。2015 年 SaaS 市场规模为 317 亿美元，远超 IaaS 和 PaaS 市场规模的总和，其中 CRM、ERP、网络会议及社交软件占据市场 65% 的份额；同时产品呈现多元化的发展趋势，数字内容制作、企业内容管理、商业智能应用等产品规模较小、增长快，尤其企业内容管理增速达 40%，数字内容制作增速为 25%，但预计未来 5 年将以 30% 以上的复合增长率快速增长。

2. 我国云服务市场分析

2016 年 9 月中国信息通信研究院发布的《云计算白皮书（2016 年）》中对"我国云计算细分市场分析"统计结果如下。

（1）IaaS 服务得到国内企业用户的充分认可。2015 年国内 IaaS 市场成为游戏、视频、移动互联网等领域中小企业 IT 资源建设的首选，市场规模达到 42 亿元，与 2014 年相比增长 60.3%，预计 2016 年仍将保持较高的增速。从应用形式来看，云主机、云存储用户采用率最高，使用比例为 70% 以上，同时也有 70% 以上的企业表示未来将会采用云主机或云存储服务，并且云存储的比例将进一步提升。

（2）PaaS 服务成为互联网创业的重要平台。由于其低成本、快速、灵活的特点，并为开发者提供丰富的 API 接口，PaaS 平台成为互联网创业者的首选。到 2014 年 6 月，腾讯开放平台已为超过 500 万开发者服务；新浪 SAE 拥有 53 万活跃开发者，2015 年推出免费 100MB 空间、10GB 存储空间及缓存、域名绑定等服务为开发者提供"零成本创业"。同时，为了吸引开发者，云服务商通过开发者大赛、开发者沙龙、孵化器等线上线下相结合的方式招募开发者，不断扩大市场。从用户应用来看，市场需求正从最初的搜索/地图引擎服务、Web 服务逐渐向大数据分析、安全监控等服务转变。

（3）国内 SaaS 市场仍然缺乏领导者。从市场规模看，2015 年 SaaS 市场规模达 55.3 亿元，远超过 IaaS 和 PaaS 市场的总和，增长率为 37.6%，与 2014 年的 15.2% 相比，增速大幅提高。在 ERP、CRM 等核心企业管理软件服务领域，国际厂商占据主要市场份额，缺乏有力的国内竞争者，虽然畅捷通、国信灵通等国内企业都开始提供相应产品，但从产品水平、技术能力等方面，仍无法与 Salesforce、Oracle、IBM 等国际厂商竞争。从用户应用来看，据中国信息通信研究院统计，在采用 SaaS 服务的企业中，有将近 70% 使用云邮箱、统一通信平台等基础通信软件服务，且大多数是免费服务，采用 ERP 、CRM 等企业管理软件服务和专业的行业应用软件服务的用户均低于 50%。

近 5 年国内云服务市场规模如表 4-1 所示。

表 4-1　近 5 年国内云服务市场规模（单位：亿元）　　（数据来源：中国信息通信研究院）

年　　度	IaaS	PaaS	SaaS
2012	5.1	1.8	28.1
2013	10.5	2.2	34.8
2014	26.2	3.8	40.2
2015	42.0	5.2	55.3
2016	65.0	8.5	74.1

4.2　SaaS

4.2.1　理解 SaaS 内涵

SaaS 是一种通过 Internet 向最终用户提供软件产品和服务（包括各种应用软件及应用软件的安装、管理和运营服务等）的模式。SaaS 服务提供商将应用软件统一部署在自己的服务器上，用户可以根据自己的实际需求，通过互联网向 SaaS 服务提供商定购所需的应用软件，按订购服务的多少和时间的长短向厂商支付费用，并通过互联网获得厂商提供的应用软件相关的服务。在 SaaS 模式下，用户由传统的购买软件或自行开发软件的方式，转变为向 SaaS 服务提供商租用基于 Web 的软件来管理企业经营活动的形式，用户无需对软件进行维护，也无需考虑底层的基础架构及开发部署等问题。SaaS 服务提供商会全权管理和维护软件，SaaS 服务提供商在向用户提供互联网应用的同时，也提供软件的离线操作和本地数据存储，让用户随时随地都可以使用其定购的软件和服务。

SaaS 是随着互联网技术的发展和应用软件的成熟，在 21 世纪开始兴起的一种完全创新的软件应用模式。它与按需软件（On-Demand Software）、应用服务提供商（Application Service Provider，ASP）和托管软件（Hosted Software）具有相似的含义。"软件即服务"从厂商的角度来说，厂商提供的不仅是传统的应用软件，还包括和应用软件相关的管理和维护服务等。从用户角度来说，用户不是简单购买传统意义上的实体应用软件，还包括和应用软件相关的数据安全、免费升级等服务。

和传统的软件服务模式相比，SaaS 模式具备成本低、迭代快、种类丰富等诸多优点。对企业来说，SaaS 的优点如下。

（1）从技术方面来看：SaaS 是简单的部署，不需要购买任何硬件，刚开始只需要简单注册即可。企业无需再配备 IT 方面的专业技术人员，同时又能得到最新的技术应用，满足企业对信息管理的需求。

（2）从投资方面来看：企业只以相对低廉的"月费"方式投资，不用一次性投资到位，不占用过多的营运资金，从而缓解企业资金不足的压力；不用考虑成本折旧问题，并能及时获得最新硬件平台及最佳解决方案。

（3）从维护和管理方面来看：由于企业采取租用的方式来进行业务管理，不需要专门的维护和管理人员，也不需要为维护和管理人员支付额外费用，很大程度上缓解了企业在人力、财力上的压力，使其能够集中资金对核心业务进行有效的运营；SaaS 能使用户随时随地都是一个完全独立的系统。只要用户连接到网络，就可以访问系统。

SaaS 目前面临着安全性和标准化两大重要问题，这也是 SaaS 不足之处。

（1）安全性：企业尤其是大型企业希望保护他们的核心数据，不希望这些核心数据的安全由第三方来负责。

（2）标准化：SaaS 解决方案缺乏标准化，这个行业刚刚起步，相关标准还在探索中。

4.2.2 深入学习 SaaS 功能和特性

1. SaaS 功能

SaaS 有什么特别之处呢？其实在云计算还没有盛行的时代，我们已经接触到了一些 SaaS 的应用，通过浏览器我们可以使用 Google、百度等搜索系统，可以使用 E-mail，我们不需要在自己的计算机中安装搜索系统或者邮箱系统。典型的例子是我们在计算机上使用的 Word、Excel、PowerPoint 等办公软件，这些都是需要在本地安装才能使用；而在 Google Docs（DOC、XLS、ODT、ODS、RTF、CSV 和 PPT 等）、Microsoft Office Online（Word Online、Excel Online、PowerPoint Online 和 OneNote Online）网站上，无需在本机安装，打开浏览器，注册账号，可以随时随地通过网络来使用这些软件编辑、保存、阅读自己的文档。用户只需要自由自在地使用，不需要自己去升级软件、维护软件等。

SaaS 提供商通过有效的技术措施，可以保证每家企业数据的安全性和保密性。SaaS 采用灵活租赁的收费方式。一方面，企业可以按需增减使用账号；另一方面，企业按实际使用账户和实际使用时间付费。由于降低了成本，SaaS 的租赁费用较之传统软件许可模式更加低廉。企业采用 SaaS 模式在效果上与企业自建信息系统基本没有区别，但节省了大量资金，从而大幅度降低了企业信息化的门槛与风险。

企业提供 SaaS 服务的功能需求如下。

- 随时随地访问：在任何时候，任何地点，只要接上网络，用户就能访问这个 SaaS 服务。
- 支持公开协议：通过支持公开协议（比如 HTML4/5），能够方便用户使用。
- 安全保障：SaaS 供应商需要提供一定的安全机制，不仅要使存储在云端的用户数据处于绝对安全的境地，而且要在用户端实施一定的安全机制（比如 HTTPS）来保护用户。
- 多用户：通过多用户机制，不仅能更经济地支持庞大的用户规模，而且能提供一定的可指定性以满足用户的特殊需求。

2. SaaS 特性

SaaS 特性如下。

- 服务的收费方式风险小，灵活选择模块（如备份、维护、安全和升级等）。
- 让用户更专注于核心业务。
- 灵活启用和暂停，随时随地都可使用。
- 按需定购，选择更加自由。
- 产品更新速度加快。
- 市场空间增大。
- 订阅式的月费模式。

- 有效降低营销成本。
- 准面对面使用指导。
- 在全球各地，7×24 全天候网络服务。
- 不需要额外增加专业的 IT 人员。
- 大大降低用户的总体拥有成本。

4.2.3　认识 SaaS 的实现方式

　　SaaS 的实现方式主要有两种：一种是通过 PaaS 平台来开发 SaaS，一些厂商在 PaaS 平台上提供了一些开发在线应用软件的环境和工具，可以在线直接使用它们来开发 SaaS 平台；另一种是采用多租户架构和元数据开发模式，采用 Web2.0、Struts、Hibernate 等技术来实现 SaaS 中各层（用户界面层、控制层、业务逻辑层和数据访问层等）的功能。

　　SaaS 可以在 Iaas 上实现，也可以在 PaaS 上实现，还可以独立实现。类似地，PaaS 可以在 Iaas 上实现，也可以独立实现。

　　SaaS 服务可以分为两类，一类是面向个人用户的消费类服务，如 Netflix、Dropbox 以及 Apple 的 iCloud 等；另一类是面向企业用户的经营管理类服务，如 Salesforce 的 CRM 软件、金蝶的云 ERP 等。从用户角度出发，根据企业在生产经营管理活动过程中的不同需求，企业级 SaaS 服务可以分为经营型、管理型、协同型和工具型。经营型 SaaS 主要用于解决企业中某些具体的业务流程问题，包括在线 ERP、在线 CRM、在线进销存、在线客服等；管理型 SaaS 主要服务于企业中某种具体工作环节，不涉及业务流程，包括在线 OA、在线 HR、在线财务等。我国企业级 SaaS 产品及其分类一览表如表 4-2 所示。

表 4-2　我国企业级 SaaS 产品及其分类一览表

大　　类	小　　类	主要厂商/产品
经营型	CRM	八百客、销售易、红圈营销、外勤 365、dayCRM 等
	ERP/ERM	金蝶、用友等
	呼叫中心/客服中心	智齿科技、Udesk、讯鸟 InfoBird、天润融通等
	电商、进销存等	奥林科技、商派 Shopex、金蝶等
	其他	精硕科技、极海、时趣互动、GrowingIO 等
管理型	HR/HCM	理才网、北森、肯耐珂萨等
	财务管理	畅捷通、金蝶友商等
	其他	够快云库等
协同型	OA 协同移动办公平台	云之家、今目标、明道、泛微、企明岛等
	企业 IM-融合通信平台	IMO、环信、全时蜜蜂、阿里钉钉、RTX 等
	在线视信服务	全时云、好视通、威速科技、沃视通等
	其他	Worktile、tita、Tower 等
工具型	在线杀毒	360、江民、金山、趋势科技等
	网络邮箱	网易、腾讯、263 等
	企业云盘	百度云盘、坚果云、亿方云、够快科技等
	云文档	Google Docs、Office 365、一起写、石墨等

大　　类	小　　类	主要厂商/产品
工具型	企业云应用商店	寄云、前海圆舟等
	自动化运维	OneAPM、听云、深信服等
	在线电子签约	上上签、可信签等
	其他	问卷通、比目云等

4.2.4　概览 SaaS 典型产品

目前，SaaS 应用已经非常广泛，包括云 OA、云 CRM 和云 ERP 等。2015 年全球 SaaS 服务市场占比情况如图 4-3 所示。

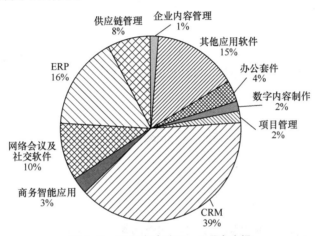

图 4-3　2015 年全球 SaaS 服务市场

（数据来源：Gartner）

下面简单介绍 SaaS 的几个典型应用领域。

1. 云 OA

OA 系统经过长时间的发展（如表 4-3 所示），现在进入到云办公平台阶段。云 OA 是运用基于互联网提供软件服务的软件应用模式（SaaS）向用户提供在线 OA 软件，云 OA 提供完全免费的基础应用服务。用户不需要在本地部署 OA 软件，只需要购买账号，就可以通过互联网使用安装在云服务器上的 OA 软件。云 OA 的功能包含了传统 OA 的功能，如即时通信、文档共享、任务协作、用户管理以及简单的流程审批等。同时，云 OA 也成为企业内部的小型生态圈（企业内部/外部社交、大数据分析、积分商城、娱乐、绩效考核等）。云 OA 软件涵盖了企业日常管理的基本模块和主要的 IT 基础设施，被研发人员称为企业迈向规范化管理的助推器。

表 4-3　OA 系统的发展

序号	发展时间	发展时代	主要创新
1	1980—1999 年	文件型 OA	1985 年全国召开第一次办公自动化（OA）规划会议 办公自动化实际上从单机版的办公应用软件（WPS、Microsoft Office、Lotus1-2-3）开始 OA 称为"无纸化办公" 关注个体工作行为，主要提供文档电子化等服务

序号	发 展 时 间	发 展 时 代	主 要 创 新
2	2000—2005 年	流程性 OA	以工作流程为中心，实现了公文流转、流程审批、文档管理、制度管理、会议管理、车辆管理、新闻发布等众多实用功能 有独立的 OA 系统并成为企业信息化建设的必选
3	2006—2013 年	知识型 OA	OA 成为日常工作的基础平台 OA 成为企业知识管理和呈现的平台
4	2014 年至今	云办公平台	成为企业的综合性管理支撑平台 传统的 OA 功能全部融入该工作平台框架中 云办公平台就是企业内部的小型生态圈（企业内部/外部社交、大数据分析、积分商城、娱乐、绩效考核等）

在"云计算"这面大旗的指引下，国内出现了一大批云 OA 产品，如明道云 OA、今目标云 OA 和云全 OA 等，下面进行简单的介绍。

（1）明道。

明道的官方网址为 https://www.mingdao.com/home。明道是一款支持自由连接的互联网协作平台，用最新的技术架构和友好的体验设计，解决工作群体的普遍问题，包括：跨边界沟通、任务协同、知识共享和多设备信息同步。个人、部门/项目、整个企业都可以获得相应的免费服务。用户可以通过明道公司的主页申请免费使用。个人用户界面如图 4-4 所示。

图 4-4　明道云 OA 个人用户界面

（2）今目标。

今目标的官方网址为 http://www.jingoal.com/index.html。今目标是一款面向中小企业的互联网工作平台，已部署了 30 多项成熟的办公应用，支持企业内部即时通信、工作日志、发布公告、电子考勤、报销审批、文档管理、项目管理等多项功能。免费注册后的使用界面如图 4-5 所示。

（3）云全 OA。

杭州云全信息技术有限公司的官方网址为 http://www.yqinfo.cn/。杭州云全信息技术有限公司开发的云全 OA，用户可以登录云全协同办公平台（http://oa.yqinfo.cn/）进行试用体验。用户登录界面如图 4-6 所示。

图 4-5　今目标使用界面

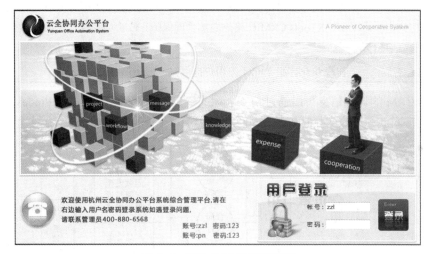

图 4-6　云全 OA 试用登录界面

2. 云 CRM

2010 年以来，随着移动互联网的高速发展和普及，企业对 CRM 应用的需求也在逐步发生改变，从原有追求功能大而全变为追求使用者的用户体验，操作界面也逐步从 PC 端迁移至移动端，从而促进云 CRM 市场快速发展。云 CRM 通过 Internet 为各种规模的企业提供 CRM 应用程序。CRM 可以在不提高市场预算的前提下有效提高商机增长数量；减少业务员工作量，规范销售工作流程，解决效果过程中的撞单、忘单等现象；缩短用户服务解决时间，提高用户满意度；定期维护核心用户，提高用户忠诚度。

（1）XTools CRM。

XTools CRM 由北京沃立森德软件技术有限公司开发。该公司是国内在线 CRM 软件的领导厂商，提供全面的在线 CRM 云服务，形成了以 CRM 软件为核心，以电子账本、来电精灵和销售自动化为辅助的企业管理软件群，2012 年转型移动 CRM，为企业用户提供多元化的移动办公服务，形成"应用+云服务"的整体 CRM 解决方案。同时，该公司向中国几千万家中小企业发布"企业维生素"理念，并通过 XTools 系列软件让企业能够真正感受到科学管理思想带来的销售提升。XTools CRM 主要特点如表 4-4 所示。

表 4-4　XTools CRM 主要特点

序号	主要特点	详细描述
1	低成本、快速实施	企业无需购买服务器，无需聘请 IT 人士，大大减少企业运营成本。后期服务器维护、系统升级均由企业维生素全权负责。成本较低，是中小企业最佳之选
2	功能全面	用户管理、销售漏斗、库存管理、仓库管理、产品管理、合同订单管理、群发邮件和短信等，人、财、物、事全业务解决方案。公司全业务管理的好导师
3	操作容易	XTools CRM 简单清新的页面呈现和完美的产品设计体验，让 CRM 快速上手。在用户遇到任何问题的时候，有专业用户进行培训
4	移动办公	不管用户身处何地，任何时候，只要用户的手机、Pad 可以接入互联网，就能轻轻松松体验指间办公的乐趣，工作与娱乐两不误
5	数据安全	数据定时备份、冗灾备份；URL 访问数据安全码技术；保密协议的商务保障；XTools CRM 严格的内部管理保障；传输加密技术 SSL 有效保证数据安全性
6	贴心客服	在线专业客服 7×24 为用户提供贴心服务

XTools CRM 的详细信息可以通过访问公司的主页（http://www.xtools.cn/index.html）进行了解。公司官网上宣传的产品功能架构如图 4-7 所示。

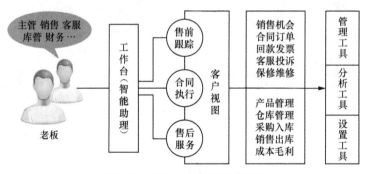

图 4-7　XTools CRM 功能架构

企业用户可以申请试用，试用账号申请网站为：http://www.xtools.cn/free/index.html。输入公司（单位）名称、注册电话后会收到有关登录用户名（如 Boss）、公司登录名（如湖南铁道）以及登录密码的手机短信。试用用户可以通过 XTools 提供的信息完成登录，登录界面如图 4-8 所示。登录系统后，即可进行 XTools CRM 的体验使用。以试用账号登录后的系统界面如图 4-9 所示。

（2）用友云 CRM。

早在 2014 年 8 月，用友优普就宣布了企业互联

图 4-8　XTools CRM 试用账号登录

网化战略，并推出 USMAC 企业互联网应用模式，随后又上线了国内首个面向大中型企业的社交平台——用友优普企业空间（http://www.yonyouup.com/）。2015 年 3 月，用友云 CRM 第一代产品 T-CRM1.0 上市。用友 T-CRM 是用友优普信息技术有限公司加速推进企业互联网业务从而全新规划的云 CRM 产品之一，它既是一个独立的应用，也是基于用友优普企业空间的重要的战略级应用。用友 T-CRM 继承了用友 TurboCRM 绝大部分的功能，优化了用户应用体验，通过技术手段提高了系统的运行效率，并且采取运营服务模式，使企业的投入大大降低，产品竞争力更强，只支持标准产品交付，从而降低交付和运营难度，通过快速上线使得企业可迅速、低成本、零风险进入 CRM 信息化领域。

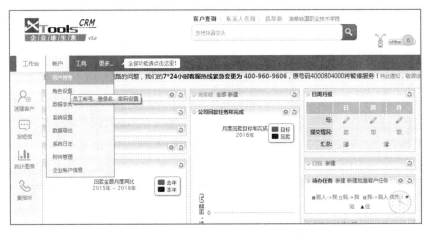

图 4-9　XTools CRM 试用主界面

用友云 CRM 业务依托用友品牌在企业管理软件领域持续 20 多年的品牌优势和销售渠道优势，辅以用友在 CRM 领域近 20 年经验累积，专业的产品线和专业的运营团队，将会在云 CRM 领域发挥应有的作用。

超客营销（http://www.chaoke.com/）是用友优普企业空间的重要应用（社交化的 CRM），也是用友云 CRM 的重要产品。其主要特点如表 4-5 所示。

表 4-5　超客营销的主要特点

序号	主 要 特 点	详 细 描 述
1	掌控经营全局	交易数据、预测数据、行为数据实时采集
		管理者实时了解公司经营状况
		指导团队和销售人员完成目标
2	提升销售赢率	固化最佳销售实践
		规范公司销售流程
		精准把控项目进程
		各销售阶段的生意金额、数量、占比一目了然
3	有效目标管理	逐级的指标下达和完成率分析
		精确到天的滚动销售预测
		自下而上的逐级业绩承诺汇总
		全方位的预测数据分析与考核

序号	主 要 特 点	详 细 描 述
4	销售线索高效转化	更多的线索导入途径
		灵活的线索分配
		全面追踪线索转化过程
5	用户资产动态管理	完整记录用户信息
		完整记录用户联系人及服务提供方参与人信息
		以时间轴的形式按照用户及交易维度记录经营动态
		人员变动后，交接用户方便快捷
		自定义用户分类，有效分配营销资源

3．云 ERP

云计算 ERP 软件继承了 SaaS、开源软件把软件当服务的特性，让用户通过网络得到 ERP
服务，用户无需安装软硬件设施及数据中心机房，不用设立专门 IT 运维人员，不用考虑软件
的升级与更新费用，只需安装有浏览器的任何上网设备就可以使用高性能、功能集成、安全
可靠、价格低廉的 ERP 软件。有关金蝶云 ERP 的情况在下一小节进行详细介绍。

说明

- 本章所列出的 SaaS 典型应用公司许多已成为综合业务的 SaaS 提供商。
- 提供 SaaS 的公司充分利用了其他企业提供的 PaaS 服务或 IaaS 服务。

4.2.5 体验金蝶云 ERP（SaaS 典型案例）

1．金蝶与金蝶 ERP

金蝶（金蝶国际软件集团）是中国软件产业领导厂商，亚太地区管理软件龙头企业，全
球领先的中间件软件、在线管理及全程电子商务服务商。20 多年来，金蝶始终秉承"帮助顾
客成功"的商业理念和"产品领先、伙伴至上"的战略思想，致力于打造全球领先的企业管
理软件与互联网服务商。

金蝶 20 多年发展历程就是财务软件时代、ERP 软件时代和云管理时代的创新历程。其主
要发展阶段如表 4-6 所示。

表 4-6 金蝶主要发展阶段

序号	发 展 时 间	发 展 时 代	主 要 创 新
1	1993—1998 年	财务软件时代（专注于部门级信息化）	让 1 200 万财务人员甩掉了算盘
			1997 年财政部全国财务软件评测第一
			中国第一个基于 Windows 平台的财务软件
2	1998—2011 年	ERP 软件时代（打造企业级信息系统）	帮助超过 100 万企业实现管理信息化
			引入首笔千万风投，进军 ERP 市场
			香港主板上市
			大力发展电子商务平台

序号	发 展 时 间	发 展 时 代	主 要 创 新
3	2011 年至今	云管理时代（构建产业级生态链）	帮助 300 万企业转型移动互联网 ERP+：连接、智能、创新 金蝶云：成立 4 家移动互联网子公司

金蝶以管理信息化产品服务为核心，为全球范围内超过 400 万家企业、医院和政府等组织提供软件产品和服务，用户数超过 5 000 万，连续 10 年位居中国中小企业 ERP 市场第一。其提供的解决方案涉及房地产、零售与连锁、餐饮与娱乐、医药与食品行业、汽车 4S 以及鞋服等行业。金蝶还提供多种 ERP 云服务，包括：财务云、供应链云以及电商云。

2．金蝶云 ERP

云计算的发展日新月异，越来越多的企业开始选择云服务解决方案。借助云服务，企业能够以一种互联网的方式使用软件，让企业以低成本和高效率实现企业信息化。金蝶 ERP 云服务是金蝶基于 SaaS 模式的全面业务管理解决方案，可帮助企业超越传统 IT 架构界限，推动企业转型与发展。金蝶云 ERP 致力于打造企业管理软件的"发电厂"。金蝶云 ERP 的价值体现如下。

（1）更低的成本：企业无需在硬件、软件和系统运维服务方面进行任何投资，即可获得软件服务。

（2）随时随地访问：无需安装，随时随地即时访问需要的应用及服务，毫无障碍。

（3）快速部署和服务，免费升级，持续获得产品最新特性：企业可以及时获得金蝶最新版本的软件服务，无需支付任何额外费用。

（4）开放的 ERP 云平台：满足成长型企业向移动互联网转型的管理需求。

美国西部时间 2015 年 4 月 22 日上午，金蝶集团与 Amazon AWS 中国签署了全球战略合作协议。作为中国最大的面向中小企业的 ERP 领导者，金蝶宣布将基于 AWS 云服务平台，打造面向世界级的企业 ERP 云服务平台。通过金蝶与 Amazon AWS 的全球战略合作，金蝶将成为 Amazon AWS 在全球云服务领域的核心合作伙伴，Amazon AWS 将与金蝶分享云计算领域的技术、方法、经验与知识，全力支持金蝶 ERP 云服务能力建设。基于高可用、灵活扩展、稳定可靠的 Amazon AWS 云平台，金蝶 ERP 云服务可进一步实现 ERP 开通即使用、开通即连接、弹性计算、按需使用和付费等特性。同时，通过联合 Amazon AWS 遍布全球的服务，双方致力于进一步帮助中国企业开展国际业务，使中国企业可以更轻松地将业务推向海外，用更低的成本享用到安全、优质、专业的 ERP 云服务，实现"互联网+"时代的轻资产运营，支撑中国企业的快速成长和全球化扩张的战略。

3．金蝶 K/3 Cloud 简介

K/3 Cloud 是移动互联网时代的新型 ERP，是基于 Web2.0 与云技术的新时代企业管理服务平台。整个产品采用 SOA 架构，完全基于 BOS 平台组建而成，业务架构上贯穿流程驱动与角色驱动思想，结合中国管理模式与中国管理实践积累，精细化支持企业财务管理、供应链管理、生产管理、s-HR 管理、供应链协同管理等核心应用。技术架构上该产品采用平台化构建，支持跨数据应用，支持本地部署、私有云部署与公有云部署 3 种部署方式，同时还在公有云上开放中国第一款基于 ERP 的云协同开发平台。任何一家使用 K/3 Cloud 产品的企业，其拥有的是包含金蝶在内的众多基于同一个平台提供服务的 IT 服务伙伴。

K/3 Cloud 以其独特的"标准、开放、社交"三大特性为企业提供开放的 ERP 云平台,支撑企业全生命周期管理需求,是中国"智"造"引擎"。

(1)社交。

金蝶 K/3 Cloud 深度集成金蝶"云之家",为企业用户构筑高效、协同的社交门户;通过面向角色的移动应用,为企业及用户搭建跨越空间、时间限制的工作环境;通过面向群组、责任人的社交化流程驱动应用,将互联网技术完美融入管理中。

(2)标准。

金蝶 K/3 Cloud 在总结百万家用户管理最佳实践的基础上,提供了标准的管理模式;通过标准的业务架构,如多会计准则、多币别、多地点、多组织、多税制应用框架等,有效支持企业的运营管理;K/3 Cloud 提供了标准的业务建模,35 种标准 ERP 领域模型、1 046 种模型元素、21 243 种模型元素属性组合、288 个业务服务构件,让企业及伙伴可快速构建出行业化及个性化的应用。

(3)开放。

金蝶 K/3 Cloud 动态构建的多核算体系与业务流程设计模型,为企业提供了适应其动态发展的开放性管理平台;其 SOA 架构以及纯 Web 应用、跨数据库应用、多端支持、云应用等新兴特性,为企业提供了开放的信息化整合平台;K/3 Cloud 打造的开放 ERP 开发云平台,为伙伴、用户提供完整的 ERP 服务生态圈,为企业提供真正的一站式应用。

金蝶 K/3 Cloud 旨在通过开放的 ERP 云平台,为企业构建以人为本的协同应用、开放的产业生态链以及个性化的协同开发云平台;从管理方法、流程控制、管理对象、应用模式等方面,引导企业从常规管理迈向深入应用,使企业在激烈的竞争环境中不断提升边际利润,实现企业的卓越价值和基业常青。

4.金蝶 K/3 Cloud 特性

金蝶 K/3 Cloud 具有的主要特性如表 4-7 所示。

表 4-7　金蝶 K/3 Cloud 主要特性

序号	主 要 特 性	描　述
1	社交化的 ERP 系统	与金蝶云之家深度集成,并与微信账号对接,基于社交网络技术,借助企业员工网络、用户网络、供应商网络,实现企业内、外部业务协作,突破组织边界、资源与时空限制
2	多组织运营协同	顺应中国企业管理创新理念,从组织、角色、数据、业务流程等多角度出发,构建多地点、多工厂、多事业部的动态业务模型,实现企业内部多业务单元的运营与考核 通过简约的组织间业务关系定义与隶属关系定义,支持多组织企业内各公司或事业部之间的协同作业,尤其是上下级组织间的战略协同以及业务汇总。通过组织角色授权方式,灵活处理企业内部多组织下的用户权限体系,全面升级用户体验
3	业务流程驱动	通过流程管理实现企业业务管理流程的固化及优化;通过基于角色的全流程业务驱动,实现企业业务的规范化运转;通过以事找人的工作方式,加之移动审批轻应用,用户可以通过任务处理的方式完成业务全过程的处理,提升工作效率

序号	主要特性	描 述
4	多维管理考核体系	通过建立多个核算体系，支持法人账、利润中心账并行核算，解决多工厂、多法人经营下多角度利润核算与分析体系，解决多层次会计主体直接式财务核算
		通过阿米巴报表，实现了基于业务信息的阿米巴经营考核的报表输出
5	智能会计平台	提供开放的记账平台，支持用户自行设置记账的规则与维度；提供开放的成本核算配置平台，支持用户自行配置核算维度、业务范围、核算方法；通过弹性域技术方案，支持多维度核算，满足多角度核算与考核分析要求
6	全程协同供应链	单据类型与弹性域结合，业务流程与业务纬度可自由扩充，构建灵活供应链平台。简约一屏式录入，正常情况无需翻屏，无需切换页签即可完成数据录入，相关信息系统自动分类展示
		提供标准接口，可与各种外部系统轻松对接，实现外部供应、营销、服务三大体系业务协同
7	协同制造，精细制造	以产品创新设计为核心的全生命周期管理。实现与 K/3 PLM 产品的对接，打通从产品研发到生产的全过程管理。多版本多用途 BOM 设计、灵活易用；支持多种业务模式的组合替代；支持阶梯用量、辅助属性、联副产品管理；能够很好地支撑行业特性扩展。提供基于多工厂、精细化的生产管理解决方案，协同生产、委外加工。提供生产领退料、倒冲、在制品管控的精细化生产管理
8	助力企业全球资源配置的国际化平台	通过会计要素与核算规则，满足不同国家、地区会计制度与准则的要求
		易于扩展的税制框架以及通用的税规则处理，既满足全球各地的应用，又可方便地进行本地化配置
		一个数据中心可同时支持业务信息多种语言的应用，方便不同国籍人员的沟通与协作；一键式的多语言启用，方便按需配置，以快速跟随企业全球化布局的步伐
		支持跨时区应用，满足企业全球资源配置的运作协同
		国际化设置可方便按需设置不同国家、地区的应用习惯
		基于互联网的翻译平台，轻松完成本地化产品翻译工作
9	开放的产业生态链	通过公有云应用，聚合产业链上下游合作方
		通过云协同开发平台，整合随需应用的开发商资源
10	个性化的云开发平台	以 BOS 为核心的协同云开发平台，快速获得个性化应用
		一键式开发环境部署，在线的成果体验，方便二次开发
		基于用户需求的应用商城（App Store），随需选用

金蝶云 ERP 成功用户案例有：万科企业股份有限公司（集团型企业代表）、惠州海格科技有限公司（大中型企业代表）、深圳市联创科技集团有限公司（中小型企业代表）、美国戴

闻医疗集团（小型企业代表）。用户可以通过 http://open.kingdee.com/K3cloud/Democenter/申请体验，体验中心界面如图 4-10 所示。

图 4-10　金蝶云 ERP 体验中心

4.3　PaaS

4.3.1　概览 PaaS

PaaS 是一种在云计算基础设施上把服务器平台、开发环境（开发工具、中间件、数据库软件等）和运行环境等以服务形式提供给用户（个人开发者或软件企业）的服务模式。PaaS 服务提供商通过基础架构平台或开发引擎为用户提供软件开发、部署和运行环境。用户基于 PaaS 提供商提供的开发平台可以快速开发并部署自己所需要的应用和产品，缩短了应用程序的开发周期，降低了环境的配置和管理难度，节省了环境搭建和维护的成本。

PaaS 是在云计算基础设施上为用户提供快速开发和测试、应用集成部署、数据库中间件、商业智能分析等服务，PaaS 能够为应用程序的开发、部署和运行弹性地提供所需的资源和能力，并根据用户对实际资源的使用收取费用。PaaS 提供的是一种环境，用户程序不但可以运行在这个环境中，而且其生命周期也能够被该环境所控制。PaaS 为某一类应用提供一致、易用且自动的运行管理平台及相关的通用服务，也为上层应用（SaaS）提供了共享的、按需使用的服务和能力。以服务的形式提供给用户环境也可以作为应用开发测试和运行管理的环境。从 PaaS 以服务形式提供给用户的角度来说，PaaS 也是 SaaS 模式的一种应用。

企业提供 PaaS 服务的功能需求如下。

- 有好的开发环境：通过 SDK 和 IDE 等工具来让用户能在本地方便地进行应用的开发和测试。

- 丰富的服务：PaaS 平台会以 API 的形式将各种各样的服务提供给上层应用。
- 自动的资源调度：也就是可伸缩特性，它不仅能优化系统资源，而且能自动调整资源来帮助运行于其上的应用更好地应对突发流量。
- 精细的管理和监控：通过 PaaS 能够提供应用层的管理和监控，比如能够观察应用运行的情况和具体数值（比如吞吐量和反应时间）来更好地衡量应用的运行状态，还有能够通过精确计量应用所消耗的资源来更好地计费。

4.3.2 认识 PaaS 特点

PaaS 为开发者提供了应用程序的开发环境和运行环境，将开发者从繁琐的 IT 环境管理中解放出来，自动实现应用程序的部署和运行，使开发者能够将精力聚焦于应用程序的开发，极大地提升了应用的开发效率。PaaS 允许用户创建个性化的应用，也允许独立软件厂商或者其他的第三方机构针对垂直细分行业创造新的解决方案。

PaaS 能将现有各种业务能力进行整合，具体可以归类为应用服务器、业务能力接入、业务引擎、业务开放平台，向下根据业务能力需要测算基础服务能力，通过 IaaS 提供的 API 调用硬件资源；向上提供业务调度中心服务，实时监控平台的各种资源，并将这些资源通过 API 开放给 SaaS 用户。PaaS 主要具备以下 3 个特点。

（1）平台即服务。

PaaS 所提供的服务与其他的服务最根本的区别是 PaaS 提供的是一个基础平台，而不是某种应用。在传统的观念中，平台是向外提供服务的基础。一般来说，平台作为应用系统部署的基础，是由应用服务提供商搭建和维护的，而 PaaS 颠覆了这种概念，由专门的平台服务提供商搭建和运营该基础平台，并将该平台以服务的方式提供给应用系统运营商。

（2）平台及服务。

PaaS 运营商所需提供的服务，不仅仅是单纯的基础平台，还包括针对该平台的技术支持服务，甚至针对该平台而进行的应用系统开发、优化等服务。PaaS 的运营商最了解他们所运营的基础平台，所以由 PaaS 运营商所提出的对应用系统优化和改进的建议也非常重要。而在新应用系统的开发过程中，PaaS 运营商的技术咨询和支持团队的介入，也是保证应用系统在以后的运营中得以长期、稳定运行的重要因素。

（3）平台级服务。

PaaS 运营商对外提供的服务不同于其他的服务，这种服务的背后是强大而稳定的基础运营平台以及专业的技术支持队伍。这种"平台级"服务能够保证支撑 SaaS 或其他软件服务提供商各种应用系统长时间、稳定地运行。PaaS 的实质是将互联网的资源服务化为可编程接口，为第三方开发者提供有商业价值的资源和服务平台。有了 PaaS 平台的支撑，云计算的开发者就获得了大量的可编程元素，这些可编程元素有具体的业务逻辑，这就为开发带来了极大的方便，不但提高了开发效率，还节约了开发成本。有了 PaaS 平台的支持，Web 应用的开发变得更加敏捷，能够快速响应用户需求的开发能力，也为最终用户带来了实实在在的利益。

4.3.3 概览典型 PaaS 平台应用

通过 PaaS 模式，用户可以在一个包括 SDK、文档和测试环境等在内的开发平台上非常方便地编写应用，而且不论是在部署还是在运行，无需为服务器、操作系统、网络和存储等资源管理操心，这些繁琐的工作都由 PaaS 供应商负责处理。PaaS 是非常经济的，比如一台运行 GAE 的服务器能够支撑成千上万的应用。国外提供 PaaS 服务的公司有 Google、Salesforce、

Amazon，国内提供 PaaS 服务的公司有八百客、用友、百度、新浪、阿里巴巴、Anchora 等。

1. 国外 PaaS 平台

（1）GAE。

GAE（Google App Engine）是一个开发、托管网络应用程序的平台，使用 Google 管理的数据中心。GAE 应用程序易于构建和维护，并可根据访问量和数据存储需要的增长轻松扩展。通过 GAE，用户可以在支持 Google 应用程序的相同系统上构建和承载网络应用程序。GAE 可提供快速开发和部署，管理简单，无需担心硬件、补丁或备份，并可轻松实现可扩展性。

（2）Microsoft Azure。

Microsoft Azure 是一个开放而灵活的云平台，通过该平台，用户可以在 Microsoft 管理的数据中心的全球网络中快速生成、部署和管理应用程序。用户可以使用任何语言、工具或框架生成应用程序。用户可以将公有云应用程序与现有 IT 环境集成。Azure 服务平台包括了以下主要组件：Microsoft Azure；Microsoft SQL 数据库服务、Microsoft .NET 服务；用于分享、储存和同步文件的 Live 服务；针对商业的 Microsoft SharePoint 和 Microsoft Dynamics CRM 服务等。

（3）Amazon Elastic Beanstalk。

Elastic Beanstalk 为在 AWS 云中部署和管理应用提供了一种方法。该平台建立如面向 PHP 的 Apache HTTP Server 和面向 Java 的 Apache Tomcat 这样的软件栈。开发人员保留对 AWS 资源的控制权，并可以部署新的应用程序版本、运行环境或回滚到以前的版本。CloudWatch 提供监测指标，如 CPU 利用率、请求计数、平均延迟等。通过 Elastic Beanstalk 部署应用程序到 AWS，开发人员可以使用 AWS 管理控制台、Git 和一个类似于 Eclipse 的 IDE。

（4）CumuLogic。

CumuLogic 能让用户建立私人 PaaS 来提高开发效率，降低云应用的管理成本，并保持其安全性和一致性。

（5）Force。

Force 是企业云计算公司 Salesforce 的社会化企业应用平台，允许开发者构建具有社交和移动特性的应用程序。另外，Force 还提供了有助于在云上更快建立及运行业务应用程序的所有功能，包括数据库、无限实时定制、强劲分析、实时工作流程及审批、可编程云逻辑、实时流动部署、可编程用户界面及网站功能等。Force 支持 Apex 编程语言，开发者可以基于 UI 层面编写数据库触发器和程序控制器。

（6）Engine Yard。

Engine Yard 其总部位于美国硅谷（加利福尼亚州旧金山）。该公司专注于 Ruby on Rails 和 PHP 部署的 PaaS 平台。同时，Engine Yard 也是 Ruby on Rails 和 PHP 开发的领先者之一。Engine Yard 可兼容 Ruby 和 JRuby，近期也宣布了对 Node.js 的支持。

（7）Heroku。

Heroku 是可支持多种编程语言的 PaaS 平台，现隶属于 Salesforce。Heroku 于 2007 年开始发展起来，作为最早的云平台之一，在最初的时候只支持 Ruby 编程语言，后来宣布支持 Java、Node.js、Scala、Clojure、PHP 以及 Python 语言。

2. 国内 PaaS 平台

（1）百度应用引擎 BAE。

BAE（Baidu App Engine）是百度推出的网络应用开发平台。基于 BAE 基础架构，用户不需要维护任何服务器，只需要简单地上传应用程序，就可以为用户提供服务。用户可以基于 BAE 平台进行 PHP、Java 应用的开发、编译、调试、发布。同时，BAE 平台也已经提供了若干云服务，包括 FetchURL、Task Queue、SQL、Memcache。

（2）新浪云 SAE。

SAE（Sina App Engine）是新浪公司于 2008 年开始开发和运营的。SAE 为 App 开发者提供稳定、快捷、透明、可控的服务化的平台，并且减少开发者的开发和维护成本。现阶段，SAE 仅支持 Web 开发语言 PHP 和关系数据库 MySQL，主要适用于网站、博客、论坛、微博、游戏等小型应用。

（3）腾讯云平台 Qcloud。

腾讯云产品主要包括云服务器、云数据库、弹性块存储、NoSQL 高速存储、云对象存储服务、云数据分析、云监控等几个服务，其架构与新浪云（云应用商店、云平台 SAE、云企业服务）和百度云（WebApp 生成服务 SiteApp、移动云测试 MTC、浏览内核 Engine、BAE等）大为不同。

（4）阿里云 ACE。

ACE（Aliyun Cloud Enginee），是阿里云推出的一个基于云计算基础架构的网络应用程序托管环境，帮助应用开发者简化网络应用程序的构建和维护，并可根据应用访问量和数据存储的增长进行扩展。ACE 支持 PHP、Node.js 语言编写的应用程序；支持在线创建 MySQL 远程数据库应用。

4.3.4 体验八百客 PaaS 平台（PaaS 典型案例）

1．八百客及八百客 PaaS 平台简介

八百客成立于 2004 年 6 月，是全球领先的下一代企业管理软件供应商，致力于向用户提供以 PaaS 管理自动化平台为核心的产品、服务和解决方案，为用户创造长期的价值和潜在的增长。八百客于 2006 年 2 月推出了全球首个中文 PaaS 在线企业管理软件平台 800APP（800APP NATIVE），随后推出了全球首个中文应用软件协同开发平台（800APP COMPOSITE）。800APP 在线开发平台为用户提供了一个完整的在线企业管理系统开发环境。800APP 用户共享 800APP 的用户界面、数据模型、功能模块与权限级别。继 2009 年推出企业套件后，2010 年八百客正式推出企业云计算应用商店，将中国企业带入全新的云计算应用环境。

2．八百客 PaaS 平台功能

八百客 PaaS 平台是一个非常丰富的开发环境，它的设计思路源于使数据库应用程序处在企业应用程序开发的核心。800APP.com 可将数据库、系统集成、逻辑应用以及用户界面整合在一起，并成功应用到实际业务流程中，这与用传统服务器、数据库以及编程语言如 Visual Basic、.NET，以及 Java 等开发出来的应用一样。这样就跨越各种业务模式，并可兼容企业现有的局域网应用程序，如员工档案、补假、招聘、bug 追踪、资产管理等应用程序，扩展了八百客 CRM 软件的应用程序。根据八百客以下的成功案例，我们可以看到八百客 PaaS 平台的功能非常有用。国内最大的化工进出口公司之一，需要一个数据库应用程序来管理其一些长期项目时间安排，他们同时评估了八百客 PaaS 平台和.NET 的性能，该团队预算花 1 000 小时在.NET 中创建和配置该应用程序，但他们在八百客 PaaS 平台上完成该应用程序只花了不到 80 个小时，更重要的是应用 800APP.com 开发的应用程序还包含了一些特有的先进的功能，如国际货币兑换、多语言等，这些都是.NET 实施所缺乏的。

另外一个例子来自于一个国内知名培训教育机构，在它业务迅速扩张时该机构选择了800APP.com 来构建一个招聘外籍教师人才的招募活动。在两周以后，该机构就发布了一个非常成功的系统，以此为开端又接连完成了其余 4 个应用程序。其中一个程序，一个教务管理系统，本预计需要花 9～12 个月时间来开发，运用八百客 PaaS 平台，该机构仅用 3 个星期就部署好了该应用程序。这些用户并非个案，通过扩展八百客 CRM 和开发新的按需应用程序，用户在 800APP.com 平台上已经构建超过 10 500 个自定义对象。这些应用程序不仅仅是在八百客环境中运行，更通过使用 Web Services API 来集成那些用户已开发或已应用的现存的系统，每月通过八百客 PaaS 平台 API 处理的数据超过 3 亿条。

3．八百客 PaaS 平台架构和核心技术

八百客 PaaS 平台架构如图 4-11 所示。

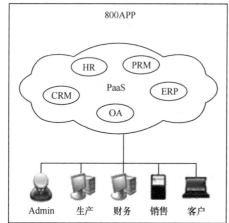
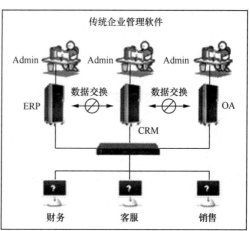

图 4-11　八百客 PaaS 平台架构

800APP.com 的两大核心技术包括多重租赁和元数据。

（1）多重租赁。

多重租赁是八百客关键创新，这是 800APP.com 的核心所在。多重租赁应用程序设计可以让用户共享同一个物理资源及同一应用程序，这些应用程序的个异部署占用的是虚拟分区而非硬件和软件独立的物理堆栈。传统企业管理软件单一使用架构则是要求所有软、硬件堆栈都要实现每个应用程序的部署，这就要求用户必须购买和维持每个堆栈组件，包括网络、硬件、操作系统、数据库和应用程序组件。在传统单一使用架构中每个堆栈都有其错综复杂的维护，对管理和日常升级的要求也很高，而且各组件之间无法预测交互，这就直接增加了相关成本。

与单一使用模式相反，多重租赁应用程序使平台和在平台上运行的应用程序有了清晰的边界。尽管每个企业的应用程序都有自己的数据对象、表单、布局以及集成，但它的自定制是虚拟化管理，该分区是确保任何特定的应用程序无法侵犯其他用户的应用程序的关键。

（2）元数据。

八百客 PaaS 平台的第二个核心技术就是元数据，它让利用收集元数据来创建应用程序成为可能，而不仅是使用代码。当使用者为他们的应用程序创建这些元素时，他们的工作就转成了元数据创建，从而八百客 PaaS 自动转变成终端用户体验的完整应用程序。

PaaS 模式的其中一个好处是通过简单的指向并单击配置来创建复杂的应用程序而无需代

码，由此元数据让那些不熟悉编程的用户也能创建应用程序，同时有助于富有经验的程序员的开发工作。

值得注意的是，元数据的使用也能在程序和平台之间构建一个隐含的边界，这对多重租赁模式非常关键。随着应用程序的自定义和扩展，800APP.com 平台新版本推出而不影响终端用户——所有的应用程序和集成都可继续运行而无需任何修改，部署过程也不会耽搁新功能的发布。该模式的成功已经在八百客的应用程序中得到证明，并通过每年多次更新不断加强。

4．八百客 PaaS 平台主要特点

（1）800APP 是新型管理系统。

800APP 无需统一操作系统及版本，是面向应用的企业管理系统，只需上网即可使用。800APP 是企业管理系统整合平台，销售管理、采购、库存、财务管理、人力资源、办公管理一体化，帮助企业全面管理决策、执行、绩效等关键要素，形成紧密联系的有机整体。

（2）800APP 是灵活随需的开发系统。

开发过程无需编写代码，甚至不需要编程经验或数据库知识。企业人员只需深刻理解业务流程，即可自行实现大部分开发工作，为企业量身定做独一无二的管理系统。

800APP 能够完全根据企业自身业务流程及独特需求进行定制，支持各类流程创建及变更。

（3）800APP 是常用常新的应用工具。

800APP 平台将持续免费提供最新应用工具，用户将一直在最强大的业务流程系统上运行并从中受益。800APP 升级只是工具升级、功能提升，不会影响用户的个性化应用。独立升级，避免系统重新部署、多次集成，节省人员培训的时间和成本。

800APP 目前已集成呼叫中心、身份证认证、在线通信工具（邮件、短信、传真）及 Google 企业套件等多种新型应用，最大限度满足用户新形势下的新业务需求。

（4）800APP 高投入产出比。

工作量小、无需维护、开发实施迅速快捷。仅用传统二次开发 1/3 以内的综合成本，即可完成全面个性化需求，且性能更强大，操作更简单。

5．八百客 PaaS 平台堆栈和服务

800APP.com 堆栈如图 4-12 所示。

（1）服务交付：国际化、安全、可靠的基础架构。

八百客 PaaS 平台服务交付基础设施是最具有挑战的，该基础设施包括了先进的、高度严谨的数据中心和安全技术，严格测试基础架构实现的可能性、大小和性能。八百客现支持平均每月超过 7 亿次的数据处理和近 2 万用户。更多详情请登录 800app.com。

（2）数据库即服务：自定义对象和字段。

八百客 PaaS 平台数据库构建在 800APP.com 基础架构基础之上，提供诸多的平台开发能力，使用者可以创建数据对象，如关联表格，运用元数据来描述对象以及其用法，

图 4-12　800APP.com 堆栈

也可以创建数据对象间的关联，并能够自动在 800APP.com 应用程序中实施，如母查询和相关的子对象列表。为确保数据集成，使用者可以指定数据校验规则，可以使用公式来获得新的逻辑数值，甚至可以自动审核数据库变动。800APP.com 数据库提供的这些功能，都无需支付正常的维护和管理费用，更无需后台支持，无需调试以及不断的升级。

（3）集成即服务：Web Services API。

企业各异的应用程序需要安装在一个包括多种数据来源和应用程序的现有环境。八百客 PaaS 平台为集成应用程序到现有环境来访问在其他系统中的数据提供了资源，为创建集成多个来源数据的 Mash-ups 或为包括外部系统的流程提供了资源。这些集成功能核心是八百客 PaaS 平台 API，通过一个开放的、基于标准的 SOAP Web 服务，它提供了对存储在八百客 PaaS 平台应用程序所有信息的方便访问。另外，八百客和国内外知名软件第三方已经使用 API 对很多应用程序创建了预建的连接器，包括 SAP、K/3、U8 等。

（4）逻辑即服务：800APP 代码和工作流。

八百客 PaaS 平台可随意创建工作流来满足公司独特的业务流程和要求。八百客 PaaS 平台为工作流引擎提供共同的、可重复使用的流程组件，如任务创建、记录分配、基于时间的行动，甚至是基于事件的系统集成。利用 800APP.com 能方便地将这些组件加入到程序逻辑中。

用户若想进一步增加灵活性，可以使用 800APP 按需编程语言来扩展应用程序，包含任意业务逻辑和功能。就像数据库存储程序，800APP 可以被用来构建触发器从而自动执行对数据库运行的回应，800APP 甚至可以访问和调用外部 Web 服务。作为 800APP.com 平台集成的一部分，800APP 大大加强了平台的多重租赁架构，从而确保运行在其上应用程序的扩展。800APP 代码可以在整个用户界面加入到组件中。

4.4　IaaS

4.4.1　概览 IaaS

IaaS 是一种向用户提供计算基础设施（包括 CPU、内存、存储、网络和其他基本的计算资源）服务的服务模式。IaaS 提供商利用自身行业背景和资源优势，借助于虚拟化技术、分布式处理技术等面向用户（主要是企业用户）提供基础设施服务。用户通过 Internet 可以从 IaaS 提供商获得云主机、云存储、CDN 等服务。通过 IaaS 服务，用户能够部署和运行任意软件，包括操作系统和应用程序。用户不需要管理或控制任何云计算基础设施，但能控制操作系统的选择、储存空间、部署的应用，也有可能获得有限制的网络组件（如防火墙、负载均衡器等）的控制。IaaS 架构示意图如图 4-13 所示。

IaaS 在企业内部能够进行资源整合和优化，提高资源利用率；对外则能够将 IT 资源作为一种互联网服务提供给终端用户，使用户能低成本、低门槛地实现信息化。

IaaS 主要功能如下。

（1）资源抽象：使用资源抽象的方法，能更好地调度和管理物理资源。

（2）负载管理：通过负载管理，不仅能使部署在基础设施上的应用更好地应对突发情况，而且还能更好地利用系统资源。

（3）数据管理：对云计算而言，数据的完整性、可靠性和可管理性是对 Iaas 的基本要求。

（4）资源部署：也就是将整个资源从创建到使用的流程自动化。

（5）安全管理：IaaS 的安全管理的主要目标是保证基础设置和其提供的资源被合法地访问和使用。

（6）计费管理：通过细致的计费管理能使用户更灵活地使用资源。

目前，中国公有云市场发展迅速，开始进入实际落地阶段。得益于中国当前大规模数据中心等基础设施建设，相对于 Paas 和 SaaS，中国公有云 Iaas 市场发展最为迅速。据 IDC 统计数据显示：2018 年，中国公有云市场营收将达到 2 051 百万美元，2014—2018 年复合增长率高达 33.2%，其中占比份额最大的当属公有云 IaaS 市场。中国公有云 IaaS 市场服务提供商主要以国内厂商为主，分别是阿里巴巴、中国电信、中国联通、UCloud、青云、万国数据、首都在线等；受制于运营牌照、信息安全等因素，MNC 厂商在中国的云服务市场发展并不顺利，唯有 Microsoft Azure 借助世纪互联运营，为中国用户提供云服务，Microsoft 是唯一一家在中国落地的 MNC 云服务厂商。

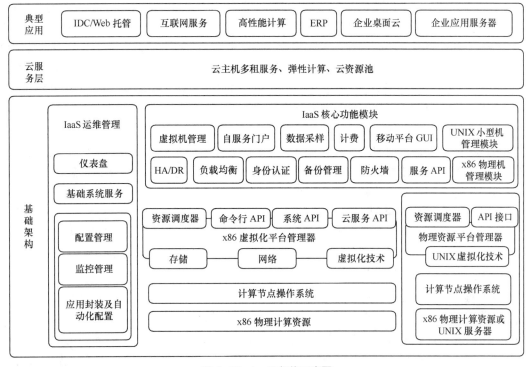

图 4-13　IaaS 架构示意图

4.4.2　深入 IaaS 厂商和产品

1．国内 IaaS 厂商

我国 IaaS 服务市场是一个新兴市场，虽然 IaaS 行业的发展时间较短，但是 IaaS 行业中厂商数量众多并且仍不断增加，市场竞争已经相对激烈，而根据厂商背景可以将 IaaS 厂商分为以下 4 种类型。

（1）传统的 IDC 厂商。

基于多年的互联网基础设施服务，传统 IDC 厂商已经积累了丰富数据中心资源、政府公共关系资源和运营商带宽资源，所以传统的 IDC 转型成为 IaaS 提供商的门槛相对较低，通过国外成熟的虚拟化技术很容易实现传统数据中心向 IaaS 服务的转化。因为有"数据不能离岸，严格的 ICP 备案制"等政策上面的限制，国外的 IaaS 厂商落地中国最好的方式就是与传统的 IDC 厂商合作，传统的 IDC 厂商以世纪互联、首都在线和光环新网为代表。世纪互联与 Microsoft 进行了合作，首都在线与 IBM 进行了合作，而光环新网与 Amazon 进行了合作，在与国外厂商的合作过程中，逐渐地积累了 IaaS 服务的技术和经验，也逐步推出了自身的 IaaS 服务。

（2）传统的电信运营商。

带宽资源的垄断、BGP 互联网互通的限制以及高额的跨网费用使得运营商具备天然垄断的实力，早期的运营商建立了中国绝大多数的数据中心，并且传统的电信运营商拥有最为丰富的节点资源，在地方网络铺设的过程中积累了丰富的政府资源，而在众多的资源优势下，中国的三大运营商也纷纷在 2013 年左右推出了自身的 IaaS 服务。

（3）高速发展的互联网公司。

互联网公司当中又分为两种类型，第一种为传统的互联网巨头，比较有代表性的是阿里巴巴、腾讯、百度等。互联网巨头开展 IaaS 业务的初衷是为了支撑自身不断扩大的互联网业务，而随着自身基础设施建设的扩大，互联网企业开始出售自身剩余的云计算资源，并且积累了一定的 IaaS 服务的经验；与此同时，云计算技术逐渐成熟，国外的云计算 IaaS 市场成为一个独立市场，国内互联网进程的加快也催生出海量对于云计算资源的需求，面对这样的市场现状，互联网巨头纷纷布局 IaaS 市场。第二种为创新型的 IaaS 厂商，这种 IaaS 厂商往往提供的是专业的 IaaS 服务，提供的服务还包括云计算更为细分的市场。代表的厂商有 UCloud、青云、七牛、又拍云等众多的创新型云计算公司。

（4）传统的电信设备厂商。

传统的电信设备厂商中比较有代表性的是最近开始提供企业云服务的华为，而作为老牌的电信设备提供商，华为具有非常明显的资源和技术优势，除此之外，华为信息行业的良好口碑也为华为开展云服务提供了诸多的便利。

2. 国内 IaaS 产品类型

云计算厂商是互联网企业基础设施的供给平台，然而由于不同 IaaS 厂商的人员规模、资源优势、技术优势和发展战略不同，其提供的产品模式也有非常大的差异，而其中主流的产品类型为以下几种。

（1）通过提供一套完整的功能来实现 IaaS 的服务。

提供的服务主要包括云主机、云存储、CDN 等服务，这样的厂商往往具备比较强的资金实力，比较大的企业规模，国内的沃云、天翼云、阿里云、腾讯云、UCloud 等均采用了这样的产品模式，通过这样的产品模式能够为企业用户提供一个一站式的服务体系，从而提升产品的竞争力。

（2）通过搭建平台的方式来实现对于 IaaS+PaaS 的服务。

这个方向上比较有代表的是青云，通过搭建一个成长型平台的方式来实现基础设施的部署，并且使用青云服务的厂商还能够得到在同一平台其他企业的功能支持。

（3）传统 IDC 的服务。

通过使用传统 IDC 的 IaaS 服务，企业能够得到更多的资源方面的支持，进而实现环境的搭建。

（4）通过 IaaS 服务的一个模块形成的服务。

七牛云、UPYUN、坚果云、360 云、迅雷等从 IaaS 服务的一个模块来出发，其中七牛云、UPYUN、坚果云均是从云存储的角度切入市场，迅雷基于自身多年的 P2P 研究，推出了单纯的 CDN 服务，而 360 云则推出了云主机和云安全服务。

4.4.3　认知 IaaS 运营管理技术

IaaS 运营管理相关技术是云计算运营管理所涉及的一系列技术的泛称，IaaS 管理平台是运营管理技术的集中体现。IaaS 管理平台从功能上一般可分为资源管理和服务管理两个层面：资源管理相关技术主要包括资产管理、资源封装、资源模板管理、资源部署调度、资源监控等，通过 API 适配底层各厂家的专业管理平台并实现资源调用；服务管理相关技术主要包括门户管理、用户管理、服务管理、订单管理、用户保障等，通过与资源管理平台之间的接口实现服务部署和底层资源调度；此外，为保证相关业务的运营，还包括计费管理、运维管理、运营分析、安全管理等相关技术。IaaS 管理平台从应用上一般可分为对内和对外两个方面：对内应用时，IaaS 管理平台用以构建企业内部的私有云，承载企业内部应用；对外应用时，IaaS 管理平台用于对外提供公有云和私有云服务。

IaaS 管理平台从技术实现上可分为专有云和开源云两大类。

（1）专有云平台主要是指商业化的 IaaS 云管理平台解决方案，典型产品如 VMware 的 vCloud、Microsoft 的 System Center、华为的 Galax8800 等。

（2）开源云平台主要包括 OpenStack、CloudStack、Eucalyptus 等，其中，OpenStack 和 CloudStack 都是全开源平台，用户可根据需求自主开发。

当前，在各种云纷纷落地的节点上，对 IaaS 管理平台的要求已不仅仅是虚拟化，更多的是虚拟化带来的可靠性、安全性、稳定性、数据备份与恢复的能力和效率，以及由此带来的应用的自动化部署，还有如何在保障虚拟化特点的前提下支持全部的企业应用，实现数据中心的统一计算管理、网络管理、存储管理和安全管理，并在此基础上实现统一的自动化数据库和应用部署与监控运维全套解决方案。因此，各类 IaaS 管理平台产品和解决方案的优化和升级主要集中在以下方面。

- 以动态、弹性、自服务的云平台为各类企业关键应用提供完整支撑。
- 应用级的高可用解决方案。
- 丰富、可靠、通用的备份、恢复及容灾方案。
- 安全。
- 统一计算管理，对包括虚拟机在内的业务应用进行全生命周期管理。
- 统一网络管理，对虚拟化环境的虚拟网络进行统一管理，以支持虚拟机及各类应用甚至未来 SDN 的网络需求。
- 统一存储管理，对虚拟化层面的存储进行有效管理。
- 自服务能力，全面支撑各类 IaaS 业务和应用对自服务的需求。

4.4.4 体验天翼云 IaaS 服务（IaaS 典型案例）

1．天翼云简介

（1）天翼云概述。

天翼云属于中国电信的云计算业务子公司，于 2012 年 3 月成立，主要提供云计算、云存储、CDN 等云计算和大数据业务。依托于中国电信强大的基础网络优势和"8+2+X"数据中心互联网资源布局，天翼云在市场表现比较可喜。受益于中国电信在政企行业的优势用户资源和渠道，天翼云主要用户定位于政企行业等企业级用户，在政务、教育、医疗、金融和制造等行业具有一定的业务基础，并获得了可信政务云服务奖和可信教育云服务奖。2015 年上半年，中国电信首次公布了其云计算业务收入 4.7 亿元，同比增长 54%。

（2）中国电信天翼云数据中心布局。

天翼云成立时明确了自身云计算"4+2"的数据中心网络布局，4 指的是北京、上海、广东、四川四大云资源池，2 是指内蒙古、贵州两大云数据中心集群，2015 年已经基本完成布局。

随着自身业务的扩大及用户对云服务无延迟的业务需求，天翼云 2015 年启动"8+2+X"

的数据中心网络布局，完成从"4+2"到"8+2+X"的数据中心网络升级切换，为用户提供更便捷的云服务。8 是指 8 个区域中心，分为东北、华北、华东、东南、华南、西南、西北和华中，以区域覆盖替代点覆盖，形成对政企用户的就近覆盖，支持专享云/混合云业务拓展；2 仍然指在贵州和内蒙古的数据中心；X 指天翼云将根据用户的云服务需求，随需新建数据中心，满足用户的云服务需求。通过该数据中心网络的布局，天翼云基本完成了对主要城市的节点覆盖，提升了用户体验和响应速度。

2016 年 3 月，天翼云部署厦门、香港及海外节点数据中心，在 21 世纪海上丝绸之路关键区域部署云资源节点，迈出了开拓海外云服务市场的第一步。

（3）中国电信天翼云生态体系建设。

天翼云启动了天翼云代理商计划，招募渠道代理商、系统集成商、SaaS 软件开发商，并设置金牌、银牌、铜牌梯度进阶认证激励机制。天翼云在市场推广、培训激励、项目支持、返点等方面为合作伙伴提供支持。

天翼云还推出了针对软件服务商的合作认证计划"天翼云认证"，重点扶持医疗健康、教育、互联网、金融行业的初创开发企业，为其提供资金支持，以推动完善天翼云应用服务。目前，支持的公司包括英方软件、库塔思、北京信易云媒科技有限公司、上海学多多教育科技有限公司、翼拍网络等。

同时，中国电信已与 VMware、SAP、金山软件等企业建立了战略合作关系，推动云服务在中国的发展。为解决政企用户对数据安全的需求，天翼云与 VMware 达成合作，推动混合云的建设和发展；天翼云与 SAP 合作运营 SAP 在中国的公有云解决方案，上海数据中心是天翼云与 SAP 共建的，拓展公有云服务市场，同时双方在人力资本管理解决方案 SuccessFactors、CRM、小微企业典型应用方面展开合作。

2016 年 6 月，天翼云与华为发布天翼云 3.0 产品及服务，该合作是天翼云借助华为强大的基础设施能力，将云业务重点聚焦政府、教育医疗、大中型企业等企业级用户的关键步骤。

2．中国电信天翼云 IaaS 产品

天翼云面向用户提供弹性计算（云主机、VPC、负载均衡）、弹性存储（对象存储、云存储网关）、云网络（CDN 内容分发）、混合云、云安全等各种云计算服务。其中混合云是天翼云和 VMware 联合构建的，为用户提供专享云模式和共享云模式下的虚拟数据中心服务，满足企业用户在云端组建安全可控、弹性敏感的私有数据中心的需求，主要用户定位于大中型企业和政府市场，特别是金融、能源、交通、保险、医疗和教育等行业市场。

"天翼云"IaaS 产品构架示意图如图 4-14 所示。

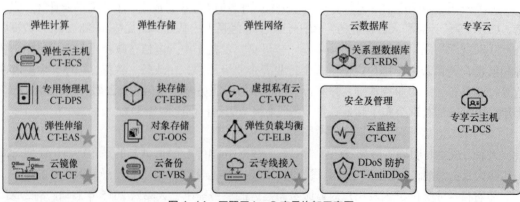

图 4-14　天翼云 IaaS 产品构架示意图

提示	● 加星号产品为天翼云 3.0 中新增加的产品； ● 详细产品请参阅天翼云官网（http://www.ctyun.cn/）。

天翼提供的部分 IaaS 产品如表 4-8 所示。

表 4-8　天翼提供的部分 IaaS 产品

产品名称	产　品	功　能　描　述
弹性计算	弹性云主机 CT-ECS	弹性云主机（Elastic Cloud Server，ECS）是由 CPU、内存、镜像、云硬盘组成的一种可随时获取、弹性可扩展的计算服务
	专用物理机 CT-DPS	专用物理机（Dedicated Physical Server，DPS）是指为用户提供指定规格的物理机订购、管理及物理机和虚拟机混合组网，以满足性能计算、Oracle 数据库业务需求
	弹性伸缩 CT-EAS	弹性伸缩（Elastic Auto Scaling，EAS）是根据用户的业务需求，自行定义业务使用配置和策略，在满足业务需求的前提下，减少资源投入
	云镜像 CT-CF	云镜像（Cloud Formation，CF）是弹性云主机实例可选择的运行环境模板，一般包括操作系统和预装软件。云镜像包括公共镜像、镜像市场、私有镜像 3 种类型。通过云镜像用户可以在 ECS 实例实现应用场景的快速部署
弹性存储	块存储 CT-EBS	块存储（Elastic Block Storage，EBS）是基于分布式架构，为弹性云主机提供可弹性扩展的块级别数据磁盘，满足用户对数据的高持久性和高性能的需求
	对象存储 CT-OOS	对象存储（Object-Oriented Storage，OOS）服务是中国电信为用户提供的一种海量、弹性、高可用、高性价比的云存储服务，用户获得无限的云存储空间，而且只需根据资源使用量付费，并支持随时进行调整
		CT-OOS 云服务提供了基于 Web 门户和基于 REST 接口两种访问方式，用户可以在任何地方通过互联网对数据进行管理和访问
	云备份 CT-VBS	云备份（Volume Backup Service，VBS）针对云主机提供基于磁盘快照技术的本地数据保护服务。用户可为块存储创建备份并利用备份实现数据回滚，以最大限度保证用户数据安全性
弹性网络	虚拟私有云 CT-VPC	虚拟私有云（Virtual Private Cloud，VPC）是基于公有云环境为用户构建隔离的、用户自主配置和管理的虚拟网络环境，提升用户公有云中的资源的安全性，简化用户的网络部署
	弹性负载均衡 CT-ELB	弹性负载均衡（Elastic Load Balancing，ELB）通过将访问流量自动分发到多台弹性云主机，扩展应用系统服务能力，解决大量并发访问服务的问题，保证业务的高可用性能

产品名称	产 品	功 能 描 述
数据库	关系数据库 CT-RDS	关系数据库（Relational Database Service，RDS）是一种基于云计算平台可即开即用、稳定可靠、便捷管理的在线关系型数据库服务。使用 RDS，用户可以减少资源成本投入、降低数据库运维难度和人力成本，同时能更聚焦业务本身
安全及管理	云监控 CT-CW	云监控（CloudWatch，CW）通过对用户各种虚拟化资源从不同维度、不同指标项的数值进行收集聚合，帮助用户实时监测其资源的动态。目前可以监控弹性云主机、云硬盘、弹性负载均衡、虚拟私有云、RDS、弹性伸缩组的相关指标
	DDoS 防护 CT-AntiDDoS	DDoS 防护（CT-AntiDDoS，Anti-DDoS Service）通过专业的防 DDoS 设备来为用户互联网应用提供精细化的抵御 DDoS 攻击（包括 CC、SYN flood、UDP flood 等所有 DDoS 攻击方式）能力。用户根据租用带宽及业务模型自助配置防护阈值参数，系统检测到攻击后实时通知用户网站防御状态

中国电信天翼云 3.0 也对每一种 IaaS 产品规定了基本功能集，弹性云主机（CT-ECS）基本能力集如表 4-9 所示。

表 4-9　弹性云主机（CT-ECS）基本能力集

序 号	能 力 项	描 述
1	计费方式	对标 Amazon，支持按需和按预留实例计费
2	开通	支持单台创建云主机，也支持批量（100 台）创建主机
3	规格升降	提供 20 种规模，按需模式支持规格任意升降，预留实例按比例升降
4	镜像种类	提供公共镜像、镜像市场、私有镜像
5	系统盘扩容	系统盘 Linux 为 20GB、Windows 为 40GB，支持对系统盘扩容
6	数据盘	单块盘容量 10GB～32TB，按 10GB 步长增加，单台云主机最多挂载 10 块盘
7	网络配置	支持 VPC/子网/安全组/弹性 IP，单台云主机最多可添加 12 块网卡
8	登录鉴权	支持密码方式登录（用户自定义密码），Linux 还支持证书登录
9	文件注入	支持主机创建时注入纯文本文件
10	登录方式	VNC 登录、SSH 登录（Linux）、MSTSC 登录（Windows）
11	管理	开/关机、重启、删除、重装当前系统，如需要更换系统重新开通主机
12	默认配额（每个 Region）	包含云主机实例、CPU 和内存等，配额足可通过控制台申请

弹性云主机的基本架构如图 4-15 所示。

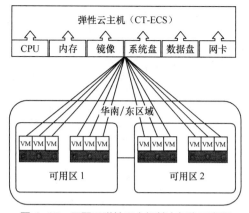

图 4-15　天翼云弹性云主机基本架构示意图

块存储的基本架构如图 4-16 所示。

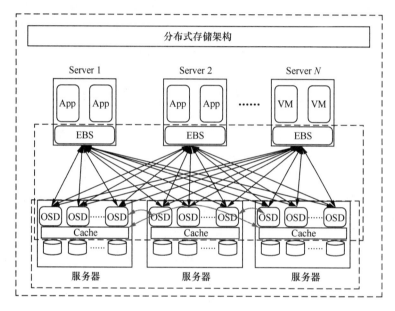

图 4-16　天翼云块存储基本架构示意图

虚拟私有云的基本架构如图 4-17 所示。

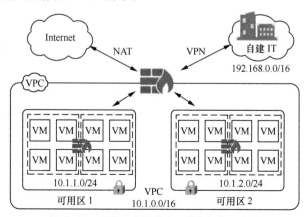

图 4-17　天翼云虚拟私有云基本架构示意图

云数据库的基本架构如图 4-18 所示。

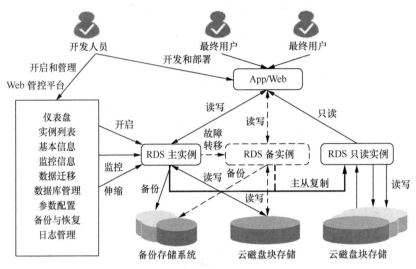

图 4-18 天翼云云数据库基本架构示意图

4.5 了解 SaaS、PaaS 和 IaaS 之间的关系

IaaS 为用户提供虚拟计算机、存储、防火墙、网络、操作系统和配置服务等网络基础架构部件，用户可根据实际需求扩展或收缩相应数量的软硬件资源，主要面向企业用户。

PaaS 是一套平台工具，用户可以使用平台提供的数据库、开发工具和操作系统等开发环境进行开发、测试和部署软件，主要面向应用程序研发人员，有利于实现快速开发和部署。

SaaS 通过互联网，为用户提供各种应用程序，直接面向最终用户。服务提供商负责对应用程序进行安装、管理和运营，用户无需考虑底层的基础架构及开发部署等问题，可直接通过网络访问所需的应用服务。SaaS 服务可基于 PaaS 平台提供，也可直接基于 IaaS 提供。易观分析认为，IaaS 是云计算服务的底层基础架构，为 PaaS 和 SaaS 服务提供硬件和平台服务，PaaS 是基于 SaaS 应用而提供的一个软件开发环境，可以为开发者提供数据处理、编程模型及数据库管理等服务。SaaS 是基于互联网的快速发展而产生的面向最终用户的产品服务模式，通过 SaaS 模式，用户可直接享受 Web 端的各类产品应用及服务，与传统软件服务模式相比，SaaS 模式具备成本低、迭代快、种类丰富等特征。

SaaS、PaaS 和 IaaS 三者之间没有必然的联系，只是 3 种不同的服务模式，都是基于互联网，按需按时付费，就像水、电、煤气一样。从用户体验角度而言，它们之间的关系是独立的，因为它们面对的是不同的用户。从实际的商业模式角度而言，PaaS 的发展确实促进了 SaaS 的发展，因为提供了开发平台后，SaaS 的开发难度降低了。从技术角度而言，三者并不是简单的继承关系，因为 SaaS 可以基于 PaaS 或者直接部署于 IaaS 之上，其次 PaaS 可以构建于 IaaS 之上，也可以直接构建在物理资源之上。

SaaS、PaaS 和 IaaS 之间关系如图 4-19 所示。

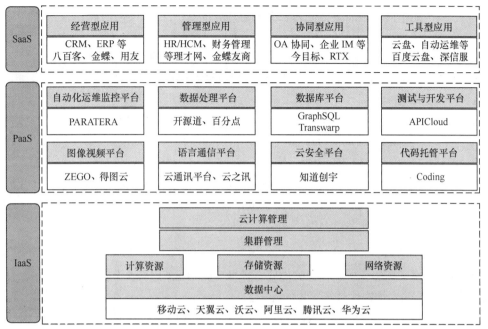

图 4-19　SaaS、PaaS 和 IaaS 之间关系

【巩固与拓展】

一、知识巩固

1. 下列描述中属于 SaaS 优点的是（　　　）。

A. 在技术方面，减少企业 IT 技术人员配备，满足企业对最新技术的应用需求

B. 在投资方面，可以缓解企业资金不足的压力，企业不用考虑成本折旧问题

C. 在维护和管理方面，减少维护和管理人员，提升维护和管理效率

D. 在架构方面，仍然保持封装式的系统架构

2. 下列属于 SaaS 服务的功能需求的是（　　　）。

A. 支持公开协议　　　　　　　　B. 支持随时随地访问

C. 提供完善的安全保障　　　　　　D. 支持多用户机制

3. 2015 年 4 月，金蝶集团与（　　　）签署了全球战略合作协议，共同打造世界级的企业 ERP 云服务平台。

A. Microsoft　　　　　　B. Amazon　　　　　　C. IBM　　　　　　D. Apple

4. 金蝶 K/3 Cloud 作为移动互联网时代的云 ERP，具有（　　　）三大特性。

A. 融合　　　　　　　　B. 标准　　　　　　　C. 开放　　　　　　D. 社交

5. 下列属于国内公司提供的 PaaS 平台的有（　　　）。

A. Amazon AWS　　　　B. 腾讯 Qcloud　　　　C. 阿里 ACE　　　　D. 新浪 SAE

6. 八百客的 800APP.com 的两大核心技术包括（　　　）。

A. 多重租赁　　　　　　B. Docker 技术　　　　C. 元数据　　　　D. 多租户技术

7. VMware 的 vCloud 属于（　　　）类型的产品。

A. IaaS　　　　　　　　B. PaaS　　　　　　　C. SaaS　　　　　　D. DaaS

8. 下列产品中属于中国电信天翼云 3.0 提供的 IaaS 产品中的弹性存储的是（　　　）。

A. 块存储 EBS
B. 对象存储 OOS
C. 云备份 VBS
D. 分布式存储

9. 通常可以根据 IaaS 厂商背景将其分为 4 种类型，世纪互联属于（　　　）类。

A. 传统的 IDC 厂商
B. 传统的电信运营商
C. 高速发展的互联网公司
D. 传统的电信设备厂商

10. 下列关于 SaaS、PaaS、IaaS 的描述，错误的是（　　　）。

A. PaaS 也是 SaaS 模式的一种应用
B. SaaS 可以在 IaaS 上实现，也可以在 PaaS 上实现，还可以独立实现
C. PaaS 可以在 IaaS 上实现，也可以独立实现
D. SaaS 必须在 PaaS 之上，PaaS 必须在 SaaS 之上

二、拓展提升

1. 根据自身学习、工作和生活的需要，选择一款 SaaS 服务产品进行体验使用，并比较 SaaS 服务与传统的本地软件系统应用的异同。

2. 通过与自己的学长或朋友圈中具有较丰富开发经历的朋友进行交流，深入理解典型 PaaS 服务的主要形式及系统架构。

3. 尝试了解自己所在学校（单位）网络中心现在基础设施设备（主机、网络、存储等）情况，并根据未来发展的需要，选择一家 IaaS 提供商，尝试确定购买（租用）IaaS 服务的需求表。

4. 尝试了解自己所在区域通信运营商（中国移动、中国电信或中国联通）的 IaaS 系统架构及主要基础设施设备（主机、网络、存储等）情况。

5. 阅读图 4-20，进一步了解国内 SaaS、PaaS 和 IaaS 厂商及其主要产品（服务）情况。

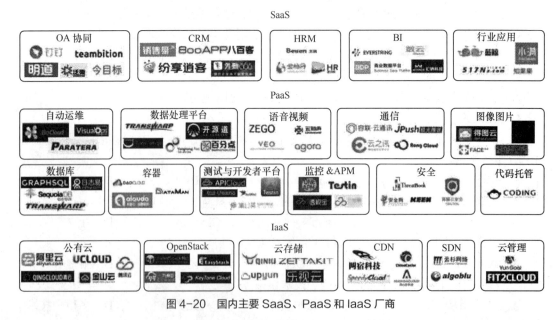

图 4-20　国内主要 SaaS、PaaS 和 IaaS 厂商

6. 2016 年 9 月 20 日，国内互联网公司中比较特立独行的网易公司在上海举行发布会，首度全面推出"网易云"品牌，并提出了场景化云服务的概念，将其云服务划分成产品研发

云、业务运营云及企业管理云，如图 4-21 所示。请通过网易云（http://www.163yun.com/）进一步了解网易场景化云服务及其 SaaS、PaaS 和 IaaS 的关系。

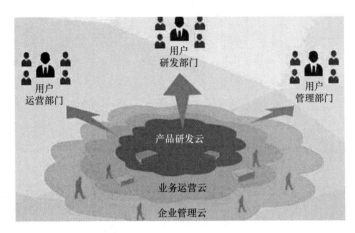

图 4-21　网易场景化云服务示意图

网易场景化云服务分类、服务领域及主要产品如表 4-10 所示。

表 4-10　网易场景化云服务一览表

序号	云 分 类	服 务 领 域	网易云产品
1	产品研发云	服务于企业的产品研发,包括移动端、多媒体、服务端、前端、信息安全、运维保障等	网易云信、网易蜂巢、网易视频云、网易易测、网易云捕等
2	业务运营云	服务于企业的运营、客服、大数据、市场、用户研究等	网易七鱼云客服、易盾反垃圾云服务等
3	企业管理云	支撑企业运作中的财务、人力资源、法务、行政等	网易将推出基于大数据、人工智能等核心能力的企业管理云

PART 5

第5章
云桌面

本章将向读者介绍云桌面相关基础知识、桌面虚拟化相关技术及云桌面典型解决方案，主要包括云桌面的内涵、云桌面的基本架构、桌面虚拟化基础、虚拟桌面基础架构（VDI）、虚拟操作系统架构（VOI）、华为云桌面和升腾云桌面等典型云桌面解决方案。本章的学习要点如下。

（1）云桌面的内涵。

（2）桌面虚拟化基础。

（3）虚拟桌面基础架构（VDI）。

（4）虚拟操作系统架构（VOI）。

（5）基于服务器计算（SBC）。

（6）华为云桌面典型解决方案。

（7）升腾云桌面解决方案。

5.1 云桌面概述

5.1.1 理解云桌面的内涵

1. 云桌面的内涵

计算机桌面是指启动计算机并登录到操作系统后看到的主屏幕区域。就像我们实际工作台的桌面一样，它是用户工作的平面。用户可以将一些项目（如文件和文件夹）放在桌面上，并且随意排列它们。

云桌面也是一个显示在用户终端屏幕上的桌面，但云桌面不是由本地一台独立的计算机提供的，而是由网络中的服务器提供的。云桌面是一种将用户桌面操作系统与实际终端设备相分离的全新计算模式。它将原本运行在用户终端上的桌面操作系统和应用程序托管到服务器端运行，并由终端设备通过网络远程访问，而终端本身仅实现输入输出与界面显示功能。通过桌面云可实现桌面操作系统的标准化和集中化管理。

在桌面云系统中，云桌面是由服务器提供的，所有的数据计算转移到服务器上，用户终端通过网络连接服务器获取云桌面并显示桌面内容，同时接受本地键盘、鼠标等外设的输入操作。桌面云系统中的服务器能同时为不同的终端提供不同类型的桌面（如 Windows 桌面、Linux 桌面等）。

桌面云是通过桌面的终端设备来访问云端的应用程序或者访问云端整个虚拟桌面的形式。桌面云的构建一般需要依托于桌面虚拟化技术（虚拟化技术的详细介绍请参阅"第7章 云技术"）。在 IBM 云计算智能商务桌面的介绍中，对于桌面云的定义是："可以通过瘦客户端或者其他任何与网络相连的设备来访问跨平台的应用程序，以及整个用户桌面"。

云桌面系统中的终端用户借助于客户端设备（或其他任何可以连接网络的移动设备），通过浏览器或者专用程序访问驻留在服务器的个人桌面，就可以获得和传统的本地计算机相同的用户体验。云桌面的实施可显著提高数据安全管理水平、降低软硬件管理和维护成本、降低终端能源消耗，是目前云计算产业链的重要发展方向。

桌面云与云桌面，是对同一对象的不同侧重点的阐述。桌面云侧重于"云"，云桌面侧重于"桌面"。

2. 云桌面优势

据 IDC 统计，近年来 PC 出货量持续下滑，流失的 PC 销量主要流向两个方向，个人市场流向了移动平板，企业市场流向了云桌面。相对来说，云桌面（瘦终端）的市场稳步增长，年复合增长率大于 7%。可以预见，云桌面会掀起未来 PC 行业的改革浪潮，是近年来乃至未来数年的热点。与传统本地计算机桌面工作方式比较，基于桌面虚拟化技术的云桌面具有以下优势。

（1）工作桌面集中维护和部署，桌面服务能力和工作效率提高。云桌面改变了过去独立的本地计算机分散、独立的桌面系统环境。通过集中部署模式，IT 系统维护人员可以在服务器端完成所有的桌面管理维护，包括操作系统安装、软件更新、操作系统补丁升级、安装防病毒软件等。终端用户不需要对个人工作桌面自行维护，连接云桌面后可运行的程序"所见即所得"，减少了企业大量的桌面维护工作，也提高了企业桌面维护支持的服务水平。

（2）业务数据远程隔离，有效保护数据安全。在云桌面的用户桌面环境中，业务数据都是托管在远程服务器上，本地终端只是一个显示和连接设备。终端不处理和存储业务数据，通过云桌面系统的策略控制，业务数据不需要下载到本地，有效保障了数据的安全。维护人员甚至可以通过设置不同的本地终端控制策略，禁止用户对本地 USB 等设备的访问。通过各种数据隔离措施，企业能够有效防范数据的非法窃取和传播。

（3）多终端多操作系统的接入，方便用户使用。云桌面是由服务器提供的，用户可随时随地通过移动或固定网络访问。部分云桌面平台还支持多种终端（如瘦客户端、PC、上网本、手机、平板电脑等）的接入，也可支持各种不同类型的操作系统（如 Windows、Linux、iOS、Android 等）。

云桌面和传统 PC 在硬件、网络、可管理性、安全性等方面的比较如表5-1所示。

表 5-1 云桌面与传统 PC 的对比

序号	项　目	云　桌　面	传统 PC
1	硬件要求	客户端要求很低，仅需要简单终端设备、显示设备和输入输出设备；服务器端需要较高配置	终端对于硬件要求较高，需要强大的处理器、内存及硬盘支持；服务器端根据实际业务需要弹性变化
2	网络要求	单个虚拟桌面的网络带宽需求低；但如果没有网络，独立用户终端将无法使用	对于网络带宽属于非稳定性需求，当进行数据交换时带宽要求较高；在没有网络的情况下，可独立使用

序号	项　目	云　桌　面	传统PC
3	可管理性	可管理性强。终端用户对应用程序的使用可通过权限管理；后台集中式管理，客户端设备趋于零管理；远程集中系统升级与维护，只需要安装升级虚拟机与桌面系统模板，瘦客户机自动更新桌面	用户自由度比较大。使用者的管理主要是通过行政手段进行；客户端设备管理工作量大；客户端配置不统一，无统一管理平台，不利于统一管理；系统安装与升级不方便
4	安全性	本地不存储数据，不进行数据处理，数据不在网络中流动，没有被截获的危险，且传输的屏幕信息经过高位加密；由于没有内部软驱、光驱等，防止了病毒从内部对系统的侵害；采用专用的安全协议，实现设备与操作人员身份双认证	数据在网络中流动，被截获的可能性大；本机面临计算机病毒、各类威胁和破坏，病毒传入容易，对病毒的监测不易；没有统一的日志和行为记录，不利于安全审计；操作系统和通信协议漏洞多，认证系统不完善
5	升级压力	终端设备没有性能不足的压力，升级要求小，整个网络只有服务器需要升级，生命周期为5年左右，升级压力小	由于机器硬件性能不足而引起硬件升级或淘汰，生命周期为3年左右，设备升级压力大，对于网络带宽也有升级要求
6	维护成本	没有易损部件，硬件故障的可能性极低；远程技术支持或者更换新的瘦客户机设备；通过策略部署，出现问题实时响应	维护、维修费用高；安装系统与软件修复及硬件更换周期长；自主维护或外包服务响应均需较长时间
7	节能减排	云终端电量消耗很小，环境污染减少	独立PC电量消耗很大，集中开启还需要空调制冷

3．桌面云的业务价值

桌面云的业务价值很多，除了前面所提到的用户可以随时随地访问桌面以外，还有下面一些重要的业务价值。

（1）集中管理。

在使用传统桌面的整体成本中，管理维护成本在其整个生命周期中占很大的一部分。管理成本包括操作系统安装配置、升级和修复的成本，硬件安装配置、升级和维修的成本，数据恢复和备份的成本，各种应用程序安装配置、升级和维护的成本等。在传统桌面应用中，这些工作基本上都需要在每个桌面上做一次，工作量非常大。对于那些需要频繁替换、更新桌面的行业来说，工作量就更大了。例如对于培训中心来说，他们经常需要配置不同的操作系统和运行程序来满足不同培训课程的需要，对于上百台机器来说，这是巨大的工作量。

在桌面云解决方案里，管理是集中化的，IT工程师通过控制中心管理成百上千的虚拟桌面，所有的更新、打补丁都只需要更新一个"基础镜像"就可以了。对于上面所提到的培训中心来说，管理维护就非常简单了：管理人员只需要根据课程的不同配置几个不同的基础镜像，然后不同的培训课程的学员可以分别连接到这些不同的基础镜像，就可以满足不同培训课程的需要。修改也只需要在这几个基础镜像上进行，基础镜像修改完成后学员只需重启虚拟桌面就可以看到所有的更新，这样就大大节约了管理成本。

（2）安全性高。

安全是 IT 工作中一个非常重要的方面，一方面各单位自己有安全要求，另一方面政府对安全也有些强制要求。例如银行系统中的用户的信用卡账号，保险系统中用户详细信息，软件企业中的源代码等，如何保护这些机密数据不被外泄是许多公司 IT 部门经常要面临的一个挑战。为此他们采用了各种安全措施来保证数据不被非法使用，例如禁止使用 USB 设备，禁止使用企业外部电子邮件等。对于政府部门来说，数据安全也是非常重要的，英国不久前就发生了某政府官员的笔记本电脑丢失，结果保密文件被记者得到，这个官员不得不引咎辞职。

在桌面云解决方案里，首先，所有的数据以及运算都在服务器端进行，客户端只是显示其变化的影像而已，所以在不需要担心客户端非法窃取资料，我们在电影里面看到的商业间谍拿着 U 盘疯狂地拷贝公司商业机密的情况再也不会出现了。其次，IT 部门根据安全挑战制作出各种各样新规则，这些新规则可以迅速地作用于每个桌面。

（3）应用环保。

传统个人计算机的耗电量是非常大的，一般来说，每台传统个人计算机的功耗在 200W 左右，即使它处于空闲状态时耗电量也至少在 100W 左右，按照每天 10 个小时，每年 240 天工作来计算，每台计算机桌面的耗电量在 480 度左右。除此之外，为了冷却这些计算机使用产生的热量，还必须使用一定的空调设备，这些能量的消耗也是非常大的。

采用云桌面解决方案以后，每个瘦客户端的电量消耗在 16W 左右，只有原来传统个人桌面的 8%，所产生的热量也大大减少了，低碳环保的特点非常明显。

（4）成本减少。

IT 资产的成本包括很多方面，初期购买成本只是其中的一小部分，其他还包括整个生命周期里的管理、维护、能量消耗和硬件更新升级的成本等。相比传统个人桌面而言，桌面云在整个生命周期里的管理、维护和能量消耗等方面的成本大大降低了。在硬件成本方面，桌面云应用初期硬件上的投资是比较大的，但从长远来看，与传统桌面的硬件成本相当。根据 Gartner 公司的预计，云桌面的 TCO（总所有成本）相比传统桌面可以减少 40%。

4．普通桌面、虚拟化桌面和移动化桌面

（1）普通桌面。

以 PC 或便携机为代表，终端作为 IT 服务提供的载体，每个用户拥有单独的桌面终端，大部分用户数据保存在终端设备上。终端拥有比较强的计算、存储能力，基于个人实现便捷、灵活的业务处理和服务访问。

（2）虚拟化桌面。

通过虚拟化的方式访问应用和桌面，数据统一存放在云计算数据中心，终端设备可以是非常简单、标准的小盒子。IT 服务覆盖后端和前端，提高端到端 IT 服务的效率，通过社交与工作的有效融合，实现"永远在线"。

（3）移动化桌面。

将企业 IT 应用与移动终端融合，数据存放在企业沙箱中，进行安全受控。通过企业和个人移动终端 App 交付、应用和内容管理，实现随时随地、无缝的业务访问，从而带来更多的服务创新和增值。

5.1.2　剖析云桌面的基本架构

云桌面系统不是简单的一个产品，而是一种基础设施，其组成架构较为复杂，也会根据具体应用场景的差异以及云桌面提供商的不同有不同的形式。通常云桌面系统可以分为终端设备层、网络接入层、云桌面控制层、虚拟化平台层、硬件资源层和应用层 6 个部分，云桌面系统基本架构示意图如图 5-1 所示。

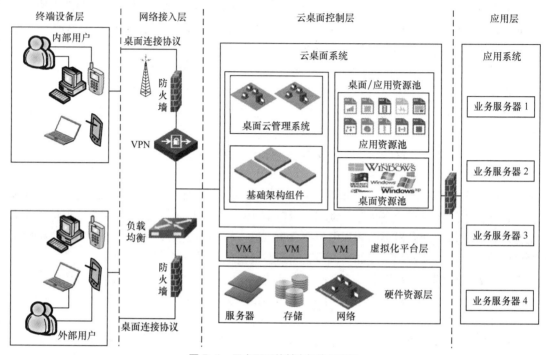

图 5-1　云桌面系统基本架构示意图

1．终端设备层

终端设备层主要包括通过企业内部网络和外部网络访问云桌面的各类终端，通常有瘦客户机、移动设备、办公 PC 和利旧 PC 等。

瘦客户机（Thin Client）是基于 PC 工业标准设计的小型行业专用 PC，使用专业嵌入式处理器、小型本地闪存和精简版操作系统，可以提供比普通 PC 更加安全可靠的使用环境、更低的功耗以及更高的安全性，并通过各种协议连接到服务器。移动设备凭借便携性、灵活性等特点受到很多用户的青睐，在安装相应的客户端软件后，移动设备也可以随时随地连接并且使用云桌面系统中的虚拟桌面，这就给有移动办公需求的用户提供了极大的便利。传统的 PC 用户也可以通过特定的云桌面系统客户端程序连接到云桌面系统并使用其中的虚拟桌面。凭借云桌面系统中虚拟桌面系统的虚拟硬件的可配置性，用户可以借助远程的虚拟桌面系统完成不适合在自己的物理计算机上完成的工作。例如当前正在使用的物理计算机不具备高运算能力，用户可以提高远程虚拟桌面系统的 CPU 和内存配置，并在远程桌面系统中完成此工作。对于已经过时面临淘汰的 PC，可对这些 PC 进行特定的配置，使其成为云桌面系统的客户端，可以连接到云桌面系统中的虚拟桌面系统，达到利旧重用目的。

终端设备层对终端设备类型的广泛兼容性保障了企业办公终端的自由性，终端用户可根据不同的场景选择不同类型的终端，真正实现移动办公。

2．网络接入层

网络接入层主要负责将远程桌面输出到终端用户的显示器，并将终端用户通过键盘、鼠标以及语音输入设备等输入的信息传送到虚拟桌面。云桌面提供了各种接入方式供用户连接。

用户可以通过有线、无线、VPN 网络接入云桌面环境，这些网络既可以是局域网，也可以是广域网，连接的方式可以是普通连接也可以是安全连接。

在网络接入层里，网络设备除了提供基础的网络接入承载功能外，还提供了对接入终端的准入控制、负载均衡和带宽保障。终端设备在访问云桌面系统时，网络中需要传递的仅仅是鼠标、键盘输入和屏幕刷新的数据。瘦客户端将用户的输入传给服务器的同时负责接收和呈现服务器传回的输出。这些安全会话实际上是基于桌面连接协议进行的。桌面连接协议提供了高分辨率会话、多媒体流远程处理、多显示支持、动态对象压缩、USB 重定向、驱动器映射等功能，是影响虚拟桌面用户体验的关键因素。桌面连接协议的运行情况取决于网络及正在交付的应用，通常需要根据不同的应用场景来选择合适的桌面连接协议。

3．云桌面控制层

云桌面控制层以企业作为独立的管理单元为企业管理员提供桌面管理的能力，管理单元则由云桌面的系统级管理员统一管理。在每个管理单元中企业管理员可以对企业中的终端用户使用的虚拟桌面进行方便的管理，可以对虚拟桌面的操作系统类型、内存大小、处理器数量、网卡数量和硬盘容量进行设置，并且在用户的虚拟桌面出现问题时能够快速地进行问题定位和修复。还可以查看和管理物理和虚拟化环境内的所有组件和资源，如物理的主机、存储和网络以及虚拟的模板、镜像、虚拟机，同时能简单通过此单一控制台对虚拟化资源进行综合管理，如虚拟桌面的全生命周期管理和控制、高级检索、资源调度、电源管理等功能。

除此以外，云桌面控制层为了能够支持更大规模、更高的可用性和可靠性，通常还需要具备负载均衡、高可用性、高安全性等功能。云桌面系统的负载均衡功能，是指在大量的用户桌面请求下，系统能够根据 IT 资源的利用情况，将用户的服务请求分散到不同的服务器上进行处理，以保证 IT 资源的利用率和最佳的用户体验。

高可用（HA）是系统保持正常运行，减少系统宕机时间的能力，云桌面系统主要通过避免单点故障和支持故障切换等方式实现高可用性。在云桌面的整个架构中，会话层、资源层和系统管理层的服务器、存储和网络设备都应该具有一定的冗余能力，不会因为硬件或软件的单点故障而中断整个系统的正常工作。

安全要求包括网络安全要求和系统安全要求。网络安全要求是对云桌面系统应用中与网络相关的安全功能的要求，包括传输加密、访问控制、安全连接等。系统安全要求是对云桌面系统软件、物理服务器、数据保护、日志审计、防病毒等方面的要求。

4．虚拟化平台层

虚拟化平台是云计算平台的核心，也是云桌面的核心，承担着云桌面的"主机"功能。对于云计算平台上的服务器，通常都是将相同或者相似类型的服务器组合在一起作为资源分配的母体，即所谓的服务器资源池。在服务器资源池上，通过安装虚拟化软件，让计算资源能以一种虚拟服务器的方式被不同的应用使用。这里所提到的虚拟服务器是一种逻辑概念，对不同处理器架构的服务器以及不同的虚拟化平台软件，其实现的具体方式不同，在 x86 系列的芯片上，主要是以常规意义上的 VMware 虚拟机形式存在。

虚拟化平台可以实现动态的硬件资源分配和回收。在创建虚拟桌面的时候，企业级别管理员可以指定虚拟机所在的服务器，虚拟化平台会自动地在指定的服务器上分配资源给新建的虚拟桌面。当虚拟桌面被管理员销毁的时候，虚拟化平台会自动地回收其占用的服务器资源。虚拟化平台采用 HA 技术还可以为虚拟桌面提供无缝的后台迁移功能，以提高云桌面系统的可靠性。采用 HA 技术后，如果虚拟桌面所在的服务器出现故障，虚拟化平台会快速地

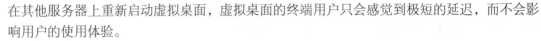

在其他服务器上重新启动虚拟桌面，虚拟桌面的终端用户只会感觉到极短的延迟，而不会影响用户的使用体验。

5．硬件资源层

硬件资源层由多台服务器、存储和网络设备组成，为了保证云桌面系统正常工作，硬件基础设施组件应该同时满 3 个要求：高性能、大规模、低开销。

服务器技术是云桌面系统中最为成熟的技术之一，因为中央处理器和内存元件的更新换代速度很快。这些资源使得服务器成为云桌面系统的核心硬件部件，对于云桌面部署来说，合理规划服务器的规模尤其重要。两三年前，如果不花费很大开销，服务器还不能容纳 30～50 个云桌面会话。但是现在，你可以在一台两路服务器上安装超过 24 个高性能核心和至少上 TB 的内存。这种性能上的提升为云桌面系统提供了很大的扩展空间，而且是在使用更少的服务器的情况下。服务器技术已经相当成熟，随着时间推移，单台服务器上将可承载更多的云桌面会话。

在桌面云平台中，由于存储系统对保证数据访问是至关重要的，存储系统的性能和可靠性是基本考虑要素。同时，在桌面云平台中，存储子系统需要具有高度的虚拟化、自动化和自我修复的能力。存储子系统的虚拟化兼容不同厂家的存储系统产品，从而实现高度扩展性，能在跨厂家环境下提供高性能的存储服务，并能跨厂家存储实现如快照、远程容灾复制等重要功能。自动化和自我修复能力使得存储维护管理水平达到云计算运维的高度，存储系统可以根据自身状态进行自动化的资源调节或数据重分布，实现性能最大化以及数据的最高级保护，保证了存储云服务的高性能和高可靠性。

6．应用层

根据企业特定的应用场景，云桌面系统中可以根据企业的实际需要部署相应的应用系统，比如说 Office、财务应用软件、Photoshop 等，确保给特定的用户（群）提供同一种标准桌面和标准应用。云桌面架构通过提供共享服务的方式来提供桌面和应用，以确保在特定的服务器上提供更多的服务。

5.2 云桌面相关技术

5.2.1 概览桌面虚拟化技术

桌面虚拟化技术是虚拟化技术的一种类型（有关虚拟化技术的详细内容请参阅"第 7 章 云技术"）。维基百科上给出的桌面虚拟化技术的定义是：Desktop Virtualization（或者 Virtual Desktop Infrastructure）是一种基于服务器的计算模型，并且借用了传统的瘦客户端的模型，让管理员与用户能够同时获得两种方式的优点，即将所有桌面虚拟机在数据中心进行托管并统一管理，同时用户能够获得完整 PC 的使用体验。

桌面虚拟化是指将计算机的桌面进行虚拟化，以达到桌面使用的安全性和灵活性。可以通过任何设备、在任何地点、任何时间访问在网络上的属于我们个人的桌面系统。

云桌面的核心技术是桌面虚拟化，桌面虚拟化不是给每个用户都配置一台运行 Windows 的桌面 PC，而是在数据中心部署桌面虚拟化服务器来运行个人操作系统，通过特定的传输协议将用户在终端设备上键盘和鼠标的动作传输给服务器，并在服务器接收指令后将运行的屏幕变化传输回瘦终端设备。通过这种管理架构，用户可以获得改进的服务，并拥有充分的灵活性，例如，在办公室或出差时可以使用不同的客户端使用存放在数据中心的虚拟机展开工作，IT 管理人员通过虚拟化架构能够简化桌面管理，提高数据的安全性，降低运维成本。桌面虚拟化的价值体现如图 5-2 所示。

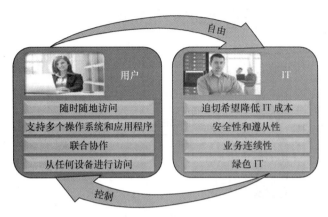

图 5-2　桌面虚拟化的价值体现

综合所述，桌面虚拟化的特性如下。

● 很多设备都可以成为桌面虚拟化的终端载体。

● 一致的用户体验。无论在任何地点，所接触到的用户接口是一致的，这才是真正的用户体验。

● 按需提供的应用。不是全部先装在虚拟机里面，而是使用时随时安装。

● 对不同类型的桌面虚拟化，能够 100%地满足用户需求。

● 集成的方案，通过模块化的功能单元实现应用虚拟化，满足不同场景的用户需求。

● 开放的体系架构能够让用户自己去选择。从虚拟机的管理程序到维护系统，再到网络系统，用户可以自由选择。

用户对于类似虚拟桌面的体验并不陌生，其前身可以追溯到 Microsoft 在其操作系统产品中提供的终端服务和远程桌面，但是它们在实际应用中存在着不足。例如之前的终端服务只能够对应用进行操作，而远程桌面则不支持桌面的共享。提供桌面虚拟化解决方案的主要厂商包括 Microsoft、VMware、Citrix。

根据云桌面不同的实现机制，从实现架构角度来说，目前主流云桌面技术可分为两类：虚拟桌面基础架构（Virtual Desktop Infrastructure，VDI）方式和虚拟操作系统架构（Virtual OS Infrastructure，VOI）方式。

5.2.2　认知虚拟桌面基础架构（VDI）

虚拟桌面基础架构（VDI）是在数据中心通过虚拟化技术为用户准备好安装 Windows 或其他操作系统和应用程序的虚拟机。用户从客户端设备使用桌面显示协议与远程虚拟机进行连接，每个用户独享一个远程虚机。所有桌面应用和运算均发生在服务器上，远程终端通过网络将鼠标、键盘信号传输给服务器，而服务器则通过网络将输出的信息传到终端的输出设备（通常只是输出屏幕信息），用户感受、图形显示效率以及终端外设兼容性成为瓶颈。VDI 典型架构示意图如图 5-3 所示。

基于 VDI 的虚拟桌面解决方案的原理是在服务器侧为每个用户准备其专用的虚拟机并在其中部署用户所需的操作系统和各种应用，然后通过桌面显示协议将完整的虚拟机桌面交付给远程的用户。VDI 桌面云解决方案采用"集中计算，分布显示"的原则，支持客户端桌面工作负载（操作系统、应用程序、用户数据）托管在数据中心的服务器上，用户通过支持远程桌面协议（如 RDP（Remote Desktop Protocol）、ICA（Independent Computing Architecture））的客户端设备与虚拟桌面进行通信。每个用户都可以通过终端设备来访问个人桌面，从而大大改善桌面使用的灵活性。

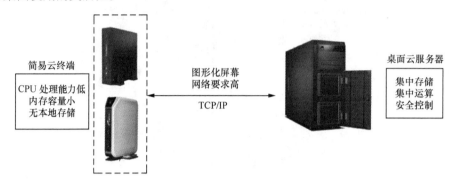

图 5-3　VDI 典型架构示意图

VDI 解决方案的基础是服务器虚拟化。服务器虚拟化主要有完全虚拟化和部分虚拟化两种方法：完全虚拟化能够为虚拟机中的操作系统提供一个与物理硬件完全相同的虚拟硬件环境；部分虚拟化则需要在修改操作系统后再将其部署进虚拟机中。两种方法相比，部分虚拟化通常具有更好的性能，但是它对虚拟机中操作系统的修改增加了开发难度并影响操作系统兼容性，特别是 Windows 系列操作系统是当前用户使用最为普遍的桌面操作系统，而其闭源特性导致它很难部署在基于部分虚拟化技术的虚拟机中。因此，基于 VDI 的虚拟桌面解决方案通常采用完全虚拟化技术构建用户专属的虚拟机，并在其上部署桌面版 Windows 用于提供服务，但也有部分方案对 Linux 桌面提供支持。

VDI 旨在为智能分布式计算带来出色的响应能力和定制化的用户体验，并通过基于服务器的模式提供管理和安全优势，它能够为整个桌面映像提供集中化的管理，VDI 的主要特点如下。

（1）集中管理、集中运算。

采用服务器后台虚拟机（VM）方式，计算和数据都放在服务器端，以视频流的方式在客户端展示；VDI 是目前主流部署方式，但对网络、服务器资源、存储资源压力较大，部署成本相对高。

（2）安全可控。

数据集中存储，保证数据安全；丰富的外设重定向策略，使所有的外设使用均在管理员控制之下，多重安全保证。

（3）多种接入方式。

具有云终端、PC、Pad、智能手机等多种接入方式，随时随地接入，获得比笔记本电脑更便捷的移动性。

（4）降低运维成本。

云终端体积小巧，绿色节能，每年节约 80%电费；集中统一化及灵活的管理模式，实现终端运维的简捷化，大大降低 IT 管理人员日常维护工作量。

5.2.3　认知虚拟操作系统架构（VOI）

虚拟操作系统架构（VOI），也称为物理 PC 虚拟化或虚拟终端管理。VOI 充分利用用户本地客户端（利旧 PC 或高端云终端），桌面操作系统和应用软件集中部署在云端，启动时云端以数据流的方式将操作系统和应用软件按需传送到客户端，并在客户端执行运算。VOI 中计算发生在本地，桌面管理服务器仅做管理使用。桌面需要的应用收集到服务器来集中管理，在客户端需要时将系统环境调用到本地供其使用，充分利用客户端自身硬件的性能优势实现本地化运算，用户感受、图形显示效率以及外设兼容性均与本地 PC 一致，且对服务器要求极低。VOI 典型架构示意图如图 5-4 所示。

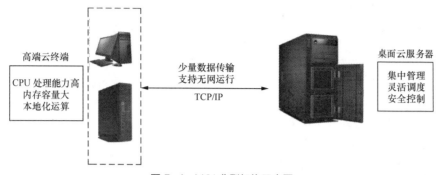

图 5-4　VOI 典型架构示意图

相对 VDI 的全部集中来说，VOI 是合理的集中。VDI 的处理能力与数据存储均在云端，而 VOI 的处理能力在客户端，存储可以在云端，也可以在客户端。VOI 的主要特点如下。

（1）集中管理、本地运算。

完全利用本地计算机的性能，保障了终端系统及应用的运行速度；能够良好地运行 AutoCAD、3ds Max 等大型图形设计软件和 1080p 高清影像等，对视频会议支持良好，全面兼容各种业务应用；提升用户使用业务的连续性，实现终端离线应用，即使断网终端也可继续使用，不会出现黑屏；单用户镜像异构桌面交付，可在单一用户镜像中支持多种桌面环境，为用户随需提供桌面环境。

（2）灵活管理，安全保障。

安装简易、维护方便、应用灵活，可以在线更新或添加新的应用，客户机无需关机，业务保持连续；系统可实现终端系统的重启恢复，从根本上保障终端系统及应用的安全；丰富的终端安全管理功能，如应用程序控制、外设控制、资产管理、屏幕截图、上网行为记录等，保护终端安全；良好的信息安全管理，系统可实现终端数据的集中、统一存储，也可实现分散的本地存储；可利用系统的"磁盘加密"等功能防止终端数据外泄，保障终端数据安全。

（3）降低运维成本。

集中统一化及灵活的管理模式，实现终端运维的简捷化，大大降低 IT 管理人员日常维护工作量；软件授权费用降低，不需要额外购买 Microsoft 操作系统 VDA License，同时还可通过购买并发型软件网络版 License 减少版权费用；无需用户改变使用习惯，也无需对用户进行相关培训。

VDI 与 VOI 在终端桌面交付、硬件等方面的对比情况如表 5-2 所示。

表 5-2　VDI 与 VOI 对比

序号	项　目	VDI	VOI
1	终端桌面交付	分配虚拟机作为远程桌面	分配虚拟系统镜像
2	硬件差异	无视	驱动分享、PNP 等技术

序号	项　目	VDI	VOI
3	远程部署及使用	原生支持（速度慢）	盘网双待、全盘缓存
4	窄带环境下使用	原生支持	离线部署、全盘缓存
5	离线使用	不支持	盘网双待、全盘缓存
6	终端图形图像处理	不理想	完美支持
7	移动设备支持	支持	不支持
8	使用终端本地资源	不支持	完美支持
9	同时利用服务器资源及本地资源	不支持	不支持

VOI 充分利用终端本地的计算能力，桌面操作系统和应用软件集中部署在云端，启动时云端以数据流的方式将操作系统和应用软件按需传送到客户端，并在客户端执行运算。VOI 可获得和本地 PC 相同的使用效果，也改变了 PC 无序管理的状态，具有和 VDI 相同的管理能力和安全性。VOI 支持各种计算机外设以适应复杂的应用环境及未来的应用扩展，同时，对网络和服务器的依赖性大大降低，即使网络中断或服务器宕机，终端也可继续使用，数据可实现云端集中存储，也可终端本地加密存储，且终端应用数据不会因网络或服务端故障而丢失。VDI 的大量使用给用户带来了便利性与安全性，VOI 补足了高性能应用及网络状况不佳时的应用需求，并实现对原有 PC 的统一管理，所以最理想的方案是 VDI+VOI 融合，将两种主流桌面虚拟化技术结合，实现资源合理的集中，图 5-5 为中兴通讯的 VDI+VOI 融合解决方案示意图。高性能桌面等场景使用 VOI；占用网络带宽小、接入方式多样、接入终端配置低、硬件产品年代久、用户需要快速接入桌面等场景使用 VDI。

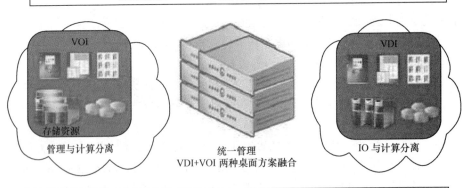

图 5-5　中兴通讯 VDI+VOI 融合解决方案示意图

在中兴通讯 VDI+VOI 融合解决方案中，提供了全面的桌面安全和管理。VDI+VOI 两种桌面方案融合后，可以让同一用户在 VOI 的场景下，体验 PC 的高速计算能力、逼真的显示效果，又可用 VDI 在移动终端体验到高可管可控、资源弹性伸缩及移动办公的灵活性；两种场景都可以访问到同一个数据磁盘，实现数据共享。

在融合解决方案中，云桌面实现统一管理，同一个管理 Portal 可以管理虚拟化软件、云桌面、桌面用户、桌面池、VDI 桌面、VOI 桌面等；节约管理模块的硬件及软件费用；减少维护复杂度，提升维护效率。同时，也可对利旧 PC 进行统一管理，设定统一安全策略，改变原有 PC 分散使用、无序管理状态。通过实现数据盘与系统盘分离，数据安全可管可控：用户数据存放在服务器端，可对其进行统一管理和控制，杜绝非法下载拷贝，保证了用户数据的安全性。融合解决方案中提供安全访问，可以通过多种身份认证方式进行认证，如 USB Key、动态密码等。

总体来说，在 VDI+VOI 融合解决方案中，VOI 补充了 VDI 所缺失的高计算能力、3D 设计场景，VDI 补充了 VOI 移动办公、弹性计算、高集中管控的场景，融合解决方案使得用户可以在任意终端、任意地点、任意时间接入使用云桌面，满足各行业用户移动办公需求。

5.2.4 认知基于服务器计算（SBC）

基于 SBC（Server-Based Computing）的虚拟桌面解决方案原理是将应用软件统一安装在远程服务器上，用户通过和服务器建立的会话对服务器桌面及相关应用进行访问和操作，而不同用户之间的会话是彼此隔离的。这类解决方案是在操作系统事件（例如键盘敲击、鼠标点击、视频显示更新等）层和应用软件层之间插入虚拟化层，从而削弱两个层次之间的紧耦合关系，使得应用的运行不再局限于本地操作系统事件的驱使。其实，这种方式在早先的服务器版 Windows 中已有支持，但是在之前的应用中，用户环境被固定在特定服务器上，导致服务器不能够根据负载情况调整资源配给。另外，之前的应用场景主要是会话型业务，具有局限性，例如不支持双向语音、对视频传输支持较差等，而且服务器和用户端之间的通信具有不安全性。因此，新型的基于 SBC 的虚拟桌面解决方案主要是在服务器版 Windows 提供的终端服务能力的基础上对虚拟桌面的功能、性能、用户体验等方面进行改进。

基于 VDI 和基于 SBC 的虚拟桌面解决方案的比较如表 5-3 所示。

表 5-3 基于 VDI 和基于 SBC 的虚拟桌面解决方案的比较

序号	项目		VDI		SBC
1	服务器能力要求	高	需要支持服务器虚拟化软件的运行	低	可以以传统方式安装和部署应用软件，无需额外支持
2	用户支持扩展性	低	与服务器能够同时承载的虚拟机个数相关	高	与服务器能够同时支持的应用软件执行实例个数相关
3	方案实施复杂度	高	需要在部署和管理服务器虚拟化软件的前提下提供服务	低	只需要以传统方式安装和部署应用软件即可提供服务
4	桌面交付兼容性	高	支持 Windows 和 Linux 桌面及相关应用	低	只支持 Windows 应用
5	桌面安全隔离性	高	依赖于虚拟机之间的安全隔离性	低	依赖于 Windows 操作系统进程之间的安全隔离性
6	桌面性能隔离性	高	依赖于虚拟机之间的性能隔离性	低	依赖于 Windows 操作系统进程之间的性能隔离性

采用基于 VDI 的解决方案，用户能够获得一个完整的桌面操作系统环境，与传统的本地计算机的使用体验十分接近。在这类解决方案中，用户虚拟桌面能够实现性能和安全的隔离，并拥有服务器虚拟化技术带来的其他优势，服务质量可以得到保障，但是这类解决方案需要在服务器侧部署服务器虚拟化及其管理软件，对计算和存储资源要求较高，成本较高，因此，基于 VDI 的虚拟桌面比较适用于对桌面功能需求完善的用户。

采用基于 SBC 的解决方案，应用软件可以像传统方式一样安装和部署到服务器上，然后同时提供给多个用户使用，具有较低的资源需求，但是在性能隔离和安全隔离方面只能够依赖于底层的 Windows 操作系统。另外，因为这类解决方案在服务器上安装的是服务器版 Windows，其界面与用户惯用的桌面版操作系统有所差异，所以为了减少用户在使用时的困扰，当前的解决方案往往只为用户提供应用软件的操作界面而并非完整的操作系统桌面。因此，基于 SBC 的虚拟桌面更适合对软件需求单一的内部用户使用。

- 云桌面的实现依赖于桌面虚拟化技术，桌面虚拟化技术也需要服务器虚拟化技术的支持。
- VDI 和 SBC 的计算资源均在云端，云端完成计算后，将结果通过网络用桌面协议传送到用户端，这两种模式对网络的依赖非常强。
- VDI+VOI 融合是目前主流的模式。

5.2.5 概览云桌面其他相关技术

虚拟化技术（尤其是桌面虚拟化技术）是云桌面的核心技术。除此之外，还涉及桌面显示协议、用户个性化配置、管理和监控、统一存储、服务器虚拟化、应用虚拟化以及容器技术和无核化技术等。

1．桌面显示协议

桌面显示协议是影响虚拟桌面用户体验的关键，当前主流的显示协议包括 PCoIP、RDP、SPICE、ICA 等，并被不同的厂商所支持。它们的比较如表 5-4 所示。

表 5-4　主流桌面显示协议比较

序号	项　目	PCoIP	RDP	SPICE	ICA
1	传输带宽要求	高	高	中	低
2	图像展示体验	好	差	中	中
3	双向音频支持能力	弱	中	强	强
4	视频播放支持能力	弱	中	强	中
5	用户外设支持能力	弱	强	弱	强
6	传输安全性	高	中	高	高
7	支持厂商	VMware	Microsoft	Red Hat	Citrix

传输带宽要求的高低直接影响了远程服务访问的流畅性。ICA 采用具有极高处理性能和数据压缩比的压缩算法，极大地降低了对网络带宽的需求。图像展示体验反映了虚拟桌面视图的图像数据的组织形式和传输顺序。其中 PCoIP 采用分层渐进的方式在用户侧显示桌面图像，即首先传送给用户一个完整但是比较模糊的图像，在此基础上逐步精化，相比其他厂商

采用的分行扫描等方式，具有更好的视觉体验。

双向音频支持需要协议能够同时传输上下行的用户音频数据（例如语音聊天），而当前的 PCoIP 对于用户侧语音上传的支持尚存缺陷。视频播放是检测传输协议的重要指标之一，因为虚拟桌面视图内容以图片方式进行传输，所以视频播放时的每一帧画面在解码后都将转为图片从而导致数据量的剧增。为了避免网络拥塞，ICA 采用压缩协议缩减数据规模，但会造成画面质量损失，而 SPICE 则能够感知用户侧设备的处理能力，自适应地将视频解码工作放在用户侧进行。

用户外设支持能够考查显示协议是否具备有效支持服务器侧与各类用户侧外设实现交互的能力，RDP 和 ICA 对外设的支持比较齐备（例如支持串口、并口等设备），而 PCoIP 和 SPICE 当前只实现了对 USB 设备的支持。传输安全性是各个协议都很关注的问题，早期的 RDP 不支持传输加密，但在新的版本中有了改进。

桌面显示协议是各厂商产品竞争的焦点，其中，RDP 和 ICA 拥有较长的研发历史，PCoIP 和 SPICE 相对较新但也日渐成熟，特别是 SPICE 作为一个开源协议，在社区的推动下发展尤其迅速。

2. 用户个性化配置

个性化配置是虚拟桌面用户的必然需求。当前的主流厂商产品普遍采用了 Microsoft 的 AD 域控机制进行用户的管理和认证，并将用户身份与包含其个人桌面设置需求的描述文件相关联。当用户访问虚拟桌面时，在对其身份进行认证后，即可为其交付具有不同安全级别、不同应用权限的个性化虚拟桌面。

在基于 SBC 的虚拟桌面解决方案中，因为服务器版 Windows 已经能够做到以应用的粒度设置用户权限，所以其用户描述文件比较简单。在基于 VDI 的虚拟桌面解决方案中，因为每个用户在虚拟机配置、操作系统映像、用户应用部署等多个层次上具有不同的需求，所以用户描述文件非常复杂而且相关的文件（例如用户专属的操作系统映像文件）规模也比较庞大。当前，各个厂商正在针对如何减少用户数据量进行产品改进，例如 VMware 的 Linked Clone 技术能够基于一个主镜像定制出多个虚拟桌面从而减少存储空间。

3. 云桌面管理和监控技术

（1）云桌面管理技术。

在云计算时代，桌面云作为最容易落地的云计算方案，已经在各行各业普遍应用。在桌面云表现出高安全、集中管理、移动化等优势的同时，系统复杂的管理问题、资源难以有效利用问题、安全问题等，同样困扰着 IT 管理员。

国内外很多公司提供了桌面云管理系统，如 Microsoft 的 System Center 提供的是一整套 IT 系统中心管理解决方案，但是其部署管理复杂、售价高昂。VMware 提供 Enterprise Plus 管理方案。VFoglight 对性能监控和管理复杂的 VMware ESX 和 Hyper-V 环境的能力提供了解决方案。华为 TSM 被融合到其桌面云整体解决方案当中。升腾桌面云管理系统 CVMS 通过一个管理界面实现桌面云全系统（包括服务器、存储、网络设备、桌面云平台、虚拟桌面、虚拟应用）的统一监控和管理。

（2）云桌面监控技术。

① 对虚拟化环境进行监控，简化运维管理。对虚拟化后台、虚拟桌面、网络和数据库等虚拟化平台各个组件的状态进行监控，同时收集这些组件的日志告警信息等；提供虚拟化环境下基于主机、存储、网络设备的物理拓扑结构；对虚拟化环境中所涉及的设备和各个系统

（虚拟化主机、交换机、数据库服务器、AD、终端）之间的关联关系进行收集和分析；系统运行情况展示，通过对系统的运行状态、性能进行收集并根据这些状态建立健康模块，直观反馈出当前系统的监控情况，并指导管理员如何解决。

难点在于：用户的各个系统间的关系复杂，对问题的定位和分析需要进行大数据的挖掘和分析；如何自动化地分析系统间的关联关系。

② 对虚拟化环境进行监控，提高资源利用率。对虚拟化主机、存储、用户虚机的使用情况进行监控，并进行数据的分析统计，对资源分配过剩的虚机进行资源回收，对资源分配不足的虚机进行资源的增加，提升整体环境的资利用率和用户体验。对虚拟化环境总体的容量进行预测，根据当前用户的使用情况，评估该系统还能承担多少新用户。根据虚拟化环境的历史使用情况，评估现有容量在未来的某段时间内是否会出现资源不足。

难点在于：在进行容量规划时，需要对大数据进行挖掘和分析；资源分析挖掘时能够保证这些统计正确反映当前系统的问题。

③ 对虚拟桌面的用户行为进行审计，保证系统安全。桌面云安全审计难：虚拟桌面登录行为缺乏管控，很难审计非法登录行为；虚拟桌面操作行为缺乏管控，很难审计非法操作行为。操作人员对关键设备（服务器、涉密机器）进行操作时，对这些操作进行屏幕录像的记录；在记录屏幕图像时，将屏幕的元素信息也同时记录；审计人员在服务器上，通过查看审计记录来进行审计。

难点在于：筛查不必要的审计记录，对无效的数据进行剔除，节约存储空间；对审计图片进行高压缩率压缩，提高存储效率；对于屏幕的图片信息，做到可搜索、打标签；解决审计人员面对一堆图像数据无法快速有效地定位。

5.3 云桌面应用场景

5.3.1 概览桌面云应用场景

任何行业都可以通过搭建桌面云平台来体验全新的办公模式，既可告别 PC 采购的高成本、能耗的居高不下，又可享受与 PC 同样流畅的体验。只要能看到办公计算机的地方，PC 主机统统可以用精致小巧、功能强大的桌面云终端来替换。桌面云的应用场景如下。

1. 用于日常办公，成本更低、运维更少

（1）桌面云在办公室，噪声小、能耗低、故障少，多终端随时随地开展移动办公。

（2）桌面云在会议室或者培训室，提供管理简便、绿色环保的工作环境。

（3）桌面云在工厂车间，IT 故障出现实时解决，打造高标准的数字化车间。

2. 搭建教学云平台，统一管理教学桌面、快速切换课程内容

（1）桌面云在多媒体教室，桌面移动化、备课、教学随时随地。

（2）桌面云在学生机房、电子阅览室，管理员运维工作更少、桌面环境切换更快。

3. 用于办事服务大厅或营业厅，提升工作效率和服务质量

桌面云在柜台业务单一化的办事服务大厅或营业厅，让工作人员共享同一套桌面或应用，满足快速办公需求。

4. 实现多网隔离，轻松实现内网办公、互联网安全访问

桌面云还能实现多网的物理隔离或者逻辑隔离，对于桌面安全性要求极高的组织单位绝对适合。

5.3.2 概览教育行业应用场景

教育行业桌面云为师生提供端到端一站式桌面云交付架构，它以云终端、桌面云软件、服务器为主体，构建新型的教育教学模式。云桌面架构将校园办公/教学桌面集中部署在云端（服务器），以虚拟图像的方式向前端设备（瘦客户机、PC、智能终端等）交付学生上课桌面和教师办公桌面，这种"云端集中化"的方式具备桌面资源按需分配、统一管理、安全可控、节约总拥有成本等多种特性，非常适合在各类教育场景广泛部署，可以解决教学环境部署/切换慢、终端 PC 维护量大、资源浪费、运行成本高等问题。

下面以深信服的"校园云桌面应用场景建设方案"为例详细介绍桌面云在教育领域（高校）中的应用场景及简单解决方案。

1．计算机实训室/培训室云桌面方案

（1）需求分析。

教学环境部署和切换麻烦。学校为了资源充分利用，机房环境一般都会要求同时满足普通教学、考试、课外培训及实验课程等不同场景的使用。由于传统模式通常需要到现场对 PC 进行单独维护，环境部署工作量很大，尤其是每逢等级考试、教学场景切换等时期，往往需要提前一周停课，维护人员对所有 PC 设备逐个进行环境变更，然后在考试或教学任务结束后，又要逐个进行环境复原，因此造成了设备利用率低、维护成本高、容易出现差错。

机房 PC 维护工作量大。每间计算机教室平均有 50 多台 PC，为了满足不同班级/学科/年级的教学需求，每台 PC 都安装了多种课程软件和应用程序，大量软件安装容易导致系统臃肿、运行慢。另外，由于学生操作自由度大，PC 在运行一段时间后，经常会出现变慢、不稳定、文件损坏、蓝屏、宕机、中毒等各种系统问题，管理维护比较困难。

总拥有成本高。PC 性能强大，但实际上平均利用率低于 20%，不仅导致资源浪费，而且造成长期运行成本居高不下，而这些成本包括初始采购成本、技术支持成本、运行维护成本、硬件升级成本、电力成本等。

（2）建设方案。

本方案可搭建一套云终端+桌面云平台，使用云终端（aDesk）替换计算机教室的 PC，不仅可以拥有与 PC 一样的操作体验，而且可以解决目前学生机所面临的问题，为学校构建一个经济、适用、易管理、绿色的计算机教室。方案示意图如图 5-6 所示。

深信服桌面云 aDesk 方案实现教师计算机、学生端教学环境的集中管控。桌面模板化技术可以让老师灵活定制不同的教学环境，满足各方面的教学需求；教学、阅卷、实验、考试等不同环境可以通过桌面云控制台快速建制及复原，不用事先做大量准备工作；系统安装、补丁升级、软件分发、环境设置、故障恢复等工作可以一键下发，非常轻松。另外，aDesk 可以为学生上机桌面设置还原模式，系统重启后自动恢复为原始状态，防止人为或病毒的破坏，大大降低老师的维护工作量。

最后，云终端 aDesk 体积小、功耗低、零配置、易维护，部署于计算机实训室/培训室，不仅寿命长（5～8 年）、稳定性好，而且由于它的节能、无噪音，可为师生营造安静舒适的教学环境。

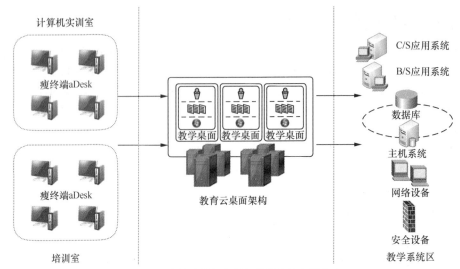

图 5-6　高校计算机实训室/培训室云桌面方案

2．电子阅览室/公共查询机云桌面方案

（1）需求分析。

学校图书馆阅览 PC 属于公用性设备，在推广中主要问题如下。

病毒危害。电子阅览室主要供学生上网和查阅资料之用，U 盘和网络都容易传播病毒、木马和流氓软件，目前的保护技术难以有效解决问题，导致 PC 不稳定或运行慢，这是图书馆 IT 人员面临最严峻的问题。

使用成本高。传统 PC 寿命一般只有 3～5 年，使用过程中，硬盘、主板、内存、电源、风扇等配件容易出现机械故障，因此每年固定资产折旧成本和配套的管理维护成本巨大。

（2）建设方案。

针对上述问题，建议采用云终端 aDesk 替换传统 PC，建设虚拟桌面电子阅览室，以资源集中化来提升桌面的可管理性，实现可靠、稳定、安全、绿色的终端应用环境。方案中可为桌面设置还原模式，实现桌面重启后 100%恢复正常，不再担心病毒、木马、流氓软件等带来的不稳定问题，即使是学生故意破坏也不会受到任何影响。桌面云的应用，可以减少电子阅览室终端的 99%故障率，几乎不需要独立的桌面维护，在远程即可控制桌面恢复系统。同时，因为云终端硬件集成化（寿命 5～8 年），后端也仅需部署少数服务器，相对于 PC 的硬件零散化，每年可以节省至少 50%的硬件资产折旧成本。

3．教室/教师办公云桌面方案

（1）需求分析。

为了方便教师进行教学，学校在教学楼中每一间多媒体教室均部署了教学 PC，教师可以通过 U 盘、移动硬盘方式拷贝课件进行教学。可一旦 U 盘、移动硬盘感染病毒，会迅速感染到每间教室的桌面机，又或者由于老师的使用习惯不同，往往会导致教室 PC 的桌面环境混乱，这些都会严重影响正常教学。同时，如果出现 U 盘损坏、文档版本不兼容等问题，教师也只能通过黑板等传统方式进行教学，影响教学效果。

另外，学校还需为老师配备一台办公 PC，所有的教学资料都存放在本地计算机硬盘（信息孤点），不利于随时备课、教案交流、素材管理、经验分享等。同时，PC 使用过程中也逐渐暴露出不少问题，比如管理难、使用成本高、娱乐性较强等。

（2）建设方案。

为了提升教师办公效率，本方案通过云桌面技术为每位老师量身定制专属的虚拟办公环境，在教室、办公楼分别部署云终端 aDesk，这样老师不论身处何地都可以随时登录云桌面进行办公或上课。在工作和学习之外的场合，老师使用 PC、笔记本电脑、云终端、Pad 等设备也可以打开自己的"工作桌面"办公。方案示意图如图 5-7 所示。

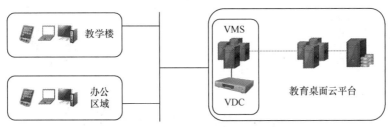

图 5-7 高校教室/教师办公云桌面方案

由于桌面和资料访问的统一化，不仅可以集中化管理，还可以实现移动教学、移动备课，老师也不再需要担忧课件获取/拷贝麻烦、文档不兼容等问题。

4．行政/科研办公云桌面方案

（1）需求分析。

行政与科研办公人员的 PC 分散化部署，他们的数据需要保证安全及隐私，因为这些数据的丢失或泄露，总是会给学校带来一些负面影响。

目前，学校办公 PC 基本都部署了各类杀毒和安全软件，但是各种不规范的上网行为、U盘设备的混乱使用，导致大量 PC 桌面处于各种风险之下。此外，绝大多数 PC 桌面并没有任何本地的数据备份机制，一旦遇到硬盘介质的物理损坏，数据将丢失。

（2）建设方案。

通过搭建云桌面平台，让办公相关操作都在受控、统一安全规范的云桌面下进行，可以禁止数据交互，也可以限制桌面上网，这样就可以有效保证数据的安全与可靠。同时，桌面云化之后，可根据办公人员的岗位数据的重要程度，设计数据的备份计划与备份频率，保证用户数据的安全。

5.4 云桌面典型解决方案

5.4.1 体验华为云桌面

1．华为技术有限公司简介

华为技术有限公司（http：//www.huawei.com/cn/）是一家生产销售通信设备的民营通信科技公司，总部位于广东省深圳市龙岗区坂田华为基地。华为的产品主要涉及通信网络中的交换网络、传输网络、无线及有线固定接入网络、数据通信网络以及无线终端产品，为世界各地通信运营商及专业网络拥有者提供硬件设备、软件、服务和解决方案。华为于 1987 年在深圳正式注册成立。华为的产品和解决方案已经应用于全球 170 多个国家，服务全球运营商 50 强中的 45 家及全球 1/3 的人口。

2．华为 FusionCloud 桌面云简介

（1）华为桌面云简介。

华为 FusionCloud 桌面云解决方案是基于华为云平台的一种虚拟桌面应用，通过在云平台

上部署华为桌面云软件，使终端用户通过瘦客户端或者其他设备来访问跨平台的整个用户桌面。华为 FusionCloud 桌面云解决方案如图 5-8 所示。

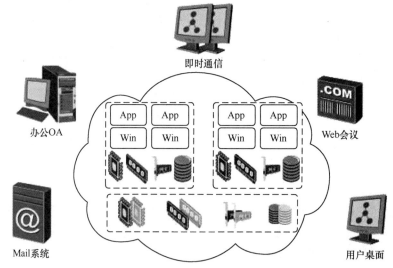

图 5-8　华为 FusionCloud 桌面云解决方案

华为 FusionCloud 桌面云解决方案重点解决传统 PC 办公模式给用户带来的如安全、投资、办公效率等方面的诸多挑战，适合金融、大中型企事业单位、政府、营业厅、医疗机构、军队或其他分散型办公单位。

（2）华为桌面云价值。

华为桌面云价值体现在以下几个方面。

① 数据上移，信息安全。

传统桌面环境下，由于用户数据都保存在本地 PC，因此内部泄密途径众多，且容易受到各种网络攻击，从而导致数据丢失。桌面云环境下，终端与数据分离，本地终端只是显示设备，无本地存储，所有的桌面数据都是集中存储在企业数据中心，无需担心企业的智力资产泄露。除此之外，TC 的认证接入、加密传输等安全机制，保证了桌面云系统的安全可靠。

② 高效维护，自动管控。

传统桌面系统故障率高，据统计，平均每 400 台 PC 就需要一名专职 IT 人员进行管理维护，且每台 PC 维护流程（故障申报→安排人员维护→故障定位→进行维护）需要 2～4 个小时。桌面云环境下，资源自动管控，维护方便简单，节省 IT 投资。

维护效率提升：桌面云不需要前端维护，强大的一键式维护工具让自助维护更加方便，提高了企业运营效率。使用桌面云后，每位 IT 人员可管理超过 2000 台虚拟桌面，维护效率提高 4 倍以上。

资源自动管控：白天可自动监控资源负载情况，保证物理服务器负载均衡；夜间可根据虚拟机资源占用情况，关闭不使用的物理服务器，节能降耗。

③ 应用上移，业务可靠。

传统桌面环境下，所有的业务和应用都在本地 PC 上进行处理，稳定性仅 99.5%，年宕机时间约 21 个小时。在桌面云中，所有的业务和应用都在数据中心进行处理，强大的机房保障系统能确保全局业务年度平均可用度达 99.9%，充分保障业务的连续性。各类应用的稳定运行，有效降低了办公环境的管理维护成本。

④ 无缝切换，移动办公。

传统桌面环境下，用户只能通过单一的专用设备访问其个性化桌面，这极大地限制了用户办公的灵活性。采用桌面云，由于数据和桌面都集中运行和保存在数据中心，用户可以不中断应用运行，实现无缝切换办公地点。

⑤ 降温去噪，绿色办公。

节能、无噪的 TC 部署，有效解决密集办公环境的温度和噪音问题。TC 让办公室噪音从 50dB 降低到 10dB，办公环境变得更加安静。TC 和液晶显示器的总功耗为 60W 左右，终端低能耗可以有效减少降温费用。

⑥ 资源弹性，复用共享。

资源弹性：桌面云环境下，所有资源都集中在数据中心，可实现资源的集中管控，弹性调度。

资源利用率提高：资源的集中共享，提高了资源利用率。传统 PC 的 CPU 平均利用率为 5%～20%，桌面云环境下，云数据中心的 CPU 利用率可控制在 60%左右，整体资源利用率提升。

⑦ 安装便捷，部署快速。

相比于其他桌面云解决方案，华为 FusionCloud 桌面云解决方案具有安装便捷、部署快速的特点。华为 FusionCloud 桌面云解决方案一体机部署模式可以实现把部分虚拟化软件预安装到服务器上。到用户现场后，只需服务器上电，进行桌面云软件的向导式安装，接通网络并进行相关业务配置即可进行业务发放，大幅度提高了部署效率。

（3）华为桌面云特点。

华为桌面云特点如下。

① 端到端高安全性。

华为桌面接入协议高安全性设计，支持多种虚拟桌面安全认证方式，支持与主流安全行业数字证书认证系统对接，管理系统三员分立，分权分域管理。

② 完善的可靠性设计。

支持桌面管理软件 HA（High Availability System），支持虚拟桌面管理系统状态监控，虚拟桌面连接高可靠性设计，支持数据存储多重备份。

③ 优异的用户体验。

文字图像无损压缩，虚拟桌面高清显示；音频场景智能识别，语音高音质体验；虚拟桌面视频帧率自适应调整，视频流畅播放。

④ 高效的管理维护。

支持 Web 模式远程维护管理，支持虚拟桌面定时批量维护，支持软硬件统一管理，统一告警，支持完善的系列化系统规划与维护工具。

3．华为 FusionCloud 桌面云体系架构

（1）逻辑架构。

华为 FusionCloud 桌面云解决方案逻辑架构如图 5-9 所示。

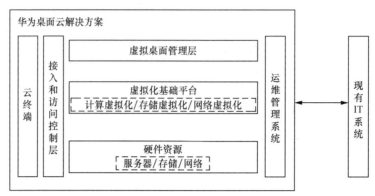

图5-9 华为FusionCloud桌面云解决方案逻辑架构图

华为FusionCloud桌面云解决方案逻辑各组成部分及其功能介绍如表5-5所示。

表5-5 华为FusionCloud桌面云解决方案逻辑组成

序号	逻辑划分	功能
1	硬件资源	提供部署桌面云系统相关的硬件基础设施，包括服务器、存储设备、交换设备、机柜、安全设备、配电设备等
2	虚拟化基础平台	根据虚拟桌面对资源的需求，把桌面云中各种物理资源虚拟化成多种虚拟资源，包括计算虚拟化、存储虚拟化和网络虚拟化 虚拟化基础平台包含资源管理和资源调度两部分：云资源管理指桌面云系统对用户虚拟桌面资源的管理，可管理的资源包括计算、存储和网络资源等；云资源调度指桌面云系统根据运行情况，将虚拟桌面从一个物理资源迁移到另一个物理资源的过程
3	虚拟桌面管理层	负责对虚拟桌面使用者的权限进行认证，保证虚拟桌面的使用安全，并对系统中所有虚拟桌面的会话进行管理
4	接入和访问控制层	用于对终端的接入访问进行有效控制，包括接入网关、防火墙、负载均衡器等设备
5	运维管理系统	运维管理系统包含业务运营管理和OM管理两部分：业务运营管理完成桌面云的开户、销户等业务办理过程；OM管理完成对桌面云系统各种资源的操作维护功能
6	云终端	用于访问虚拟桌面的特定的终端设备，包括瘦客户端、软终端、移动终端等

现有IT系统指已部署在现有网络中且与桌面云有集成需求的企业IT系统，包括AD（Active Directory）、DHCP（Dynamic Host Configuration Protocol）、DNS（Domain Name Server）等。

（2）物理拓扑。

华为桌面云解决方案采用IDCU机柜放置各物理组件，包括服务器、存储系统和各种网络设备，其物理拓扑如图5-10所示。

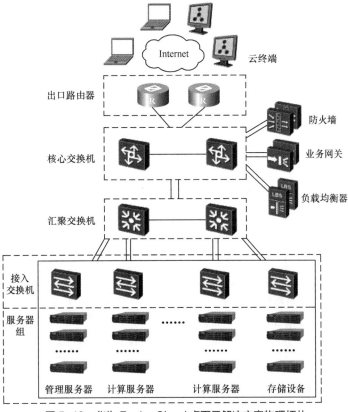

图 5-10 华为 FusionCloud 桌面云解决方案物理拓扑

华为 FusionCloud 桌面云解决方案物理拓扑中各物理组件类型和功能如表 5-6 所示。

表 5-6 华为 FusionCloud 桌面云解决方案硬件列表

序号	硬件类型	子 类	可 选 型 号	功 能
1	服务器	计算服务器	E9000	用于提供虚拟机计算资源
		管理服务器	E6000 V2 RH2288H V2	用于负责整个数据中心的资源管理和调度
2	存储设备	SAN	SAN 存储。主推：华为 OceanStor 5300 V3/5500 V3 存储	为虚拟机提供存储资源
3	LAN 交换机	接入层交换机	电信运营商用户：S3328TP-EI、S5352C-EI、S5328C-EI 企业用户：S3728TP-EI、S5752C-EI S5728C-EI	负责本机柜内部的服务器接入
		汇聚层交换机	电信运营商用户：S6300 企业用户：S6700	完成本数据中心内各接入层交换机的流量汇聚，与核心层交换机通过三层互通，对接入层交换机提供二层接入功能

序号	硬件类型	子类	可选型号	功能
4	负载均衡	—	SVN 5880-C	可选部件，为用户提供接入负载均衡、安全网关接入功能 支持部署软件实现的负载均衡 vLB 桌面用户小规模场景下支持部署软件实现的安全网关 vAG
5	终端	TC	CT3100、CT5100、CT6100、朝歌 S-Box8V40	瘦客户端，用于登录虚拟桌面
		移动客户端	iOS 和 Android 客户端	用于移动智能终端登录虚拟桌面
		SC	—	软终端，用于登录虚拟桌面

说明

- 硬件设备的可选型号基于华为产品提供。
- 电信运营商用户和企业用户使用的交换机对应关系：S3328 对应 S3728，S5328 对应 S5728，S5352 对应 S5752，S6300 对应 S6700。

（3）软件架构。

华为桌面云解决方案软件架构如图 5-11 所示。

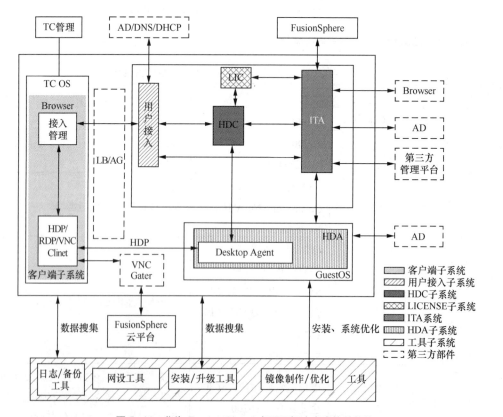

图 5-11 华为 FusionCloud 桌面云解决方案软件架构

华为桌面云解决方案软件架构涉及的内部子系统各组件如表 5-7 所示。

表 5-7　华为 FusionCloud 桌面云解决方案软件架构部件（内部子系统）

序号	子系统名称	功　　能
1	客户端子系统	运行于瘦终端操作系统或 Windows 操作系统软件部件，完成如下功能 ● 获取用户所需的虚拟机列表以及桌面协议客户端模块 ● 远程连接 HDP Server，和 HDP Server 配合提供用户桌面的显示输出、键盘鼠标输入、双向音视频功能 ● 通过接入网关代理访问对应的桌面/应用，与桌面接入网关之间采用 SSL 加密进行信息传递 ● 可以通过策略开放或者禁止 TC/SC USB、打印机、摄像头外设至虚拟机的重新定向 ● HDP Client 内嵌了 VNC 协议客户端，可以通过 VNC 协议实现虚拟机控制台的"带外"接入 ● 接入控制：运行于浏览器终端页面以及插件
2	接入子系统	提供用户登录桌面云系统的入口，提供如下功能 ● 用户访问桌面云系统的统一入口，提供用户登录系统的界面，并配合完成用户登录的 SSO 功能 ● 提供给用户自助虚拟机电源管理功能 ● 提供个性化 Portal 界面选择 ● 支持多种鉴权方式：用户名密码、智能卡、指纹、动态口令 ● 支持多套连接代理，实现系统的横向扩展 ● 未来可扩展支持桌面应用的发布
3	HDC 子系统	维护虚拟机与用户之间的绑定关系，供用户登录认证、桌面分配，同时接收 VM 的注册、状态上报、心跳等请求，并提供用户登录相关信息的统计与维护等功能
4	LIC	提供软件 License 控制功能
5	ITA	对外提供桌面云系统的管理界面，并提供虚拟机生命周期管理、电源管理、桌面组管理、用户桌面分配管理、协议策略管理以及系统的操作维护功能，包括配置、监控、统计、告警、管理员用户账号管理等
6	HDA 子系统	运行于桌面操作系统内的协议代理，包括 Desktop Agent 模块：向管理系统注册、报告状态，获取运行所需的策略，完成远程桌面代理连接功能
7	工具子系统	解决方案配套的工具软件，包括日志、备份数据搜集工具、虚拟机模板制作工具、安装/升级工具、网络设计工具等

华为桌面云解决方案软件架构涉及的外部部件如表 5-8 所示。

表 5-8　华为 FusionCloud 桌面云解决方案软件架构部件（系统外部件）

序号	系统外部件	功　能
1	FusionSphere	云操作系统，采取各种节能策略进行高性能的虚拟资源调度以及用户 OS 的调度，包括 FusionCompute 组件（统一虚拟化平台，提供对硬件资源的虚拟化能力） 云管理子系统，实现全系统硬件和软件资源的操作维护管理、用户业务的自动化运维，包括 FusionManager 组件
2	TC 管理	TC 管理组件，提供 TC 的配置、监控、升级等功能
3	LB/AG	对 WI 节点提供负载均衡（SVN/vLB） 对桌面、应用提供 SSL 加密功能（SVN/vAG）
4	AD/DNS/DHCP	AD 域控用于用户登录鉴权，为可选部件。5.1 版本支持无 AD 域桌面系统 DNS 用于 IP 地址与域名的解析 DHCP 用于为虚拟桌面分配 IP 地址

4．华为桌面云技术规格

（1）系统容量指标。

FusionAccess 管理容量指标如表 5-9 所示。

表 5-9　FusionAccess 管理容量指标

序号	FusionAccess 管理容量指标	参数值（参考架构）	参数值（一体机）
1	单套 FusionAccess 支持最大用户数	20 000	5 000
2	单套 FusionAccess 支持最大 HDC（桌面控制器）数量	16	16
3	单个 HDC 支持最大用户数	5 000	5 000
4	单个 HDC 支持最大并发登录用户数	10 用户/秒	10 用户/秒
5	单套 FusionAccess 支持桌面组个数	600	600
6	单个桌面组支持 VM 的个数	600	600
7	单链接克隆母卷支持最大克隆卷数量	128	128
8	单 GPU 硬件虚拟化的虚拟机数量（Nvidia Grid K1）	4 个 pGPU/32 个 vGPU	4 个 pGPU/32 个 vGPU
9	单 GPU 硬件虚拟化的虚拟机数量（Nvidia Grid K2）	2 个 pGPU/16 个 vGPU	2 个 pGPU/16 个 vGPU
10	单服务器 50 个全内存 VM 并发启动时间	< 5 分钟	< 5 分钟

说明

- Nvidia Grid K1 显卡主要用于中低端制图场景。
- Nvidia Grid K2 显卡主要用于高端或者中端制图场景。
- 全内存虚拟机适用于 CompactVDI 和参考架构桌面云形态，一体机暂不支持。
- 华为 FusionCloud 桌面云解决方案是基于华为云平台的一种虚拟桌面应用，FusionAccess 是华为桌面云解决方案的桌面管理系统。

（2）虚拟桌面规格指标。

虚拟桌面关键指标如表 5-10 所示。

表 5-10 虚拟桌面关键指标

序号	虚拟桌面指标	参 数 值
1	支持操作系统类型	Windows XP 32bit Windows 7 32bit/64bit Windows 8.1 32bit/64bit Windows Server 2008 R2 标准版、企业版、数据中心版
2	单个虚拟机支持的 vCPU 数量	1 ~ 64 个
3	单个虚拟机支持的内存容量	1 ~ 4GB（32bit） 1 ~ 512GB（64bit）
4	单个虚拟机支持的虚拟网卡数量	1 ~ 12 个
5	单个虚拟机支持的挂载卷数量	1 ~ 11 个（至少一个系统卷）
6	系统盘容量	5GB ~ 2TB
7	用户盘容量	1GB ~ 2TB
8	桌面颜色深度	24 位/32 位
9	最大分辨率	2 560 × 1 600

5.4.2　体验升腾云桌面

1．升腾资讯有限公司简介

升腾资讯有限公司（http://www.centerm.com/index.aspx）为上市企业星网锐捷通讯股份有限公司控股的核心子公司，亚太领先的云终端、瘦客户机、支付 POS 及"桌面云"整体解决方案供应商，桌面云及端末信息化时代的重要领导者。该公司多年来秉承"创新升华价值，诚信腾飞事业"的经营理念，将"自主研发实力"作为企业发展的基石，拥有福州、成都、武汉、上海和厦门 5 个研究机构及 600 余位名具有丰富经验的研发人员，构成了一支享誉业内的高素质研发团队。此外公司在完善自身的同时，与 VMware、Citrix、华为、Microsoft、Intel 等知名 IT 巨头建立全方位、深层次的合作，将国际最先进的 IT 技术与端末应用无缝接轨，为用户提供完善的整体解决方案。

升腾资讯多年来基于用户需求持续创新，现已拥有包括云终端、瘦客户机、支付 POS、智能机具产品、桌面管理软件、行业 Pad 在内的多条产品线，其产品与解决方案被广泛应用于全球 40 多个国家的金融、保险、通信、政府、教育、企业等信息化建设领域，受到行业用户的广泛认可。未来，升腾还将继续专注于桌面云和云支付两大嵌入式领域，致力于提供全面适用的整体化解决方案，为用户提供便利。

2．升腾 VOI 桌面简介

（1）升腾 VOI 桌面介绍。

升腾 VOI 桌面是基于 VOI 虚拟操作系统架构的桌面方案产品。VOI 桌面虚拟化将分散的终端软资源（含操作系统、用户应用策略、应用软件、用户数据）集中地在服务器管理，进行有效的组织、安全的存储、弹性的分配，并充分利用本地终端硬件资源。同时通过虚拟操作系统上的管控程序还可以进行终端行为管理，从而实现终端客户机全面防护和统一管理。

升腾 VOI 桌面方案既具有 VDI 桌面虚拟化的管理统一性，又具有传统 PC 无盘模式的高性能和高兼容性。

（2）方案原则。

为保证方案能够最终达到学校桌面业务安全可用可靠的相关要求，在设计方案时遵循如下的设计原则。

- 方案先进原则。学校信息化办公环境的终端桌面管理系统要求功能完善、技术先进、安全可靠、服务领先。
- 系统安全原则。终端桌面管理系统自身安全包括物理安全、系统安全、数据安全和运行安全等。
- 可扩展原则。统一规划，兼顾长远，既要满足现有的需求，又要兼顾系统的可扩展性，保证分布实施的延续性。系统在结构、规模、应用能力等各个方面都必须具备很强的扩展能力。
- 按照 GB17859—1999《计算机信息系统安全保护等级划分准则》的要求建设。
- 可靠性原则。执行 ISO9002 质量认证体系要求，确保安全保密设备的高可靠性和稳定性。
- 经济性原则。设备系统管理系统的建设、运行维护以及将来的扩展建设，必须符合经济性原则。
- 易操作原则。终端桌面管理系统的使用、维护、管理、发行等方面要易操作。
- 高效原则。终端桌面管理系统的处理能力要求能满足现阶段的实际需求，保证系统的高效运行，并能根据系统的发展进行不断提升。
- 功能完整原则。终端桌面管理系统的功能完整，应用安全扩展系统功能完整。
- 灵活性原则。终端桌面管理的系统扩展、应用安全建设方面都必须满足灵活性要求。

（3）方案目标。

学校对教师 OA 办公桌面、信息化教室、计算机机房实现统一、集中的管理，并最大可能地保护其办公网络和系统资源与数据可以得到充分的信任，获得良好的管理。同时，要保持终端用户原有的使用习惯，保证良好的用户体验。

本项目的总体目标是在不影响学校信息化办公、教学、网络正常工作的前提下，从虚拟安全、桌面管理等多个角度构建一套完整的应急终端系统管理体系，实现对学校终端桌面业务的全面和有效管理，最终达到学校终端桌面管理的相关要求。主要达到以下目标。

- 提供充分满足教师 OA 办公、信息化教室、计算机机房的多任务桌面环境。
- 实现网络及系统的简便、有效管理。
- 实现对桌面操作系统补丁与病毒库的快速升级。
- 保护桌面系统的可用性。
- 防范入侵者的恶意攻击与破坏。
- 防范病毒的侵害。
- 保持良好的用户体验。
- 兼容所有外设和校园网的业务系统。

3. 升腾 VOI 桌面解决方案

（1）升腾 VOI 桌面方案组件介绍。

升腾 VOI 桌面方案采用软件和硬件集成化设计,由升腾瘦客户机、VOI 服务器、升腾 VOI 虚拟终端管理系统以及 Microsoft 文件服务角色组件组成。

① 瘦客户机。

升腾 VOI 解决方案采用集中管理、分布式计算构建新型的中小企业云计算应用模式,充分利用瘦客户机本地运算能力,带来更强的性能、兼容性和稳定性。

同时瘦客户机在操作上与 PC 操作方式完全一致,不给使用者带来任何使用上的差异,让使用者从 PC 到瘦客户机的使用习惯过渡更平滑。

② VOI 服务器。

VOI 服务器提供了升腾 VOI 虚拟终端管理系统运行的基础硬件平台,升腾服务器基于 Intel 第四代 Xeon 核心 CPU 的平台设计,采用了工业级的设计等级,保证了服务器性能的可靠与稳定。

③ 升腾 VOI 虚拟终端管理系统。

升腾 VOI 虚拟终端管理系统采用先进的虚拟终端系统管理技术,将操作系统、应用、存储虚拟化,统一管理瘦客户机系统镜像,并按需分发给各个瘦客户机。

④ Microsoft 文件服务角色组件。

Microsoft 文件服务是基于 Windows Server 操作系统的组件角色,在各行业应用广泛。Microsoft 文件服务支持用户桌面密码登录后自动连接,支持内网服务器的数据互备,支持备份分支地区服务器数据,支持用户访问权限划分,支持用户空间配额管理,支持用户存储文件的格式过滤,支持服务端存储文件集中杀毒等功能。

(2)升腾 VOI 桌面架构设计。

① 环境拓扑。

升腾 VOI 桌面解决方案的拓扑结构如图 5-12 所示。

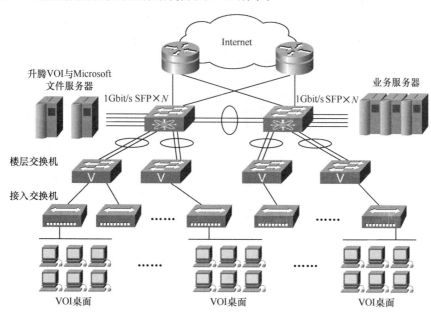

图 5-12　升腾 VOI 桌面解决方案的拓扑结构

② 个人数据重定向。

默认情况下,升腾 VOI 桌面解决方案中的操作系统用户的我的文档、桌面、Application

Data、收藏夹等均位于"C:\Documents and Settings\用户名"下面。通过注册表与系统组策略的配置，把上述的一些数据重定向到不还原的 D 盘。依靠系统 C 盘与用户数据的分离的技术，使得 VOI 服务器可以批量升级用户桌面程序、系统补丁和病毒库而不会影响用户的数据。升腾 VOI 桌面解决方案个人数据重定向如图 5-13 所示。

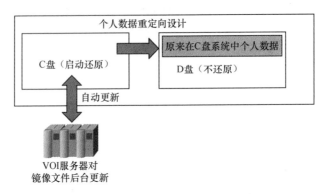

图 5-13　升腾 VOI 桌面解决方案个人数据重定向

③ 桌面架构、数据架构和权限架构。

在升腾 VOI 桌面解决方案中采用了桌面架构、数据架构和权限架构的分层设计模式，如图 5-14 所示。这种设计模式不仅利于简化 IT 环境，同时也利于 IT 环境扩展。

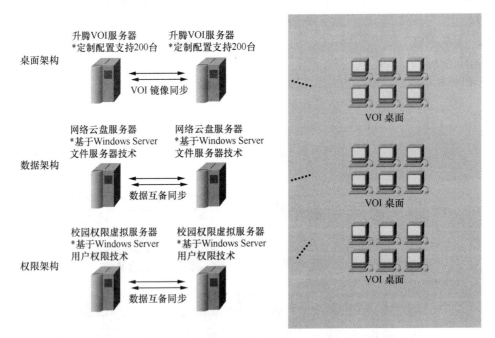

图 5-14　升腾 VOI 桌面解决方案之桌面架构、数据架构和权限架构

（3）瘦客户机硬件配置推荐。

升腾 VOI 桌面解决方案采用 Intel CPU 架构平台设计的升腾瘦客户机，配备高速的固态硬盘的升腾服务器以及 4GB 大容量的内存，保障教师 OA 办公桌面、信息化教室、计算机机房运行可靠。升腾 VOI 桌面解决方案瘦客户机硬件配置推荐如表 5-11 所示。

表 5-11 升腾 VOI 桌面解决方案瘦客户机硬件配置推荐

序号	参数类别	AI945-E	D610
1	体型	分体机	分体机
2	支持操作系统	Windows 7 & Windows XP & Linux，默认 Linux 系统	Windows 7 & Linux
3	CPU	Intel 1037U 1.8GHz 双核	Intel J1800 2.41GHz 双核
4	内存	4GB DDR3	4GB DDR3
5	存储器	320GB SATA 硬盘	—
6	网络接口	1 个 千兆（RJ45）	1 个 千兆（RJ45）
7	USB 接口	6 个	6 个
8	显示接口	1 个 VGA、1 个 HDMI	1 个 DVI，扩展支持 DVI 与 VGA 双显示
9	尺寸	204mm×55mm×252mm（不含底座）	206mm×83mm×223mm（含底座）
10	功耗	≤35W	≤15W

（4）服务器硬件配置推荐。

升腾 VOI 桌面解决方案 300 个点可采用 4 台升腾服务器，实现 VOI 桌面镜像管理应用以及文件服务存储。升腾 VOI 桌面解决方案服务器硬件配置推荐如表 5-12 所示。

表 5-12 升腾 VOI 桌面解决方案服务器硬件配置推荐

服务器配置搭载 80 台终端	类型：机架式 1U
	CPU：Intel Xeon 物理四核 3.0GHz 以上，单路配置
	内存：DDR3 8GB
	硬盘 1：SSD 160GB
	硬盘 2：HDD 机械 1TB
	硬盘 3：HDD 机械 1TB
	硬盘 4：HDD 机械 4TB
	网卡：千兆×2
	操作系统预装：无
	服务：3 年服务

（5）升腾 VOI 方案应用优势。

部署升腾 VOI 解决方案后，其快速部署和弹性分配的云桌面特性拥有传统 PC 无可比拟的优势。

- 教育虚拟化、大数据潮流。方案本身采用磁盘虚拟化+应用虚拟化技术，实现了数据集中化需求的同时采用了现今最前沿的虚拟化技术。
- 一键式的故障恢复机制。在实际使用中，因误操作而造成系统崩溃，或因多软件、多版本之间冲突而造成终端蓝屏、死机现象时有发生。升腾 VOI 解决方案采用虚拟化技术，将操作系统和所有服务都集中在服务器上，不论客户端操作系统因何种原因（如软件版本冲突或误操作等）出现故障，均可通过重新启动而瞬间得到恢复。
- 多终端硬件类型的全面支持。对于终端在硬件上的差异，系统能通过配置进行自适配，这样可充分利用原有设备。
- 更高的信息安全防护体系。传统的终端模式往往会存在病毒感染、硬件损坏而造成数据丢失等一系列安全问题，而采用虚拟化技术的升腾 VOI 解决方案，在启动时从虚拟磁盘进行引导，由系统服务器直接读取操作系统镜像文件，工作主机对系统的所有操作都处于虚拟环境下，管理员只需要加固服务器端便可确保整个网络的安全和稳定，从根源上保证了数据的安全性。
- 多服务器的统一配置管理，满足高性能要求。支持多服务器多平台的终端管理，可针对不同的生产任务指定专用的安全操作系统，并为多元化的操作系统在同一网络中的管理实现统一配置，支持服务器负载均衡，支持多集群的终端管理。
- 盘网双待的可靠性。升腾 VOI 解决方案基于独创的 DCSS 技术，无论是网络中断或者硬盘损坏，终端机器都可以继续运行，全面保障了生产业务的可靠性。
- 高效节能的绿色 IT。升腾 VOI 解决方案可使用超低功耗的瘦客户机，小巧轻便，性能卓越，耗电低至 20W，比传统 PC 节约 70% 的电力资源。
- 全面的管理功能。流量控制、外设控制、资产管理、ARP 防护、进程监控、屏幕截屏、上网记录等各项管理功能一应俱全。
- 集中式的分级管理，快捷高效。支持中心管理员对策略的集中管理与下发，可实现统一管理策略、各部门管理数据。

说明

- 编者所在单位（湖南铁道职业技术学院）实训中心使用的是升腾云桌面解决方案（共 300 个点）。
- 读者可通过互联网等途径进一步了解国内外厂商提供的云桌面解决方案。

【巩固与拓展】

一、知识巩固

1. 下列描述中，属于云桌面优势的有（　　　　）。

A. 工作桌面集中维护和部署，桌面服务能力和工作效率提高

B. 业务数据远程隔离，有效保护数据安全

C. 多终端多操作系统的接入，方便用户使用

D. 服务器硬件要求高，网络带宽属非稳定性需求

2. 桌面云除了用户可以随时随地访问桌面以外，还具有的重要的业务价值是（   ）。

A. 集中管理　　　　　　　　　B. 安全性高

C. 应用环保　　　　　　　　　D. 成本减少

3. 在云桌面系统中，可以作为访问终端设备的是（   ）。

A. 瘦客户机　　　　B. 移动设备　　　　C. 办公 PC　　　　D. 利旧 PC

4. 在典型的云桌面系统架构中，"桌面云管理平台"一般位于（   ）。

A. 访问层　　　　　B. 接入层　　　　　C. 控制层　　　　　D. 应用层

5. VDI 是指（   ）。

A. 虚拟桌面基础架构　　　　　B. 虚拟操作系统架构

C. 基于服务器计算　　　　　　D. 桌面即服务

6. 相对 VDI 来说，下列属于 VOI 优势的是（   ）。

A. 终端图形图像处理能力强

B. 完美支持远程部署及使用

C. 完美支持使用终端本地资源

D. 完美支持移动设备

7. 相对 SBC 来说，下列描述属于 VDI 优势的是（   ）。

A. 桌面交付兼容性高　　　　　B. 桌面安全隔离性高

C. 用户支持扩展性高　　　　　D. 方案实施复杂度低

8. 下列桌面显示协议中，Microsoft 支持最好的是（   ）。

A. PCoIP　　　　　B. RDP　　　　　C. SPICE　　　　D. ICA

9. FusionCloud 桌面云是（   ）提供的桌面云解决方案。

A. 华为　　　　　　B. 升腾　　　　　C. 深信服　　　　D. 中兴通讯

10. 云桌面的核心技术是（   ）。

A. 桌面虚拟化技术　　　　　　B. 管理和监控

C. 桌面显示协议　　　　　　　D. 用户个性化配置

二、拓展提升

1. 进一步理解云桌面的基本架构，请尝试通过 Microsoft PowerPoint 或 Microsoft Visio 绘制云桌面的系统架构示意图，并识别出主要组成部分及其功能。

2. 你所在单位（学校）是否正在使用云桌面解决方案？尝试了解解决方案提供商的信息，并了解所应用的云桌面解决方案。

3. 请通过互联网等途径进一步学习华为、升腾、中兴通讯等提供的云桌面解决方案，并根据你所在单位（学校）的实际情况，尝试提出简单的云桌面解决方案。

PART 6

第6章
云安全

　　本章将向读者介绍云安全相关技术、云安全架构以及典型的云安全解决方案，主要包括云安全的内涵、云安全与传统安全比较、云安全体系架构、云安全主要内容、长城网际云安全解决方案、蓝盾云安全解决方案和绿盟科技云安全解决方案。本章的学习要点如下。

（1）云安全的内涵。
（2）云安全体系架构。
（3）云安全主要内容。
（4）长城网际云安全解决方案。
（5）蓝盾云安全解决方案。
（6）绿盟科技云安全解决方案。

6.1　云安全概述

6.1.1　理解云安全的内涵

　　"云安全（Cloud security）"是继"云计算""云存储"之后出现的"云"技术的重要应用，是传统IT领域安全概念在云计算时代的延伸。云安全通常包括两个方面的内涵：一是云计算安全，即通过相关安全技术，形成安全解决方案，以保护云计算系统本身的安全；二是安全云，特指网络安全厂商构建的提供安全服务的云，让安全成为云计算的一种服务形式。

　　从云计算安全的内涵角度来说，"云安全"是网络时代信息安全的最新体现，云安全是指基于云计算商业模式应用，融合了并行处理、网格计算和未知病毒行为判断等新兴技术的安全软件、安全硬件和安全云平台等的总称。云安全主要体现为应用于云计算系统的各种安全技术和手段的融合。"云安全"是"云计算"技术的重要分支，并且已经在反病毒软件中取得了广泛的应用，发挥了良好的效果。

　　从安全云的内涵角度来说，"安全"也将逐步成为"云计算"的一种服式形式，主要体现为网络安全厂商基于云平台向用户提供各类安全服务。

　　2008年5月，趋势科技在美国正式推出了"云安全"技术，这是国内最早提出"云安全"的概念。"云安全"的概念在早期曾经引起过不小争议，现在已经被普遍接受。目前，我国网络安全企业在"云安全"的技术应用上走在世界前列。

6.1.2 比较云安全与传统安全

1．云安全与传统安全

随着传统环境向云计算环境的大规模迁移，云计算环境下的安全问题变得越来越重要。相对于传统安全，云计算的资源虚拟化、动态分配以及多租户、特权用户、服务外包等特性造成信任关系的建立、管理和维护更加困难，服务授权和访问控制变得更加复杂，网络边界变得模糊等问题让"云"面临更大的挑战，云的安全成为最为关注的问题。云安全与传统安全到底有什么区别和联系呢？传统安全与云安全的对比如图 6-1 所示。

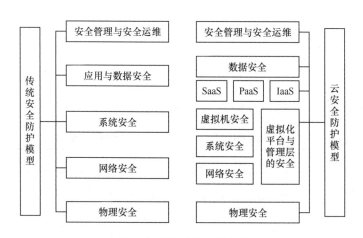

图 6-1 传统安全与云安全

云计算引入了虚拟化技术，改变了服务方式，但并没有颠覆传统的安全模式。从图 6-1 可以看出，传统安全和云安全的层次划分大体类似，在云计算环境下，由于虚拟化技术的引入，需要增加虚拟化安全的防护措施。而在基础层面上，仍然可依靠成熟的传统安全技术来提供安全防护。云计算安全和传统安全在安全目标、系统资源类型、基础安全技术方面是相同的，而云计算又有其特有的安全问题，主要包括虚拟化安全问题和与云计算服务模式相关的一些安全问题。大体上，我们可以把云安全看成传统安全的一个超集，或者换句话说，云安全是传统安全在云计算环境下的继承和发展。

传统安全和云安全相同之处如下。

（1）目标相同：都是为了保护信息、数据的安全和完整。

（2）保护对象相同：保护的对象均为系统中的用户、计算、网络、存储资源等。

（3）技术类似：包括加解密技术、安全检测技术等。

2．云计算面临威胁和挑战

2010 年，CSA（云安全联盟）与 HP 公司基于对 29 家企业、技术供应商和咨询公司的调查结果，共同列出了云计算当时面临的七大威胁（云安全重点风险域），具体如下。

- Threat 1：Abuse and Nefarious Use of Cloud Computing（云计算的滥用、拒绝服务攻击）
- Threat 2：Insecure Interfaces and APIs（不安全的 API）
- Threat 3：Malicious Insiders（内部人员的恶意操作）
- Threat4：Shared Technology Issues（共享技术漏洞）
- Threat 5：Data Loss or Leakage（数据丢失/泄露）
- Threat 6：Ac_countor Service Hijacking（账号、服务和通信劫持）

● Threat 7：Unknown Risk Profile（未知的风险场景）

2013 年在美国旧金山举行的 RSA 大会上，CSA 提出了"2013 年云计算的九大威胁"，排序如下。

● 数据泄露
● 数据丢失
● 账户劫持
● 不安全的 API
● 拒绝服务攻击
● 内部人员的恶意操作
● 云计算服务的滥用
● 云服务规划不合理
● 共享技术漏洞

2016 年，CSA 再次列出了 2016 年"十二大云安全威胁"，如表 6-1 所示。

表 6-1　CSA 列出的 2016 年"十二大云安全威胁"

序号	威胁名称	描　述	CSA 建议
1	威胁 No.1：数据泄露	由于有大量数据(财务信息、健康信息、商业机密和知识产权等)，云服务提供商便成为了黑客攻击的目标	云服务提供商部署安全控制措施保护云环境；使用云服务的企业采用多因子身份验证和加密措施来防护数据泄露
2	威胁 No.2：凭证被盗和身份验证如同虚设	数据泄露和其他攻击通常都是身份验证不严格、弱密码横行、密钥或凭证管理松散的结果。将凭证和密钥嵌入到源代码里，并留在面向公众的代码库（如 GitHub）中，也是很多开发者常犯的错误	密钥应当妥善保管，防护良好的公钥基础设施是必要的；密钥和凭证还应当定期更换；采用多因子身份验证系统（如一次性密码、基于手机的身份验证、智能卡等）
3	威胁 No.3：界面和 API 被黑	现在每个云服务和云应用都提供 API，服务开通、管理、配置和监测都可以借由这些界面和接口完成，由于 API 和界面通常都可以从公网访问，因此 API 和界面就成为了系统最暴露的部分；弱界面和有漏洞的 API 将使企业面临很多安全问题，机密性、完整性、可用性和可靠性都会受到考验	对 API 和界面引入足够的安全控制（如"第一线防护和检测"等）；专注于安全的代码审查和严格的渗透测试
4	威胁 No.4：系统漏洞利用	随着云计算中多租户的出现，系统漏洞或者程序中可供利用的漏洞的问题增大；公司企业共享内存、数据库和其他资源，催生出了新的利用漏洞的攻击方式	针对系统漏洞的攻击，采用"基本的 IT 过程"应对：定期漏洞扫描、及时补丁管理和紧跟系统威胁报告；变更处理紧急修复的控制流程，确保修复活动被恰当地记录下来，并由技术团队进行审核

序号	威胁名称	描 述	CSA 建议
5	威胁 No.5：账户劫持	云服务的出现为网络钓鱼、诈骗、软件漏洞类威胁增加了新的维度；攻击者可以利用云服务窃听用户活动、操纵交易、修改数据，甚至利用云应用发起其他攻击	常见的深度防护保护策略能够控制数据泄露引发的破坏；企业应禁止在用户和服务间共享账户凭证，还应在可用的地方启用多因子身份验证方案；用户账户（甚至是服务账户）都应该受到监管
6	威胁 No.6：恶意内部人士	恶意满满的内部人员可以破坏掉整个基础设施，或者操作篡改数据；安全性完全依赖于云服务提供商的系统，比如加密系统，是风险最大的	企业内部加强控制加密过程和密钥，分离职责，最小化用户权限；管理员活动的有效日志记录、监测和审计也非常重要
7	威胁 No.7：APT（高级持续性威胁）寄生虫	APT 通常在整个网络内逡巡，混入正常流量中，导致它们很难被侦测到；常见的切入点包括：鱼叉式网络钓鱼、直接攻击、U 盘预载恶意软件和通过已经被黑的第三方网络	企业培训用户识别各种网络钓鱼技巧，IT 部门需要紧跟最新的高级攻击方式，定期强化培训能使用户保持警惕；主要云提供商采用高级技术阻止 APT 渗透进基础设施，用户要勤于检测云账户中的 APT 活动
8	威胁 No.8：永久的数据丢失	恶意黑客会用永久删除云端数据来危害企业；而且云数据中心和其他任何设施一样对自然灾害无能为力	云服务用户多地分布式部署数据和应用以增强防护；日常数据备份和离线存储在云环境下依然重要；用户在上传到云端之前先把数据加密，并保护好密钥
9	威胁 No.9：调查不足	公司是否迁移到云环境，是否与另一家公司在云端合作，都需要进行尽职调查；没能仔细审查合同的企业，可能就不会注意到提供商在数据丢失或泄露时的责任条款	企业每订阅任何一个云服务，都必须进行全面细致的尽职调查，弄清承担的风险
10	威胁 No.10：云服务滥用	云服务可能被用于支持违法活动（如利用云计算资源破解密钥、发起分布式拒绝服务（DDoS）攻击、发送垃圾邮件和钓鱼邮件、托管恶意内容等）	提供商要能识别出滥用类型（如通过检查流量来识别出 DDoS 攻击等），还要为用户提供监测他们云环境健康的工具；用户要确保提供商拥有滥用报告机制
11	威胁 No.11：拒绝服务（DoS）攻击	云计算环境下的 DoS 攻击会导致系统响应大幅拖慢甚至直接超时，能给攻击者带来很好的攻击效果；高流量的 DDoS 攻击如今更为常见，非对称的、应用级的 DoS 攻击也经常存在	云服务提供商在攻击发生前要有防范计划

序号	威胁名称	描　述	CSA 建议
12	威胁 No.12：共享技术，共享危险	云服务提供商共享基础设施、平台和应用，其中任何一个层级出现漏洞，每个人都会受到影响；一个漏洞或错误配置就能导致整个提供商的云环境遭到破坏；若一个内部组件（如一个管理程序、一个共享平台组件、一个应用吧等）被攻破，整个环境都会面临潜在的宕机或数据泄露风险	采用深度防御策略，包括在所有托管主机上应用多因子身份验证，启用基于主机和基于网络的入侵检测系统，应用最小特权、网络分段概念，实行共享资源补丁策略等

综合网络安全行业的各类分析报告及云计算安全的现实情况，云计算安全面临的挑战主要来源于技术、管理和法律风险 3 个方面，具体如下。

- 数据集中。聚集的用户、应用和数据资源更方便黑客发动集中的攻击，事故一旦产生，影响范围广、后果严重。
- 防护机制。传统基于物理安全边界的防护机制在云计算的环境难以得到有效的应用。
- 业务模式。基于云的业务模式给数据安全的保护提出了更高的要求。
- 系统复杂。云计算的系统非常大，发生故障的时候要进行快速定位的挑战也很大。
- 开放接口。云计算的开放性对接口安全提出了新的要求。
- 管理方面。在管理方面，云计算数据的管理权和所有权是分离的，需要不断完善使用企业和云服务提供商之间运营管理、安全管理等方面的措施。
- 法律方面。法律方面主要是地域性的问题，如云信息安全监管、隐私保护等方面可能存在法律风险。

6.2　云安全体系架构与主要技术

6.2.1　剖析云安全体系架构

1．云计算安全参考模型

云计算应用安全研究目前还处于起步阶段，业界尚未形成相关标准，目前主要的研究组织包括云安全联盟、CAM 等。CSA 在 2009 年 12 月 17 日发布的《云计算安全指南》，着重总结了云计算的技术架构模型、安全控制模型以及相关合规模型之间的映射关系，从云计算用户角度阐述了可能存在的商业隐患、安全威胁以及推荐采取的安全措施。许多云服务提供商（如 Amazon、IBM、Microsoft 等）也纷纷提出并部署了相应的云计算安全解决方案，主要通过采用身份认证、安全审查、数据加密、系统冗余等技术及管理手段来提高云计算业务平台的健壮性、服务连续性和用户数据的安全性。

在云服务体系架构中，IaaS 是所有云服务的基础，PaaS 一般建立在 IaaS 之上，而 SaaS 一般又建立在 PaaS 之上，云计算模型之间的关系和依赖性对于理解云计算的安全非常关键。从 IT 网络和安全专业人士的视角出发，可以用统一分类的一组公用的、简洁的词汇来描述云计算对安全架构的影响，在这个统一分类的方法中，云服务和架构可以被解构，也可以被映射到某个包括安全、可操作控制、风险评估和管理框架等诸多要素的补偿模型中去，进而符合规性标准。云安全联盟提出的云计算安全参考模型如图 6-2 所示。

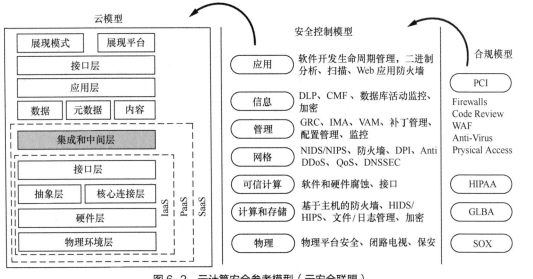

图 6-2　云计算安全参考模型（云安全联盟）

云计算安全参考模型描述了合规模型、安全控制模型和云模型之间的关系，也详细地描述了云模型中 IaaS、PaaS 和 SaaS 之间的关系。如图 6-2 所示，IaaS 涵盖了从机房设备到硬件平台等所有的基础设施资源层面。PaaS 位于 IaaS 之上，增加了一个层面用以与应用开发、中间件能力以及数据库、消息和队列等功能集成。SaaS 位于底层的 IaaS 和 PaaS 之上，能够提供独立的运行环境，用以交付完整的用户体验，包括内容、展现、应用和管理能力。

　　IaaS 为上层云应用提供安全的数据存储、计算等 IT 资源服务，是整个云计算体系安全的基石。这里的安全性包含两个层面的含义：一是抵挡来自外部黑客的安全攻击的能力；二是证明自己无法破坏用户数据与应用的能力。一方面，云平台应分析传统计算平台面临的安全问题，采取全面严密的安全措施。例如，在物理层考虑厂房安全，在存储层考虑完整性和文件/日志管理、数据加密、备份、灾难恢复等，在网络层应当考虑 DoS、DNS 安全、数据传输机密性等，系统层则应涵盖虚拟机安全、系统用户身份管理等安全问题，数据层包括数据库安全、数据的隐私性与访问控制、数据备份等，而应用层应考虑程序完整性检验与漏洞管理等。另一方面，云平台应向用户证明自己具备某种程度的数据隐私保护能力。IaaS 采用大量的虚拟化技术，因此，虚拟化软件安全、虚拟化服务器安全是其面临的主要风险。在 IaaS 中，服务提供商负责提供基础设施和抽象层的安全保护，而其他安全职责则主要由用户承担。

　　PaaS 位于云服务的中间，自然起到的是承上启下的作用，既依靠 IaaS 平台提供的资源，同时又为上层 SaaS 提供应用平台。PaaS 为各类云应用提供共性信息安全服务，是支撑云应用满足用户安全目标的重要手段。其中比较典型的几类云安全服务包括两方面：一方面是云用户身份管理服务，主要涉及身份的供应、注销以及身份认证过程。在云环境下，实现身份联合和单点登录可以支持云中合作企业之间更加方便地共享用户身份信息和认证服务，并减少重复认证带来的运行开销。另一方面是云访问控制服务。云访问控制服务的实现依赖于如何妥善地将传统的访问控制模型（如基于角色的访问控制、基于属性的访问控制模型以及强制/自主访问控制模型等）和各种授权策略语言标准（如 XACML、SAML 等）扩展后移植入云环境。此外，鉴于云中各企业组织提供的资源服务兼容性和可组合性的日益提高，组合授权问题也是云访问控制服务安全框架需要考虑的重要问题。PaaS 面临的主要安全风险是分布式文件和数据库安全以及用户接口和应用安全。在 PaaS 中，服务提供商负责平台自身的安全保护，而平台应用和应用开发的安全性则由用户负责。

SaaS 与用户的需求紧密结合，安全云服务种类繁多。典型的如 DDoS 攻击防护云服务、Botnet 检测与监控云服务、云网页过滤与杀毒应用、内容安全云服务、安全事件监控与预警云服务、云垃圾邮件过滤及防治等。SaaS 位于云服务的最顶层，大量的用户共用一个软件平台必然带来数据、应用的安全问题。多租户技术是解决这一问题的关键，但是也存在着数据隔离、用户化配制方面的问题。服务提供商对 SaaS 层的安全承担主要责任。

云安全架构的一个关键特点是云服务提供商所在的等级越低，云服务用户自己所要承担的安全能力和管理职责就越多。

2．云计算安全模型分析

安全厂商可以基于 CSA 提出的云计算安全模型，提出独具特色的云安全解决方案。图 6-3 为国内厂商提出的一种典型的云安全架构。

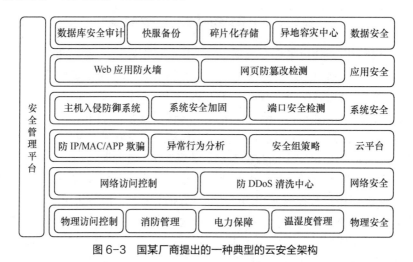

图 6-3　国某厂商提出的一种典型的云安全架构

图 6-3 所示的云安全架构涉及的主要项目、描述及主要措施如表 6-2 所示。

表 6-2　云安全架构描述

序号	项目	描　　述	主 要 措 施
1	物理安全	主要包括物理设备的安全、网络环境的安全等，以保护云计算系统免受各种自然及人为的破坏	机房选址、防火、防雷、防盗、监控、防电磁泄漏、访问控制等
2	网络安全	主要包括网络架构、网络设备、安全设备方面的安全性，主要体现在网络拓扑安全、安全域的划分及边界防护、网络资源的访问控制、远程接入的安全、路由系统的安全、入侵检测的手段、网络设施防病毒等方面	安全域划分、安全边界防护、防火墙、入侵防范、恶意代码防范、DDoS 攻击防御系统、网络安全审计系统、防病毒网关、强身份认证等

序号	项目	描　述	主　要　措　施
3	主机安全	主机系统作为云计算平台海量信息存储、传输、应用处理的基础设施，数量众多，资产价值高，面临的安全风险极大，主要包括主机系统和数据库在安全配置、安全管理、安全防护措施等方面的漏洞和安全隐患	身份认证、访问控制、主机安全审计、HIDS、主机防病毒系统等
4	DNS防护	主要包括域名劫持、缓存投毒、DDoS 攻击、DNS欺骗等	防火墙、DNS 防护、安全审计
5	虚拟化安全	主要包括虚拟机共存问题、虚拟机的动态迁移带来的安全问题、数据集中存储带来的新风险等	镜像加固、虚拟防火墙、虚拟镜像文件的加密存储、冗余保护、虚拟机的备份恢复等
6	运行安全	主要包括云计算系统运行过程中的组件更新、系统配置、安全管理等	补丁管理、配置管理、安全监控
7	接口安全	主要包括云计算系统内部组件之间以及云计算系统与外部系统之间的接口调用等	安全审计
8	应用安全	主要体现在Web安全上：一是Web应用本身的安全，即利用 Web 应用漏洞（如 SQL 注入、跨站脚本漏洞、目录遍历漏洞、敏感信息泄露等漏洞）获取用户信息、损害应用程序以及得到 Web 服务器的控制权限等；二是内容安全，即利用漏洞篡改网页内容，植入恶意代码，传播不正当内容等一系列问题	网页过滤、反间谍软件、邮件过滤、网页防篡改、Web应用防火墙、WAF、代码审计、安全开发、应用安全扫描、业务安全、账户及口令策略等
9	通信安全	主要包括云计算系统内部各子系统之间及各层次之间的数据交换，以及云计算系统与外部系统之间的数据交换、接口调用等	通信加密、SSL
10	云端数据安全	主要包括数据的创建、存储、使用、共享、归档、销毁等阶段的数据的保密性、完整性、可用性、真实性、授权、认证和不可抵赖性等	虚拟机间存储访问隔离、虚拟环境下的逻辑边界安全访问控制策略、虚拟机间的数据访问控制、数据信息加密处理等
11	云端管理安全	主要涉及安全管理机构和人员的设置、安全管理制度的建立以及人员安全管理技能等	用户管理、访问认证、安全审计、容灾备份机制
12	终端安全	主要包括病毒、蠕虫、木马、恶意代码攻击等	安全补丁、账户及口令策略、防病毒和防木马软件升级、安全审计

6.2.2　了解云安全主要内容

云安全包含的内容与技术非常广泛，既包括传统的安全内容和技术，也包括云计算架构下的新型的安全内容和技术。本小节主要对云计算安全领域中的数据安全、应用安全和虚拟化安全等内容和技术进行介绍。云安全主要内容和技术如表 6-3 所示。

表 6-3　云安全主要内容和技术

序　号	项　目	子　项
1	数据安全	数据传输、数据隔离、数据残留
2	应用安全	终端用户安全、SaaS 安全、PaaS 安全、IaaS 安全
3	虚拟化安全	虚拟化软件、虚拟服务器

1．数据安全

云用户和云服务提供商应避免数据丢失和被窃，无论使用哪种云计算的服务模式（SaaS/PaaS/IaaS），数据安全都变得越来越重要。云计算服务模式下的数据安全包括数据传输安全、数据隔离和数据残留等。

（1）数据传输安全。

在使用公有云时，对于传输中的数据最大的威胁是不采用加密算法。通过 Internet 传输数据，采用的传输协议也要能保证数据的完整性。采用加密数据和使用非安全传输协议的方法也可以达到保密的目的，但无法保证数据的完整性。

（2）数据隔离。

加密磁盘上的数据或生产数据库中的数据（静止的数据）很重要，这可以用来防止恶意的云服务提供商、恶意的邻居"租户"及某些类型应用的滥用。但是静止数据加密比较复杂，如果仅使用简单存储服务进行长期的档案存储，用户加密他们自己的数据后发送密文到云数据存储商那里是可行的。但是对于 PaaS 或者 SaaS 应用来说，数据是不能被加密的，因为加密过的数据会妨碍索引和搜索。到目前为止还没有可商用的算法实现数据全加密。

PaaS 和 SaaS 应用为了实现可扩展、可用性、管理以及运行效率等方面的"经济性"，基本都采用多租户模式，因此被云计算应用所用的数据会和其他用户的数据混合存储（如 Google 的 BigTable）。虽然云计算应用在设计之初已采用诸如"数据标记"等技术以防非法访问混合数据，但是通过应用程序的漏洞，非法访问还是会发生，最著名的案例就是 2009 年 3 月发生的 Google 文件非法共享。虽然有些云服务提供商请第三方审查应用程序或应用第三方应用程序的安全验证工具加强应用程序安全，但出于经济性考虑，无法实现单租户专用数据平台，因此唯一可行的选择就是不要把任何重要的或者敏感的数据放到公有云中。

（3）数据残留。

数据残留是数据在被以某种形式擦除后所残留的物理表现，存储介质被擦除后可能留有一些物理特性使数据能够被重建。在云计算环境中，数据残留更有可能会无意泄露敏感信息，因此云服务提供商应能向云用户保证其鉴别信息所在的存储空间被释放或再分配给其他云用户前得到完全清除，无论这些信息是存放在硬盘上还是在内存中。云服务提供商应保证系统内的文件、目录和数据库记录等资源所在的存储空间被释放或重新分配给其他云用户前得到完全清除。

2. 应用安全

由于云环境的灵活性、开放性以及公众可用性等特性，给应用安全带来了很多挑战。提供商在云主机上部署的 Web 应用程序应当充分考虑来自互联网的威胁。

（1）终端用户安全。

对于使用云服务的用户，应该保证自己计算机的安全。首先，云用户应在终端上部署安全软件，包括反恶意软件、防病毒软件、个人防火墙以及 IPS 类型的软件。其次，由于作为用户终端的浏览器毫无例外地存在软件漏洞，这些软件漏洞加大了终端用户被攻击的风险，从而影响云计算应用的安全，因此云用户应该采取必要措施保护浏览器免受攻击，还要使用自动更新功能，定期完成浏览器打补丁和更新工作，确保云环境中实现端到端的安全。最后，对于喜欢在桌面或笔记本电脑上使用虚拟机来工作的云用户，由于使用的虚拟机通常没有达到补丁级别，这些系统被暴露在网络上容易被黑客利用成为流氓虚拟机，因此企业应该从制度上对连接云计算应用的虚拟机进行管理和控制。

（2）SaaS 应用安全。

SaaS 模式决定了提供商管理和维护整套应用，用户并不管理或控制底层的云基础设施（如网络、服务器、操作系统、存储等），用户使用各种客户端设备通过浏览器来访问应用。因此 SaaS 提供商应最大限度地确保提供给用户的应用程序和组件的安全，用户通常只需负责操作层的安全功能，包括用户和访问管理。

提升 SaaS 应用安全，要选择安全等级较高的 SaaS 提供商。目前对于 SaaS 提供商评估通常的做法是根据保密协议，要求提供商提供有关安全实践的信息。这些信息应包括设计、架构、开发、黑盒与白盒应用程序安全测试和发布管理。有些用户甚至请第三方安全厂商进行渗透测试（黑盒安全测试），以获得更为翔实的安全信息。

提升 SaaS 应用安全，要完善身份验证和访问控制功能。通常情况下，SaaS 提供商提供的身份验证和访问控制功能是用户管理信息风险唯一的安全控制措施。大多数 SaaS 提供商包括 Google 都会提供基于 Web 的管理用户界面，最终用户可以分派读取和写入权限给其他用户。然而这个特权管理功能可能不先进，细粒度访问可能会有弱点，也可能不符合组织的访问控制标准。因此，用户应该尽量了解云特定访问控制机制，应实施最小化特权访问管理，以消除威胁云应用安全的内部因素。

提升 SaaS 应用安全，要加强用户登录管理。所有有安全需求的云应用都需要用户登录，用户名和密码是提高访问安全性最为常用的方法。但如果使用强度较小的密码（如需要的长度和字符集过短）和不做密码管理很容易导致密码失效。因此云服务提供商应能够提供高强度密码（包括定期修改密码、不使用旧密码等）。

提升 SaaS 应用安全，应改善虚拟数据存储架构。在目前的 SaaS 应用中，提供商将用户数据（结构化和非结构化数据）混合存储是普遍的做法，通过唯一的用户标识符，在应用中的逻辑执行层可以实现用户数据逻辑上的隔离，但是当云服务提供商的应用升级时，可能会造成这种隔离在应用层执行过程中变得脆弱。因此，用户应了解 SaaS 提供商使用的虚拟数据存储架构和预防机制，以保证多租户在一个虚拟环境所需要的隔离。SaaS 提供商应在整个软件生命开发周期加强在软件安全性上的措施。

（3）PaaS 应用安全。

PaaS 云提供给用户的能力是在云基础设施之上部署用户创建或采购的应用，这些应用使用服务商支持的编程语言或工具开发，用户并不管理或控制底层的云基础设施，包括网络、服务器、操作系统或存储等，但是可以控制部署的应用以及应用主机的某个环境配置。PaaS 应用安全包含两个层次：PaaS 平台自身的安全和用户部署在 PaaS 平台上应用的安全。

提升 PaaS 应用安全，PaaS 提供商应防范 SSL 攻击。SSL 是大多数云安全应用的基础，然而目前众多黑客社区都在研究 SSL，相信 SSL 在不久的将来将成为一个主要的病毒传播媒介。PaaS 提供商采取可能的办法来缓解 SSL 攻击，避免应用被暴露在默认攻击之下。用户必须要确保自己有一个变更管理项目，在应用提供商指导下进行正确应用配置或打配置补丁，及时确保 SSL 补丁和变更程序能够迅速发挥作用。

提升 PaaS 应用安全，应选择好第三方应用提供商。PaaS 提供商通常都会负责平台软件包括运行引擎的安全，但如果 PaaS 应用使用了第三方应用、组件或 Web 服务，那么第三方应用提供商则需要负责这些服务的安全。因此用户应对第三方应用提供商做风险评估，应尽可能地要求云服务提供商增加信息透明度以利于风险评估和安全管理。

提升 PaaS 应用安全，应完善"沙盒"架构。在多租户 PaaS 的服务模式中，最核心的安全原则就是多租户应用隔离。云用户应确保自己的数据只能由自己的企业用户和应用程序访问。提供商维护 PaaS 平台运行引擎的安全，在多租户模式下必须提供"沙盒"架构，平台运行引擎的"沙盒"特性可以集中维护用户部署在 PaaS 平台上应用的保密性和完整性。云服务提供商负责监控新的程序缺陷和漏洞，以避免这些缺陷和漏洞被用来攻击 PaaS 平台和打破"沙盒"架构。

提升 PaaS 应用安全，应关注接口和 API 安全。云用户部署的应用安全需要 PaaS 应用开发商配合，开发人员需要熟悉平台的 API、部署和管理执行的安全控制软件模块。开发人员必须熟悉平台特定的安全特性，这些特性被封装成安全对象和 Web 服务。开发人员通过调用这些安全对象和 Web 服务实现在应用内配置认证和授权管理。对于 PaaS 的 API 设计，目前没有标准可用，这给云计算的安全管理和云计算应用可移植性带来了难以估量的后果。

PaaS 应用还面临着配置不当的威胁，在云基础架构中运行应用时，应用在默认配置下安全运行的概率几乎为零。因此，用户最需要做的事就是改变应用的默认安装配置，需要熟悉应用的安全配置流程。

（4）IaaS 应用安全。

IaaS 提供商将用户在虚拟机上部署的应用看做一个黑盒子，IaaS 提供商完全不知道用户应用的管理和运维。用户的应用程序和运行引擎，无论运行在何种平台上，都由用户部署和管理，因此用户负有云主机之上应用安全的全部责任，用户不应期望 IaaS 提供商的应用安全帮助。

3．虚拟化安全

基于虚拟化技术的云计算引入的风险主要有两个方面：一个是虚拟化软件的安全；另一个是使用虚拟化技术的虚拟服务器的安全。

（1）虚拟化软件安全。

虚拟化技术包括全虚拟化或半虚拟化等（有关虚拟化技术的详细介绍请参阅"第 7 章 云技术"），在虚拟化过程中，有不同的方法可以通过不同层次的抽象来实现相同的结果。由于虚拟化软件层是保证用户的虚拟机在多租户环境下相互隔离的重要层次，可以使用户在一台计算机上安全地同时运行多个操作系统，因此必须严格限制任何未经授权的用户访问虚拟化软件层。云服务提供商应建立必要的安全控制措施，限制对于 Hypervisor 和其他形式的虚拟化层次的物理和逻辑访问控制。虚拟化层的完整性和可用性对于保证基于虚拟化技术构建的公有云的完整性和可用性是最重要的，也是最关键的。在 IaaS 云平台中，云主机的用户不必访问此软件层，它完全应该由云服务提供商来管理。

（2）虚拟服务器安全。

虚拟服务器位于虚拟化软件之上，传统的对于物理服务器的安全原理与实践也可以被运用到虚拟服务器上，当然也需要兼顾虚拟服务器的特点。虚拟服务器安全涉及物理机选择、虚拟服务器安全和日常管理 3 方面。

提升虚拟服务器安全，应做好物理机选择。应选择具有 TPM 安全模块的物理服务器，TPM 安全模块可以在虚拟服务器启动时检测用户密码，如果发现密码及用户名的 Hash 序列不对，就不允许启动此虚拟服务器。因此，对于新建的用户来说，选择这些功能的物理服务器来作为虚拟机应用是很有必要的。如果有可能，应使用新的带有多核的处理器，并支持虚拟技术的 CPU，这就能保证 CPU 之间的物理隔离，会减少许多安全问题。

提升虚拟服务器安全，要做好虚拟服务器安全设置。安装虚拟服务器时，应为每台虚拟服务器分配一个独立的硬盘分区，以便将各虚拟服务器之间从逻辑上隔离开来。虚拟服务器系统还应安装基于主机的防火墙、杀毒软件、IPS（IDS）以及日志记录和恢复软件，以便将它们相互隔离，并与其他安全防范措施一起构成多层次防范体系。对于每台虚拟服务器应通过 VLAN 和不同的 IP 网段进行逻辑隔离。对需要相互通信的虚拟服务器之间的网络连接应当通过 VPN 的方式来进行，以保护它们之间网络传输的安全。实施相应的备份策略，包括它们的配置文件、虚拟机文件及其中的重要数据都要进行备份，备份也必须按一个具体的备份计划来进行，应当包括完整、增量或差量备份方式。在防火墙中，尽量对每台虚拟服务器做相应的安全设置，进一步对它们进行保护和隔离。

提升虚拟服务器安全，要加强日常安全管理。从运维的角度来看，对于虚拟服务器系统，应当像对一台物理服务器一样对它进行系统安全加固，包括系统补丁、应用程序补丁、所允许运行的服务、开放的端口等。同时严格控制物理主机上运行虚拟服务的数量，禁止在物理主机上运行其他网络服务。如果虚拟服务器需要与主机进行连接或共享文件，应当使用 VPN 方式进行，以防止由于某台虚拟服务器被攻破后影响物理主机。文件共享也应当使用加密的网络文件系统方式进行。需要特别注意主机的安全防范工作，消除影响主机稳定性和安全性的因素，防止间谍软件、木马、病毒和黑客的攻击，因为一旦物理主机受到侵害，所有在其中运行的虚拟服务器都将面临安全威胁，或者直接停止运行。另外，还要对虚拟服务器的运行状态进行严密的监控，实时监控各虚拟机当中的系统日志和防火墙日志，以此来发现存在的安全隐患。对不需要运行的虚拟机应当立即关闭。

6.3 安全即服务（SECaaS）

6.3.1 认知 SECaaS

安全即服务（Security as a Service，SECaaS）是一个用于安全管理的外包模式。通常情况下，SECaaS 包括通过互联网发布的应用软件（如反病毒软件），基于互联网的安全（有时称为云安全）产品是 SaaS 的一部分。

随着基于标准框架的安全服务产品的成熟，云服务使用者已经认识到提供者和使用者将计算资源加以集中的需要。云作为业务运营平台的成熟度的里程碑之一就是在全球范围内 SECaaS 的应用以及对于安全如何能够由此得到增强的认知。在世界范围内将安全作为一种外包的商品加以实现，将最终使得差异和安全缺失最小化。

SECaaS 是从云的角度出发来考虑企业安全，云安全的讨论主要集中在如何迁移到云平台，如何在使用云时维持机密性、完整性、可用性和地理位置，而 SECaaS 则从另一角度着眼，通过基于云的服务来保护云中的、传统企业网络中的及两者混合环境中的系统和数据。这些 SECaaS 的系统可能在云中，也可能以传统的方式托管在用户的场所内。托管的垃圾邮件和病毒过滤就是 SECaaS 的一个例子。

SECaaS 产品的厂商有 Cisco、McAfee、熊猫软件、Symantec、趋势科技和 VeriSign。2014 年 5 月，绿盟科技云安全运营服务业务获得 ISO27001 管理体系的认证，这标志着绿盟科技成为国内首家通过 ISO27001 认证的可管理安全服务（简称 MSS）和 SECaaS 提供商。绿盟科技提供的云安全运营服务以网站安全为核心，对网站面临的威胁和安全事件提供 7×24 小时全天候的监测与防护。云安全运营服务可以在安全事件发生前对网站提供 Web 漏洞智能补丁，预防针对 Web 漏洞的攻击；安全事件发生中，云安全运营服务可对 DDoS 攻击和 Web 攻击提供 7×24 小时监测与防护，对攻击进行有效的拦截；在安全事件发生后，云安全运营服务可及时监测到网站篡改、网站挂马等安全事件并进行响应和处置，快速消除安全事件带来的影响。绿盟 ADS 可管理的安全服务（NSFOCUS MSS for ADS，原名 PAMADS）示意图如图 6-4 所示。

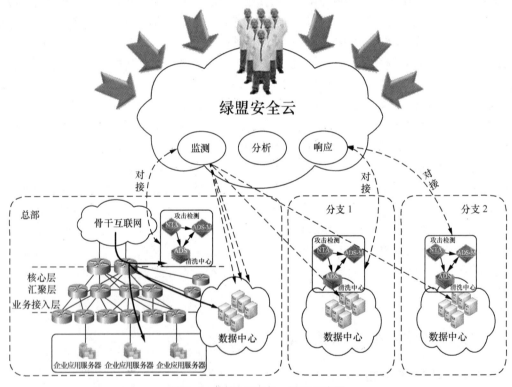

图 6-4 绿盟 MSS for ADS 示意图

从发展趋势来看，安全服务未来将不仅限于咨询和运维，SECaaS 这种新的商业模式将成为网络安全产业的未来发展方向，SECaaS 也从应用安全转向基础安全领域。这一商业模式将网络安全作为一种独立的 IT 产品，相比于传统模式，具有以下几个优点。

● 无需本地部署安全系统，只需数据中心对接。
● 响应速度快，升级快。

- 企业的安全支出将会更加弹性，对于广大中小企业尤其是互联网创业公司，可以减少自己初期的开支，刺激他们的需求。

6.3.2　解读 SECaaS 优势

1．人员力量增强

信息安全是一种劳动密集型工作，从服务器、网络设备、防火墙和入侵检测系统收集日志等都要求工作人员完成，劳动力是安全计划中最繁忙的。涉及系统渗透的数据泄露事故也需要安全团队发现。SECaaS 解决方案可以指派团队处理特定活动（例如监控日志），并在很多不同用户间分摊成本，从而降低单位成本。安全计划现在可以提供一个专门的日志监控小组，如果没有基于云计算的模式，这是不可能实现的。这提高了安全计划的有效性，并且让内部人员有更多时间放在更高层次的风险管理工作上。

2．提供先进的安全工具

一方面，可以通过云服务对免费的开源工具进行安装和维护以减少安全风险；另一方面，可以通过云计算规模经济获得先进的安全工具。这些可用安全工具的质量和种类可以与企业内部部署的商业产品媲美，但成本会更低。更重要的是，这些工具将由云服务供应商来维护，所以用户有足够的时间来利用这些工具的优势。

3．提供专业技术知识

信息安全涉及的知识和技术领域比较多，包括密码技术、访问控制技术、网络安全、系统安全、应用安全、网络攻防、软件安全、安全管理与风险评估、信息安全法律法规等，不可能有人了解各个方面的各个细节。例如，一些安全专业人士专注于取证，而另一些则专注于 Web 应用安全，其他人则因为在企业的安全计划中缺乏足够的人力资源，而仅有全面但不精细的安全知识。这种知识方面的差距可能导致严重的盲点——无法察觉到风险，更别提缓解风险。

SECaaS 可以帮助解决这个问题。提供基于云计算的安全的供应商主要侧重于信息安全的特定方面。例如，一些供应商提供基于云的漏洞扫描仪（由专家维护）来检测互联网中可利用的系统，其他云供应商则围绕 DoS 攻击来建立自己的整个网络。企业没有足够的资金聘请相关安全专家或部署资源，而 SECaaS 让企业可以利用这些专家和资源的优势。这使得内部安全人员不用过多关注技术细节，而更多地关注如何战略性地管理企业的信息安全风险。

4．将信息安全定位为业务推动力

信息安全部门通常被认为是在企业活动中设置路障的部门，造成这种想法的原因有很多，而这实际上可能并不是信息部门的错误。企业中的一些人可能不理解用于保护机密数据的加密或防火墙技术的重要性，即使他们明白这些技术背后的原因，他们肯定也不明白部署这些安全技术所需要的时间。

SECaaS 也可以帮助解决这个问题。它不能让企业其他部门了解安全需求，但它能确保更快地部署安全技术，而这可以减少既定的企业项目的影响。这是所有基于云计算的安全服务的一个关键优势，安全计划必须利用这一优势。例如，虚拟服务器可以快速自动地通过相同的防火墙规则来配置。这还可以让信息安全部门与企业领导建立不同的关系，并可以改变人们对信息安全的看法，将其视为业务推动者，而不是障碍。

5．身份管理

密码是众多老问题中的一个，它几乎与多用户计算同时出现。在 20 世纪 80 年代的一部电影中，我们看到了一个黑客从便利贴窃取系统密码，现在，员工仍然将写有密码的便利贴放在其键盘下。用户管理单个密码都有困难，更别提现代环境中让他们背负 10 个密码。

对于系统管理员和人力资源部门而言，管理员工账户并不是简单的工作。新员工都在等待访问系统以完成其工作，而有时候，当员工离职后，其账户可能没有被及时禁用。这种复杂的手动系统给系统管理员和人力资源两方面都带来安全风险。

有几个可靠的 SECaaS 产品可以加快账户管理过程，并提供单点登录功能。它们可以与云端的系统以及内部网络中的系统配合使用。这些服务利用了开放标准协议（例如 SAML），甚至允许结合内部 Microsoft Active Directory 基础设施。通过这种混合方法，即内部和外部服务从同一来源进行身份验证，企业可以节省时间和资金，简化密码过程，同时还降低整体风险。

6．虚拟机管理

在单个硬件服务器运行多个虚拟服务器是信息技术领域最具颠覆性的改变。企业迅速部署私有云、公有云和混合云来取代挤满数据中心的物理硬件。然而，这项技术也可能给信息安全带来破坏性的影响，同时带来更多新的挑战。

在公有云或私有云管理虚拟服务器的挑战之一是配置管理。配置管理包括通过基于企业政策的安全方法配置和维护服务器，这些方法有防火墙政策、文件系统权限和安装的服务。支持这一过程的技术已经充斥在数据中心中。基于云计算的配置管理系统需要能够跨多个云服务供应商和内部数据中心提供这种功能。

用于配置管理的基于云计算的安全服务提供这种功能。它们用越来越多针对 Windows 服务器的功能提供对 Linux 的完整控制，它们还可以用于 GoDaddy.com 托管的服务器以及 Linode 托管的服务器。令人惊讶的是，这些新的基于云的配置管理系统更易于配置，并且与之前内部托管系统一样强大。这是值得安全专业人士关注的另一个基于云计算的安全服务，即使他们只有内部服务器资源需要管理。

7．网络层保护

在过去几年中，保护对基于互联网资产的网络连接变得越来越迫切。现在，网站正越来越多地受到网络犯罪分子和黑客组织的攻击。黑客组织 Anonymous 使用低技术工具（例如 Low Orbit Ion Cannon）对各种企业发动 DoS 攻击继续成为新闻头条，这种类型的攻击主要出现在企业靠互联网来访问基于云的应用的当下。

对这种针对云资产的攻击的最好防御其实是云本身。一些 SECaaS 解决方案通过利用大量带宽和智能协议路由，来提供针对 DoS 攻击的保护。这些服务还可以将 Web 服务器隐藏在其前端服务器后，防止遭受路过式攻击。其他基于云计算的安全包括 PCI DSS、数据标记化、Web 应用防火墙以及隐藏 DNS 服务器。

6.3.3　概览 SECaaS 应用领域

SECaaS 不仅仅只是安全管理的一种外包模式，它还是保护业务弹性和连续性的一个基本组件。作为业务弹性的一种控制，SECaaS 提供了很多好处。由于通过云所交付服务的可灵活伸缩模式，用户只需按需付费，例如按照受保护的工作站数目来付费，而非为支撑各种安全服务的支持性基础设施和人员付费。一个专注于安全的服务提供商在安全专业技能方面，通常比一个组织内部能找到的资源更具专业性。最后，将日志管理等管理性任务外包，能够节省时间和金钱，可以让企业在自己的核心竞争力上投入更多资源。

用户和安全专业人员最有可能感兴趣的基于云的 SECaaS 的领域有：身份、授权和访问管理服务，数据泄露防护（DLP），Web 安全，Email 安全，安全评估，入侵检测/防护（IDS/IPS），安全信息和事件管理，加密，业务连续性和灾难恢复，网络安全。

1．身份、授权和访问管理服务

身份管理即服务（Identity as a Service）是一个通用的名称，包含一个或者多个组成身份管理生态系统的服务，例如策略执行点即服务（PEP as a Service）、策略决策点即服务（PDP as a Service）、策略访问点即服务（PAP as a Service）、向实体提供身份的服务、提供身份属性的服务及提供身份信誉的服务。所有这些身份服务可以作为一个单一的独立服务来提供，也可以以多个供应商服务的一种混合搭配来提供，或者以一个由公有云、私有云、传统的 IAM 和基于云的服务混合构成的方案来提供。

这些身份服务应该提供对于身份、访问和权限管理的控制。身份服务需要包含用来管理企业资源访问的人员、流程和系统等要素，它们帮助确保每一实体的身份都经过核实，并且对这些有保证的身份授予正确的访问级别。对于访问行为的审计日志，比如成功或者失败的验证、访问尝试等，应由应用/解决方案本身或者 SIEM 服务进行管理。身份、授权和访问管理服务属于保护和预防类（Protective and Preventative）技术控制。

2．数据泄露防护（DLP）

数据泄露保护服务通常在桌面/服务器上以客户端形式运行，执行对特定数据内容操作授权的策略，对云中和本地系统中静态的数据、传输中的数据以及使用中的数据进行监控、保护以及所受保护的展示。有别于诸如"不能 FTP"或者"不能上传到网站"这样宽泛的规则，数据泄露防护能够理解数据，例如用户可以定义"包含类似信用卡号码的文档不能邮件外发""任何存储到 USB 介质的数据自动进行加密并且只能由其他正确安装 DLP 客户端的办公机器解密""只有安装了 DLP 软件且工作正常的机器可以打开来自文件服务器的文件"。在云中，DLP 服务可以作为标准 Build 的一个组成部分来提供，这样所有为某一用户构造的服务器都可以预先安装 DLP 软件并预置一套已约定的规则。另外，DLP 可以利用集中的 ID 或者云的中介来增强使用场景的控制。利用一项服务来监控和控制数据从企业流向云服务供应链不同层级的能力，可以作为对监管数据跨平台传输、后续损失的一种预防类控制。DLP 属于预防类技术控制。

3．Web 安全

Web 安全是指某种实时保护，或者通过本地安装的软件/应用提供，或者通过使用代理或重定向技术将流量导向云提供商而通过云提供。这在其他的保护措施（例如防恶意程序软件）之上提供了一层额外保护，可以防止恶意程序随着诸如 Web 浏览之类的活动进入到企业内部。通过这种技术还可以执行那些围绕 Web 访问类型和允许访问时间窗口的策略规则。应用授权管理可以用来为 Web 应用提供更进一步的细粒度和感知上下文的安全控制。Web 安全属于保护类、检测类（Detective）和响应类（Reactive）的技术控制。

Web SECaaS 还包括对出站网络流量扫描，防止用户可能没有合适授权（数据泄露保护）而向外传递敏感信息（如 ID 号码、信用卡信息、知识产权）。网络流量的扫描还包括内容分析、文件类型以及模式匹配，以阻止数据泄露。

4．Email 安全

Email 安全应该提供对于入站和出站邮件的控制，保护企业免受钓鱼链接、恶意附件的威胁，执行企业策略，比如合理使用规则、垃圾邮件防护，并且提供业务连续性方面的可选项。另外，Email 安全方案应该提供基于策略的邮件加密功能，并能与各种邮件服务器整合。数字签名提供的身份识别和不可抵赖也是许多邮件安全方案提供的功能。Email 安全属于保护类、检测类和响应类的技术控制。

Email SECaaS 也包括电子邮件备份和归档。这个服务通常涉及在集中的存储库中存储和索引机构电子邮件信息及附件。这个集中的存储库允许机构通过一些参数索引和搜索，参数包括数据范围、收件人、发件人、主题和内容。

5．安全评估

安全评估是指对于云服务的第三方或用户驱动的审计，或是通过云提供的基于业界标准的方案对用户本地系统的评估。对于基础设施、应用的传统安全评估以及合规审计，业界已有完备的定义和多个标准的支持，如 NIST132、ISO133、CIS134。安全评估具备相对成熟的工具集，一些工具已通过 SECaaS 的交付模式实现。在 SECaaS 交付模式下，服务订户可以获得云计算变体的典型好处——弹性扩展、几乎忽略不计的安装部署时间、较低的管理开销、按使用付费以及较少的初始投资。

6．入侵检测/防护（IDS/IPS）

IDS/IPS 使用基于规则的、启发式的或者行为模型来监控网络行为模式，检测对企业存在风险的异常活动。由于网络 IDS/IPS 能够提供企业网络内所发生事件的细粒度视图，因此在过去 10 年得到了广泛使用。IDS/IPS 监控网络流量，通过基于规则的引擎或者统计分析将行为与基线进行比较。IDS 一般部署为被动模式，对用户的敏感网段进行被动的检测；IPS 则扮演主动的角色来保护用户的网络。在传统的基础架构中，这些网段可以包括由防火墙或者路由器分隔的、放置公司 Web 服务器的 DMZ 区（非军事区），或者监控到内部数据库服务器的连接。在云环境中，IDS 通常专注于虚拟基础设施和跨越 Hypervisor 的活动，因为在这里构造的攻击能够影响多个租户并导致系统混乱。IDS 是检测类的技术控制，而 IPS 则是检测类、保护类和响应类的技术控制。

7．安全信息和事件管理（SIEM）

安全信息和事件管理（SIEM）系统归集（通过推动或拉引机制）日志和事件数据，这些数据来自于虚拟或者物理的网络、应用和系统。通过对这些信息进行关联和分析，来对需要进行干预或做出其他类型响应的信息或事件提供实时的报告和告警。这些日志通常以防篡改的方式进行收集和归档，以在事后调查时作为证据使用或者用以生成历史报告。SIEM SECaaS 产品属于检测类的技术控制，但是也可通过配置而成为防护类和响应类技术控制。

8．加密

加密是使用加密算法对数据进行模糊处理/编码的过程，输出的是加密数据（称为密文）。只有预期的接收者或系统才拥有正确的密钥，能够对密文进行解码（解密）。模糊处理系统的加密功能通常包含在计算上难以（或不能）被破解的一个或多个算法、一个或多个密钥及管理加密、解密和密钥的系统、流程和程序（Processes and Procedures）。每一部分都缺一不可，如果流程不严谨导致攻击者可以得到密钥，即使最好的加密算法也能轻易破解。

在单向加密的情况下，生成的是摘要或 Hash 值。单向加密包括 Hash、数字签名、证书生成和更新及密钥交换。加密系统通常由一个或多个容易复制但很难伪造的算法及相关的管理流程和程序构成。由 SaaS 提供者提供的加密服务归入保护和检测类技术控制。

9．业务连续性和灾难恢复

业务连续性和灾难恢复是为了确保在任何服务中断发生时保证运营弹性而设计和实施的措施。无论是自然的还是人为的服务中断事件，这些措施都提供了灵活可靠的故障转移（Failover）

和灾难恢复方案。例如，在一个地点发生了灾难，在另外一个地点的主机可以保护前述地点中应用的运行。这种类型的 SECaaS 产品是一种响应类、保护类和检测类的技术控制。

10．网络安全

网络安全包含限制或者分配访问的安全服务，以及分发、监控、记录和保护底层资源服务的安全服务。从架构上来说，网络安全提供的服务致力于集中的网络上的安全控制，或者每一底层资源单个网络的特别的安全控制。在云/虚拟环境或者混合环境中，网络安全可能由虚拟设备和传统的物理设备一起提供。与 Hypervisor（虚拟机管理程序）紧密集成，确保虚拟网络层流量的可视化，这是网络安全服务的关键。网络 SECaaS 产品是检测类、保护类和响应类的技术控制。

6.4 云安全解决方案

6.4.1 解读长城网际云安全解决方案

1．中电长城网际简介

中电长城网际系统应用有限公司（http://www.cecgw.com.cn/index.php）成立于 2012 年 7 月，是中国电子信息产业集团有限公司（CEC）控股的高科技国有企业，以服务国家基础信息网络和重要信息系统安全为使命，以面向国家重要信息系统的高端咨询和安全服务业务为主线，为用户提供信息安全的全方位的解决方案和相关服务。

2．长城网际云安全套件

长城网际云安全套件是依据信息系统等级化保护等国家标准，针对资源虚拟化、动态分配、多租户、特权用户、服务外包等云计算新的特性引起的安全新问题而设计开发的安全产品。云安全套件遵照 GB/T 25070-2010《信息安全技术 信息系统等级保护安全设计技术要求》中提出的"一个管理中心支撑下的三重防御"设计思路，通过计算节点的服务器深度防护和终端安全防护，同时将运维服务融入到云平台的安全管理、安全监控和合规审计之中，形成云安全防护体系，着重解决了因云计算而衍生的新的安全问题。长城网际云安全套件整体架构如图 6-5 所示。

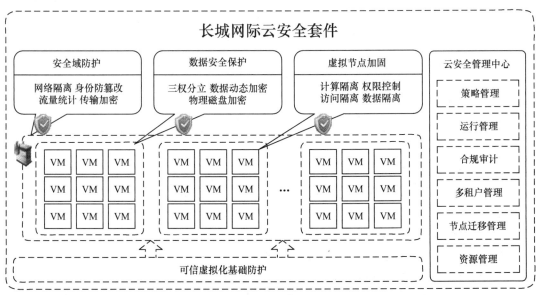

图 6-5 长城网际云安全套件整体架构

网际云安全套件以安全策略管理为核心，以密码技术为基础，以可信机制为保障，能够实现云计算环境下的计算节点深度防护、终端安全接入、业务应用安全隔离、资源授权共享和计算环境的可信度量，从而提升云计算数据中心的安全保障，使之达到 GB/T 22239-2008《信息安全技术 信息系统等级保护安全基本要求》三级或三级以上要求。

云安全套件以产品形式集成到云平台中，同时以持续的安全服务方式提供给用户，保障用户业务系统安全，广泛适用于电子政务云和电子商务云平台。

（1）功能说明。

网际云安全套件从计算节点防护、虚拟化安全保护、业务与应用隔离等 6 个方面对云中心提供安全保护。从网络边界到虚拟节点逐层安全保护，按照一个中心、三重防护设计思路，对整个云中心及其各个模块实行安全防护。网际云安全套件主要功能如表 6-4 所示。

表 6-4　网际云安全套件主要功能

序号	套件名称	主要功能描述
1	计算节点深度防护	综合利用安全操作系统加固技术和可信计算技术，对服务器物理主机系统运行环境进行安全优化和加固，使计算节点的安全保障能力从体系结构上得以提升，具有三级以上安全技术功能
2	虚拟化安全保护	在云计算数据中心的重要计算节点上，构建基于硬件的信任链，实现可信存储、平台身份可信认证、可信度量功能，从机制上免疫现有各种针对云计算环境的节点操作系统的攻击行为
3	业务与应用隔离	云平台网络中存有大量敏感信息，需要进行强制保护，因此有必要根据等级保护和分组管理制度增加网络的分域和分级管理水平，确保不同等级的信息系统的有效隔离和保护
4	大数据保护	大数据的保护，从数据的存储、使用、传输等几个方面进行，确保数据的机密性、完整性，通过加密、准入控制、可信安全访问等方式确保数据安全
5	云终端可信接入	通过自有的终端协议和加密技术提供终端到云服务器的可信接入和数据传输安全保障；内置云端的安全代理可对终端安全状况进行检查，实施终端的安全审计，提供最大程度的准入控制和数据保护
6	云安全管理平台	为套件提供统一管理。对安全设备、网络设备、主机以及应用系统等提供安全监控服务，有效整合现有的安全设施，对安全事件关联分析，提供强大的可视化的企业级搜索和关联分析

① 计算节点深度防护。

计算节点深度防护功能如下。

● 双因子身份认证机制，确保对服务器的特权操作必须经过强身份认证。

● 程序白名单控制，所有进程只有在度量结果和预期值一致的前提下，才允许运行，防止恶意代码在被保护的节点环境中运行。

● 文件强制访问控制，杜绝重要数据被非法篡改、删除、插入等情况的发生，全方位确保重要数据完整性不被破坏。

● 服务完整性检测，记录和对比系统中所有服务的基本属性及内容校验，进行完整性检测。

- 全息记录重要服务器上的所有特权操作，以供取证。

② 虚拟化安全保护。

虚拟化安全保护功能如下。

- 虚拟机边界防护，对 KVM、VMware 等虚拟机实施安全增强。
- 信任链传递，对服务器节点实现基于物理可信根的可信认证、可信存储、可信度量功能。
- 对虚拟设备 CPU 使用、内存占用、I/O 通信提供安全控制。
- 虚拟机镜像动态加密，确保镜像文件任何情况下全程加密保护。
- 虚拟机迁移保护，保障虚拟机动态迁移时数据机密性、完整性、可用性及安全规则同步迁移。
- 虚拟机数据销毁，虚拟机删除时可有效同步销毁其所承载的数据。

网际云安全套件虚拟化安全保护如图 6-6 所示。

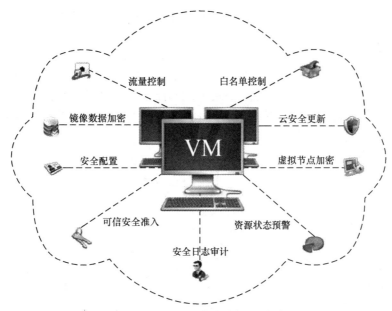

图 6-6　网际云安全套件虚拟化安全

③ 业务与应用隔离。

业务与应用隔离功能如下。

- 依据安全等级、业务身份等不同划分不同的 "可信安全域"进行管理。
- 不同安全域之间设立防护边界，实施计算节点、网络、存储等多维度安全隔离。
- 设立数据交换中心，提供不同业务系统安全、可控的数据交换平台。
- 将管理网络与数据网络进行隔离，提供高可靠性管理平台。
- 应用运行状态监测响应，确保单个应用出错不会扩散到其他应用。

④ 云安全管理平台。

云安全管理平台主要子系统及其功能如下。

- 安全策略管理系统：对整个云平台的安全策略进行统一管理，完成安全策略的统一制定、下发、更新等操作。
- 运行监控管理系统：融合了网络监测、系统监测、应用性能监测、安全事件与日志监测、虚拟化监测及集中事件处理等管理功能。

- 多租户管理系统：统一访问控制，统一认证授权。
- 合规审计管理系统：对用户网络设备、安全设备、主机和应用系统的各类日志进行集中采集、存储、审计处理。
- 虚拟节点迁移管理系统：配置、管理虚拟节点动态迁移，实现虚拟节点安全规则的同步迁移。

⑤ 大数据保护。

大数据保护功能如下。

- 数据存储加密：使用透明加解密技术，在保障数据安全的同时不影响用户使用。
- 数据防泄露：综合利用数据库及文件行为监测、强制访问控制、数据加密等多种技术，有效防止敏感数据泄露。
- 数据传输保护：建立安全传输通道，保障数据传输过程中的机密性、完整性、可用性。
- 内容保护：对数字内容进行加密和附加使用规则对数字版权进行保护。

⑥ 云终端可信接入。

云终端可信接入功能如下。

- 使用终端内置安全插件对终端安全状况进行检查及可信接入控制，实施终端的安全审计。
- 通过私有协议和加密技术提供终端到云服务器的数据传输安全保障。
- 通过硬件令牌对终端用户进行身份认证和数据访问控制，实现强准入控制和数据保护。

云终端可信接入模式如图 6-7 所示。

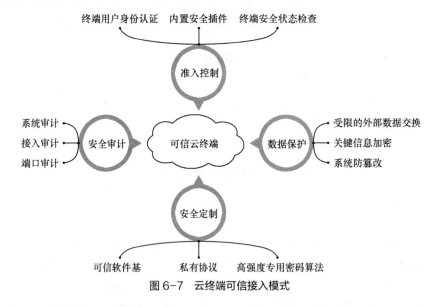

图 6-7　云终端可信接入模式

（2）产品三大优势。

① 安全可信：国内首个符合 GB/T 25070-2010《信息安全技术　信息系统等级保护安全设计技术要求》标准的安全产品。

② 自主可控：以我国自主密码技术为基础，利用可信计算机制，实现完整性检查、平台身份认证，构建完整的安全保障技术体系。

③ 面向运维：以运维服务为中心，安全态势可视化管理，提供丰富且无需代理的多厂商IT 设备探测和监控，实时事件分析和长期事件管理的通用解决方案。

（3）产品部署示意图。

云安全套件包含了云安全管理平台、合规审计系统和多个安全组件，其中云安全管理平台和合规审计系统为软硬件一体化产品，部署于网络中路由可达位置，安全组件以软件形式部署于云中一台虚拟设备中，使用集中式管理，能够将服务、用户、网络、安全、服务器、中间件等进行监控、管理，大幅度提升工作效率，同时关联分析网络中各系统的日志，提供全维度、跨设备、细粒度的合规分析报表。云安全套件产品部署示意图如图 6-8 所示。

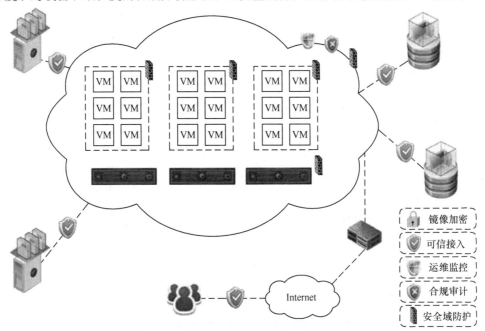

图 6-8　云安全套件产品部署示意图

6.4.2　解读蓝盾云安全解决方案

1．蓝盾信息安全技术股份有限公司简介

蓝盾信息安全技术股份有限公司（http://www.bluedon.com/）是中国信息安全行业领先的专业网络安全企业和服务提供商。十几年来，蓝盾人凭借高度的民族使命感和责任感，秉承"让你的安全更智慧"的理念，立足自主研发，专注信息安全市场，为用户提供安全产品、安全服务、安全集成、安全培训等多项综合性网络安全业务，打造国际一流的信息安全企业。

2．蓝盾网站安全云平台产品综述

蓝盾网站安全云平台通过先进的云服务模式，为网站提供一站式的安全服务，网站在"零维护"的情况下，对网站的安全进行全面检测和评估，有效解决如 XSS、SQL 注入、零日攻击、DDoS 攻击等各种网站安全问题。网站安全云平台的价值在于能够让网站摆脱网络攻击带来的困扰，在面对各种陷阱、风险不断增加的网络信息流时，不必再用传统的方式采购复杂昂贵的传统安全设备，可以从云端获取可靠完善的安全防护能力。

与云计算力图将计算成本从用户终端转移一样，安全云也会将安全防护成本从用户应用中剥离，为网站提供一站式的安全保护方案。更重要的是，安全云平台在提供更便利、更先进的网站防护的同时，也极大降低了用户的安全防护成本，把安全变成了一种在线服务资源。在为用户提供定制化的、无延迟的安全防护的同时，还可以提升网站访问速度，降低故障率，并能为用户提供智能的网站数据分析，帮助用户优化运营计划，提高网站的转化率。所有这些，都不需要用户在自己的业务系统中部署任何硬件和软件，政府、企业等用户可以便利地直接从"云端"获取先进技术。

3．蓝盾网站安全云平台体系架构

蓝盾网站安全云平台主要分为两部分：云平台安全节点和管理中心。蓝盾网站安全云平台管理中心架构如图6-9所示。

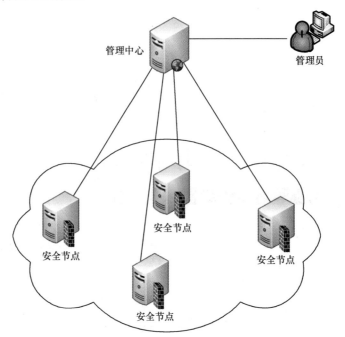

图6-9 蓝盾网站安全云平台管理中心架构图示

（1）云平台安全节点。

云平台安全节点负责分发网站内容、检测用户提交的访问请求、扫描网站 Web 漏洞等。节点位于网站服务器和用户之间，所有网站和用户之间的数据传输都会经过节点。节点将网站的静态文件缓存起来，分发给用户；节点过滤用户提交的非法请求以及上传的恶意文件，实现对网站的安全保护。

（2）管理中心。

管理中心由云平台的管理员所控制，负责节点之间的通信调度，提供 Web 应用，同时保存网站的功能配置文件及各类日志数据。

4．蓝盾网站安全云平台功能描述

（1）网站安全监测。

① 网站 Web 漏洞扫描。

网站开发人员在编写代码时，通常对于 Web 应用的安全知识了解不深入，而留下 Web 漏洞。云平台节点可以远程扫描 Web 服务器存在的 Web 漏洞，支持检测 SQL 注入、跨站脚本攻击、恶意文件上传等多种 Web 漏洞，并将扫描结果以报表的形式清晰直观地提交给网站维护人员，及时对已知缺陷进行修补。蓝盾安全云平台 Web 漏洞扫描功能界面如图6-10所示。

② 暗链监测。

暗链攻击是指黑客通过隐形篡改技术在被攻击网站的网页植入暗链，这些暗链往往被非法链接到色情、诈骗、甚至反动信息。暗链植入内容在被攻击网站一般不会直接显示。其技术要点是利用搜索引擎技术的漏洞，旨在借助被暗链攻击网站、网页、网页内容、网页文章的主题和关键词的知名度，这个知名度往往与用户使用搜索引擎的搜索频率有关联，通过这种"傍大款"的方式，让暗链的内容在搜索网页结果中显示。

图 6-10　蓝盾安全云平台 Web 漏洞扫描功能界面图

蓝盾网站安全云平台暗链监测功能内置了针对当前流行的暗链攻击建立的恶意指纹库，在服务器端已被植入暗链的情况下可准确识别并进行报警，协助管理员清除暗链代码。

③ 敏感字监测。

敏感字监测功能采用中文关键词以及语义分析技术对网站进行敏感关键字监测，实现精确的敏感字识别，确保网站内容符合互联网相关规定，避免出现敏感信息以及被监管部门封杀。该功能可以灵活地识别网站中存在的敏感关键字，有效地解决了关键字中夹杂符号而无法识别的问题。该功能还使用了主辅关键字技术，使关键字的告警控制在更为有效的范围之内。更为合理的关键字监测降低了人工二次确认的庞大工作量。

④ 篡改监测。

网页篡改监测引擎基于数字水印技术、文件夹驱动级保护技术、Web 核心内嵌的防篡改技术、事件触发机制对网站进行初始化采样，建立篡改监测基准，并对基准内容进行泛格式化处理，解析出 HTML 的相关标签作为后续比对的基准。

篡改监测技术的基础是网页变更监测，因此如果将所有的网页变更都认为是篡改将导致大量的误判。为了解决这个问题，蓝盾网站安全监测平台使用了 4 个级别的监测策略，分别为低度变更、中度变更、高度变更、确认篡改。管理员可自行定义篡改策略，如网页的<title>标签如果检测到变更将视为确认篡改，或定义监测到某特定的关键字即视为确认篡改。

⑤ 网页挂马监测。

网页挂马，可以认为是一种比较隐蔽的网页篡改方式，其最终目的为盗取客户端的敏感信息，如各类账号密码，严重影响到网站的公众信誉度。对于 Web 服务器而言，最大隐患在于，多数情况网站实质已被入侵，只是攻击者出于经济利益考虑，未采用更为直观的篡改方式。网站服务器在网页挂马中作为被利用者，各网站的公信度需要得到维护。基于此种考虑，云防线产品提供网页挂马检测功能，全面检查网站各级页面中是否被植入恶意代码，有效过滤网页挂马攻击行为，保障服务器安全。

⑥ 可用性监测。

云防线的可用性监测功能采用业务仿真引擎技术，可根据配置的巡检任务，对网站的所有 Web 应用页面依次自动轮询测试，检测网站服务的可用性质量，包括能否访问和访问时延。

可用性监测功能的流程录制插件可以记录下用户通过浏览器访问网站的操作，流程录制插件生成脚本后由网站系统执行。录制插件可记录每个操作请求信息，包括请求的 URL、请求参数以及 HTTP 的消息头信息。云防线可根据这些信息进行仿真操作，自动检测关键流程节点，有效分析各流程的数据流转、节点性能、执行结果等，准确判断当前的网站系统性能。

同时，把网站相关的服务器、中间件、数据库等 IT 资源都作为配置元素，并根据实际应用场景，建立并维护各业务资源之间的关系模型，同时建立资源的各种性能指标之间的模型，如服务器主机的 CPU、内存、存储、文件系统、网络设备接口列表等。通过建立各业务资源之间的关系模型，并设置服务器、中间件、数据库等配置元素的 KPI 关联规则，以便将与网站有关的重要 KPI 数据在模型中直观地呈现出来，为网站可用性监测提供良好的底层支撑，将 IT 资源有机地监管起来，这样，云防线系统便可逐层向下深入钻取微观粒度的监测指标，最终发现故障根源。

（2）网站安全保护。

① Web 应用安全防护。

云安全节点提供类似 Web 防火墙的保护功能，监控 HTTP/HTTPS 流量，通过各类防护引擎、策略控制识别黑客 Web 攻击应用行为，如 SQL 注入攻击、XSS 跨站攻击、CSRF 跨站请求伪造攻击等，中断攻击行为，阻止恶意请求。通过防恶意爬虫、防盗链功能，屏蔽特定的搜索引擎爬虫、扫描程序爬虫和盗链请求，以节省网站服务器资源及带宽资源。

② 替身安全理念。

云平台的反向代理部署模式利用众多安全节点将网站的真实服务器隐藏在节点背后，由节点来直接面对黑客的网络攻击。与 Web 服务器相比，节点的工作机制简单很多，且性能强大，加以节点群的全局负载均衡效果，云平台节点的安全性和稳定性都极高。相比传统的"保镖式"的安全理念，云平台提供的"替身安全"理念将防黑客攻击的手段增加了一个维度，让"防黑客的战火"远离网站机房，在云中解决 Web 安全问题。传统模式与反向代理部署模式对比示意图如图 6-11 所示。

图 6-11　传统模式与反向代理部署模式对比示意图

（3）网站加速优化。

① 静态文件缓存。

云平台提供 CDN 服务，节点可以缓存静态文件，如图片、JS、CSS、HTML 等文件。通过位于 CDN 网络边缘的节点，将缓存文件就近分发给终端用户，从而达到加速网站访问、减轻服务器访问压力的效果。

② 页面压缩传输。

网页利用 GZIP 技术压缩后，实际传输的内容大小只有原来的 1/3～1/5。通常应用程序的响应较快，网站的访问速度瓶颈在于网络的传输速度，因此当网页经过压缩后，可以有效提升网站页面的访问速度。经 GZIP 技术压缩传输示意图如图 6-12 所示。

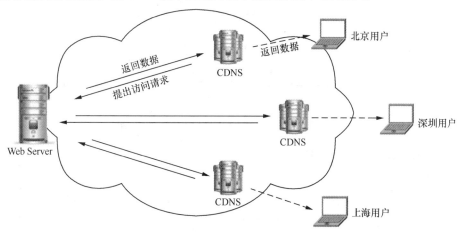

图 6-12　经 GZIP 技术压缩传输示意图

③ 网站数据统计。

云平台管理中心通过统计各节点的访问点击情况，可以为网站运营者提供一份详尽的网站数据统计报表，使运营者更加了解网站的访问情况和安全状态，为网站优化和服务改进提供数据参考。安全统计分析界面如图 6-13 所示。

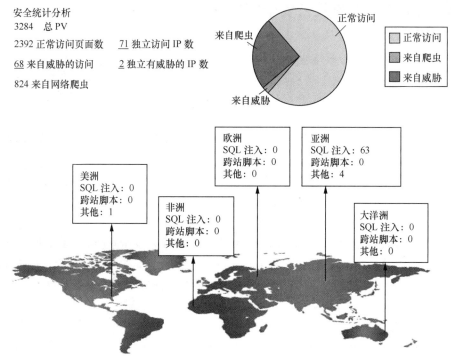

图 6-13　安全统计分析界面示意图

访问数据统计分析包括某一时段正常访问数，搜索引擎收录情况，各地区 SQL、XSS 攻击次数，用户各地分布情况，页面点击排名等。蓝盾云平台访问数据统计分析界面如图 6-14 所示。

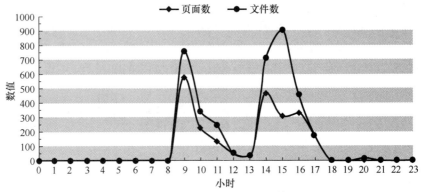

图 6-14　蓝盾云平台访问数据统计分析界面图示

5．蓝盾网站安全云平台技术特点

（1）替身云安全。

蓝盾网站安全云平台提供的安全保护是一种替身式的安全保护，将用户网站的安全防护压力转移到"云"中，阻断了黑客对网站的安全威胁，让云安全节点直面黑客的攻击。

（2）面向服务。

蓝盾网站安全云平台可以提供网站保护服务给多个网站，被保护网站只需要简单修改 DNS 指向，便可以获得安全保护服务。不需要对网站机房内拓扑进行任何更改，不需要安装任何软件，也不需要修改网站服务器配置。将复杂的网站安全保护交给云平台，专业的事情由专业的团队来处理，网站运维人员通过简单的操作，便可获得专业的安全保护服务。

6.4.3　解读绿盟科技云安全解决方案

1．绿盟科技简介

北京神州绿盟信息安全科技股份有限公司（简称绿盟科技）成立于 2000 年 4 月，总部位于北京，在国内外设有 30 多个分支机构，为政府、运营商、金融、能源、互联网、教育、医疗等行业用户，提供具有核心竞争力的安全产品及解决方案，帮助用户实现业务的安全顺畅运行。基于多年的安全攻防研究，绿盟科技在网络及终端安全、互联网基础安全、合规及安全管理等领域，为用户提供入侵检测/防护、抗拒绝服务攻击、远程安全评估以及 Web 安全防护等产品以及专业安全服务。

北京神州绿盟信息安全科技股份有限公司于 2014 年 1 月 29 日起在深圳证券交易所创业板上市交易，股票简称为"绿盟科技"，股票代码为 300369。

2．绿盟科技云安全防护总体架构设计

云安全防护设计应充分考虑云计算的特点和要求，基于对安全威胁的分析，明确各方面的安全需求，充分利用现有的、成熟的安全控制措施，结合云计算的特点和最新技术进行综合考虑和设计，以满足风险管理要求、合规性的要求，保障和促进云计算业务的发展和运行。

（1）设计思路。

在进行方案设计时，将遵循以下思路。

① 保障云平台及其配套设施。

云计算除了提供 IaaS、PaaS、SaaS 服务的基础平台外，还有配套的云管理平台、运维管

理平台等。要保障云的安全，必须从整体出发，保障云承载的各种业务、服务的安全。

② 基于安全域的纵深防护体系设计。

对于云计算系统，仍可以根据威胁、安全需求和策略的不同，划分为不同的安全域，并基于安全域设计相应的边界防护策略、内部防护策略，部署相应的防护措施，从而构造纵深的防护体系。当然，在云平台中，安全域的边界可能是动态变化的，但通过相应的技术手段，可以做到动态边界的安全策略跟随，持续有效地保证系统的安全。

③ 以安全服务为导向，并符合云计算的特点。

云计算的特点是按需分配、资源弹性、自动化、重复模式，并以服务为中心。因此，对于安全控制措施选择、部署、使用来说，必须满足上述特点，即提供资源弹性、按需分配、自动化的安全服务，满足云计算平台的安全保障要求。

④ 充分利用现有安全控制措施及最新技术。

在云计算环境中，还存在传统的网络、主机等，同时，虚拟化主机中也有相应的操作系统、应用和数据，传统的安全控制措施仍旧可以部署、应用和配置，充分发挥防护作用。另外，部分安全控制措施已经具有了虚拟化版本，也可以部署在虚拟化平台上，对虚拟化平台中的内容进行检测、防护。

⑤ 充分利用云计算等最新技术。

信息安全措施/服务要保持安全资源弹性、按需分配的特点，也必须运用云计算的最新技术，如 SDN、NFV 等，从而实现按需、简洁的安全防护方案。

⑥ 安全运营。

随着云平台的运营，会出现大量虚拟化安全实例的增加和消失，需要对相关的网络流量进行调度和监测，对风险进行快速的监测、发现、分析及相应管理，并不断完善安全防护措施，提升安全防护能力。

（2）安全保障目标。

通过人员、技术和流程要素，构建安全监测、识别、防护、审计和响应的综合能力，有效抵御相关威胁，将云平台的风险降低到企业可接受的程度，并满足法律、监管和合规性要求，保障云计算资源/服务的安全。

（3）安全保障体系框架。

云平台的安全保障可以分为管理和技术两个层面。首先，在技术方面，需要按照分层、纵深防御的思想，基于安全域的划分，从物理基础设施、虚拟化、网络、系统、应用、数据等层面进行综合防护；其次，在管理方面，应对云平台、云服务、云数据的整个生命周期、安全事件、运行维护和监测、度量和评价进行管理。云平台的安全保障体系框架如图 6-15 所示。

安全保障体系框架主要内容简单说明如下。

① 物理环境安全：在物理层面，通过门禁系统、视频监控、环境监控、物理访问控制等措施实现云运行的物理环境、环境设施等层面的安全。

② 虚拟化安全：在虚拟化层面，通过虚拟层加固、虚拟机映像加固、不同虚拟机的内存/存储隔离、虚拟机安全检测、虚拟化管理安全等措施实现虚拟化层的安全。

③ 网络安全：在网络层，基于完全域划分，通过防火墙、IPS、VLAN ACL 手段进行边界隔离和访问控制，通过 VPN 技术保障网络通信完全和用户的认证接入，在网络的重要区域部署入侵监测系统（IDS）以实现对网络攻击的实时监测和告警，部署流量监测和清洗设备以抵御 DDoS 攻击，部署恶意代码监测和防护系统以实现对恶意代码的防范。需要说明的是，

这里的网络包括了实体网络和虚拟网络，通过整体防御保障网络通信的安全。

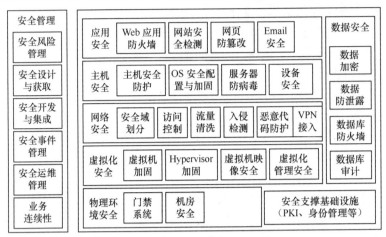

图6-15　云平台安全保障体系框架

④ 主机安全：通过对服务主机/设备进行安全配置和加固，部属主机防火墙、主机IDS，以及采用恶意代码的防护、访问控制等技术手段对虚拟主机进行保护，确保主机能够持续地提供稳定的服务。

⑤ 应用安全：通过PKI基础设施对用户身份进行标识和鉴别，部署严格的访问控制策略，采取关键操作的多重授权等措施保证应用层安全，同时采用电子邮件防护、Web应用防火墙、Web网页防篡改、网站安全监控等应用安全防护措施保证特定应用的安全。

⑥ 数据保护：从数据隔离、数据加密、数据防泄露、剩余数据防护、文档权限管理、数据库防火墙、数据审计方面加强数据保护以及离线、备份数据的安全。

⑦ 安全管理：根据ISO27001、COBIT、ITIL等标准及相关要求，制定覆盖安全设计与获取、安全开发和集成、安全风险管理、安全运维管理、安全事件管理、业务连续性管理等方面安全管理制度、规范和流程，并配置相应的安全管理组织和人员，建议相应的技术支撑平台，保证系统得到有效的管理。

上述安全保障内容和目标的实现，需要基于PKI、身份管理等安全基础支撑设施，综合利用安全成熟的安全控制措施，并构建良好的安全实现机制，保障系统的良好运转，以提供满足各层面需求的安全能力。

由于云计算具有资源弹性、按需分配、自动化管理等特点，为了保障其安全性，就要求安全防护措施/能力也具有同样的特点，满足云计算安全防护的要求，这就需要进行良好的安全框架设计。

（4）安全保障体系总体技术实现架构设计。

云计算平台的安全保障技术体系不同于传统系统，它必须实现和提供资源弹性、按需分配、全程自动化的能力，不仅仅为云平台提供安全服务，还必须为租户提供安全服务，因此需要在传统的安全技术架构基础上，实现安全资源的抽象化、池化，提供弹性、按需和自动化部署能力。

① 总体技术实现架构。

充分考虑云计算的特点和优势以及最新的安全防护技术发展情况，为了达成提供资源弹性、按需分配的安全能力，云平台的安全技术实现架构如图6-16所示。

各主要组成部分及其功能如下。

安全资源池：可以由传统的物理安全防护组件、虚拟化安全防护组件组成，提供基础的安全防护能力。

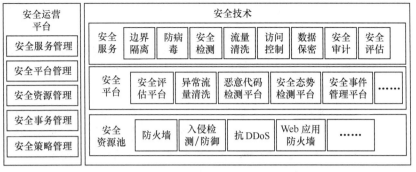

图 6-16　云平台安全技术实现架构

安全平台：提供对基础安全防护组件的注册、调度和安全策略管理。可以设立一个综合的安全管理平台或者分立的安全管理平台，如安全评估平台、异常流量检测平台等。

安全服务：提供给云平台租户使用的各种安全服务，提供安全策略配置、状态监测、统计分析和报表等功能，是租户管理其安全服务的门户。

通过此技术实现架构，可以实现安全服务/能力的按需分配和弹性调度。当然，在进行安全防护措施具体部署时，仍可以采用传统的安全域划分方法，明确安全措施的部署位置、安全策略和要求，做到有效的安全管控。

对于具体的安全控制措施，通常具有硬件盒子和虚拟化软件两种形式，可以根据云平台的实际情况进行部署方案选择。

② 与云平台体系架构的无缝集成。

云平台的安全防护措施可以与云平台体系架构有机地集成在一起，对云平台及云租户提供按需的安全能力。具有安全防护机制的云平台体系架构如图 6-17 所示。

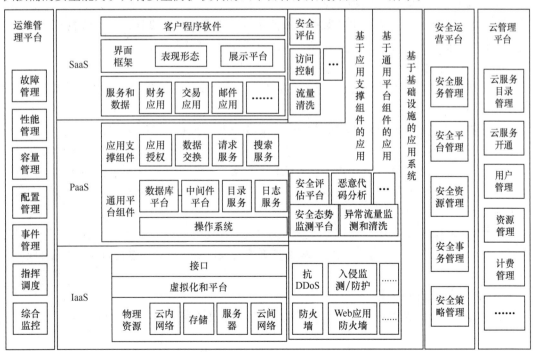

图 6-17　具有安全防护机制的云平台体系架构

③ 工程实现。

云平台的安全保障体系最终落实和实现应借鉴工程化方法，严格落实"三同步"原则，在系统规划、设计、实现、测试等阶段落实相应的安全控制，实现安全控制措施与云计算平台的无缝集成，同时做好运营期的安全管理，保障虚拟主机/应用/服务实例创建的同时，同步部署相应的安全控制措施，并配置相应的安全策略。

3. 云平台安全域划分和防护设计

安全域是由一组具有相同安全保护需求并相互信任的系统组成的逻辑区域，在同一安全域中的系统共享相同的安全策略，通过安全域的划分把一个大规模复杂系统的安全问题化解为更小区域的安全保护问题，安全域划分是实现大规模复杂信息系统安全保护的有效方法。安全域划分是按照安全域的思想，以保障云计算业务安全为出发点和立足点，把网络系统划分为不同安全区域，并进行纵深防护。

对于云计算平台的安全防护，需要根据云平台安全防护技术实现架构，选择和部署合理的安全防护措施，并配置恰当的策略，从而实现多层、纵深防御，才能有效地保证云平台资源及服务的安全。

（1）安全域划分。

① 安全域划分的原则。

业务保障原则：安全域方法的根本目标是能够更好地保障网络上承载的业务。在保证安全的同时，还要保障业务的正常运行和运行效率。

结构简化原则：安全域划分的直接目的和效果是将整个网络变得更加简单，简单的网络结构便于设计防护体系。比如，安全域划分并不是粒度越细越好，安全域数量过多过杂可能导致安全域的管理过于复杂和困难。

等级保护原则：安全域划分和边界整合遵循业务系统等级防护要求，使具有相同等级保护要求的数据业务系统共享防护手段。

生命周期原则：对于安全域的划分和布防不仅仅要考虑静态设计，还要考虑云平台扩容及因业务运营而带来的变化，以及开发、测试及后期运维管理要求。

② 安全域的逻辑划分。

按照纵深防护、分等级保护的理念，基于云平台的系统结构，其安全域的逻辑划分如图 6-18 所示。

按照防护的层次，从外向内可分为外部接口层、核心交换层、计算服务层、资源层。根据安全要求和策略的不同，每一层再分为不同的区域。对于不同的区域，可以根据实际情况再细分为不同的区域。例如，根据安全等级保护的要求，对于生产区可以再细分为一级保护生产区、二级保护生产区、三级保护生产区、四级保护生产区，或者根据管理主体的不同，也可细分为集团业务生产区、分支业务生产区。

对于实际的云计算系统，在进行安全域划分时，需要根据系统的架构、承载的业务和数据流、安全需求等情况，按照层次化、纵深防御的安全域划分思想，进行科学、严谨的划分，不可死搬硬套。

③ 安全域的划分示例。

根据某数据中心的实际情况及安全等级防护要求，安全域划分如图 6-19 所示。

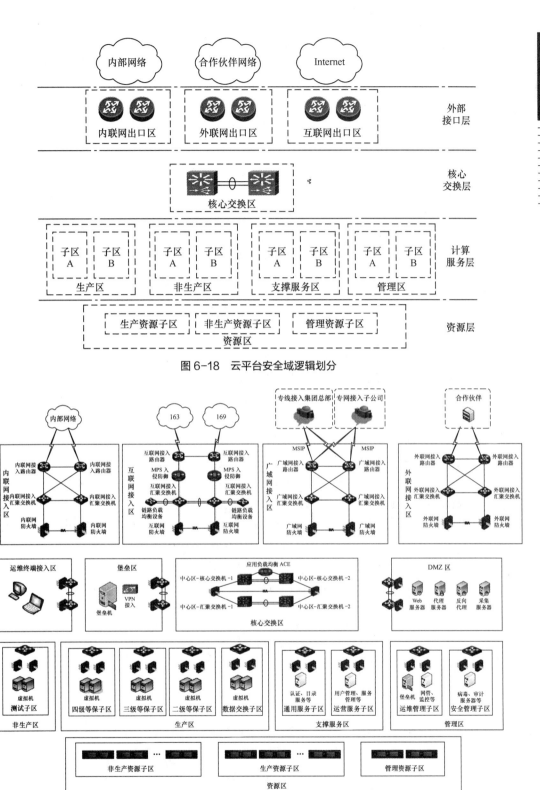

图 6-18　云平台安全域逻辑划分

图 6-19　安全域划分示例

说明如下。

互联网接入区：主要包括接入交换机、路由器、网络安全设备等，负责实现与 163、169、CMNET 等互联网的互联。

内联网接入区：主要包括接入交换机、路由器、网络安全设备等，负责实现与组织内部网络的互联。

广域网接入区：主要包括接入交换机、路由器、网络安全设备等，负责与本组织集团或其他分支网络的接入。

外联网接入区：主要包括接入交换机、路由器、网络安全设备等，负责本组织第三方合作伙伴网络的接入。

核心交换区：由支持虚拟交换的高性能交换机组成，负责整个云计算系统内部之间、内部与外部之间的通信交换。

生产区：主要包括一系列提供正常业务服务的虚拟主机、平台及应用软件，使提供 IaaS、PaaS、SaaS 服务的核心组件。根据业务主体、安全保护等级的不同，可以进行进一步细分。例如，可以根据保护等级的不同，细分为四级保护子区、三级保护子区、二级保护子区。另外，为了保证不同生产子区之间的通信，可以单独划分一个负责交换的数据交换子区。

非生产区：非生产区主要是为系统开发、测试、试运行等提供的逻辑区域。根据实际情况，非生产区一般可分为系统开发子区、系统测试子区、系统试运行子区。

支撑服务区：该区域主要为云平台及其组件提供共性的支撑服务，通常按照所提供的功能的不同，可以细分为通用服务子区，一般包括数字证书服务、认证服务、目录服务等；运营服务子区，一般包括用户管理、业务服务管理、服务编排等。

管理区：主要提供云平台的运维管理、安全管理服务，一般可分为运维管理子区，一般包括运维监控平台、网管平台、网络控制器等；安全管理子区，一般包括安全审计、安全防病毒、补丁管理服务器、安全检测管理服务器等。

资源区：主要包括各种虚拟化资源，涉及主机、网络、数据、平台和应用等各种虚拟化资源。按照各种资源安全策略的不同，可以进一步细分为生产资源、非生产资源、管理资源。不同的资源区对应不同的上层区域，如生产区、非生产区、管理区等。

DMZ 区：主要包括提供给 Internet 用户、外部用户访问代理服务器、Web 服务器组成。一般情况下 Internet、Intranet 用户必须通过 DMZ 区服务器才能访问内部主机或服务。

堡垒区：主要提供内部运维管理人员、云平台租户的远程安全接入以及对其授权、访问控制和审计服务，一般包括 VPN 服务器、堡垒机等。

运维终端接入区：负责云平台的运行维护终端接入。

针对具体的云平台，在完成安全域划分之后，就需要基于安全域划分结果设计和部署相应的安全机制、措施，以进行有效防护。

④ 网络隔离。

为了保障云平台及其承载的业务安全，需要根据网络所承载的数据种类及功能进行单独组网。

管理网络：物理设备是承载虚拟机的基础资源，其管理必须得到严格控制，所以应采用独立的带外管理网络来保障物理设备管理的安全性。同时各种虚拟资源的准备、分配、安全管理等也需要独立的网络，以避免与正常业务数据通信的相互影响，因此设立独立的管理网络来承载物理、虚拟资源的管理流量。

存储网络：对于数据存储，往往采用 SAN、NAS 等区域数据网络来进行数据的传输，因此也将存储网络独立出来，并与其他网络进行隔离。

迁移网络：虚拟机可以在不同的云计算节点或主机间进行迁移，为了保障迁移的可靠性，需要将迁移网络独立出来。

控制网络：随着SDN技术的出现，数据平面和数据平面数据出现了分离。控制平面非常重要，关乎整个云平台网络服务的提供，因此建议组建独立的控制网络，保障网络服务的可用性、可靠性和安全性。

上面所述适用于一般情况，针对具体的应用场景，也可以根据需要划分其他独立的网络。

（2）安全防护设计。

云计算系统具有传统IT系统的一些特点，从上面的安全域划分结果可以看到，其在外部接口层、核心交换层的安全域划分是基本相同的，针对这些传统的安全区域仍旧可以采用传统的安全措施和方法进行安全防护，如图6-20所示。

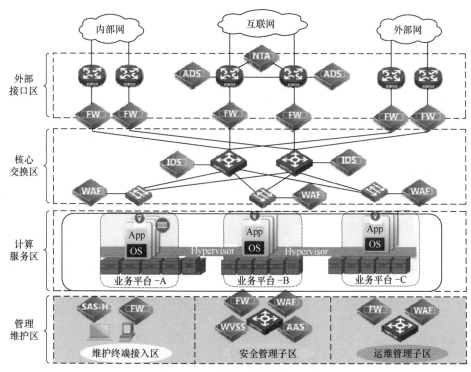

图6-20　传统安全措施的部署

从上面的安全域划分结果可以看到，相对于传统的网络与信息系统来说，云平台由于采用了虚拟化技术，在计算服务层、资源层的安全域划分与传统IT系统有所不同，这主要体现在虚拟化部分，即生产区、非生产区、管理区、支撑服务区、堡垒区、DMZ区等。

【巩固与拓展】

一、知识巩固

1. 下列关于云安全的描述，正确的有（　　　）。

A. 云安全是安全软件、安全硬件和安全云平台等的总称

B. 云安全体现为应用于云计算系统的各种安全技术和手段的融合

C. 指网络安全厂商基于云平台向用户提供各类安全服务

D. 指通过相关安全技术，形成安全解决方案，以保护云计算系统本身的安全

2. 下列安全内容仅属于云安全的是（　　　　）。

A. 物理安全 　　　　　　　　B. 网络安全

C. 数据安全 　　　　　　　　D. 虚拟化安全

3. 发布了《云计算安全指南》，提出了云计算安全参考模型的组织（企业）是（　　　　）。

A. 云安全联盟（CSA） 　　　B. 天融信

C. 绿盟科技 　　　　　　　　D. 蓝盾股份

4. 下列属于 SaaS 层的安全职责或服务的是（　　　　）。

A. 虚拟机安全 　　　　　　　B. 访问控制服务

C. 分布式文件和数据库安全 　D. 云垃圾邮件过滤及防治

5. 下列不属于数据安全内容的是（　　　　）。

A. 数据传输 　　B. 数据隔离 　　C. 数据残留 　　D. 数据统计

6. SECaaS 是指（　　　　）。

A. 基础设施即服务 　　　　　B. 平台即服务

C. 安全即服务 　　　　　　　D. 应用即服务

7. 国内首家通过 ISO27001 认证的可管理安全服务（MSS）和 SECaaS 提供商是（　　　　）。

A. 深信服 　　B. 天融信 　　C. 绿盟科技 　　D. 蓝盾股份

二、拓展提升

1. 进一步了解 CSA 提出的云安全模型，并选择一家厂商的云安全架构与传统安全架构进行对比分析（内容和技术等）。

2. 对比主流安全厂商（3～5 家）的云安全解决方案，比较其异同。

3. 尝试通过 Internet 搜索能够提供云安全服务的厂商，并试着申请厂商所提供的安全服务。

PART 7

第 7 章
云技术

本章目标

本章将向读者介绍云计算技术框架及云计算相关的关键技术，主要包括虚拟化技术、Docker 技术（一种容器技术）、Unikernel 技术（专用内核技术）、多租户技术、海量数据存储技术、海量数据管理技术和并行编程模式等。本章的学习要点如下。

（1）云计算技术框架。

（2）虚拟化技术的内涵和发展。

（3）虚拟化架构。

（4）虚拟化技术的分类。

（5）ESX、Hyper-V、Xen 和 KVM。

（6）Docker 技术和 Unikernel 技术。

（7）多租户技术、海量数据存储技术、海量数据管理技术和并行编程模式。

7.1　云计算技术框架

如前所述，云计算是随着分布式存储技术、海量数据处理技术、虚拟化技术等技术发展而形成的一种新的服务模式。云计算技术体系融合了诸多传统 IT 技术，从 IaaS、PaaS 和 SaaS 及其主要支撑技术角度观察，云计算技术框架示意图如图 7-1 所示。

1．SaaS 层主要技术

SaaS 层是距离普通用户最近的层次，SaaS 层所使用到的主要为展示技术，这些技术也是大家所熟知的技术，主要如下。

（1）HTML：标准的 Web 页面技术，现在正处于由 HTML4 向 HTML5 过渡的阶段，HTML5 会在视频和本地存储等方面推动 Web 页面的发展。

（2）JavaScript：一种用于 Web 页面的动态语言，借助 JavaScript 能够极大地丰富 Web 页面的功能，最流行的 JS 框架有 jQuery 和 Prototype。

（3）CSS：主要用于控制 Web 页面的外观，而且能使页面的内容与其表现形式之间进行优雅的分离。

（4）Flash：业界最常用的富网络应用（Rich Internet Applications，RIA）技术，能够在现阶段提供 HTML 等技术所无法提供的基于 Web 的富应用，能够让用户获得很好的用户体验。

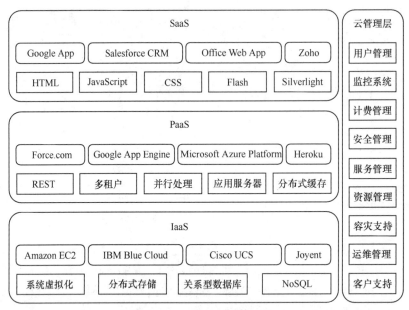

图 7-1　云计算技术框架示意图

（5）Silverlight：来自业界巨擘 Microsoft 的 RIA 技术，虽然其现在市场占有率稍逊于 Flash，但由于它可以使用 C# 来进行编程，因此对开发者非常友好。

在 SaaS 层的技术选型上，基于通用性和较低的学习成本等原因，大多数云计算产品都会比较倾向于 HTML、JavaScript 和 CSS 这个黄金组合，但是在 HTML5 被广泛应用之前，RIA 技术在用户体验方面仍然具有一定的优势，所以 Flash 和 Silverlight 也将会有一定的用武之地，比如 VMware vCloud 就采用了基于 Flash 的 Flex 技术，而 Microsoft 的云计算产品肯定会在今后大量使用 Silverlight 技术。

2．PaaS 层主要技术

PaaS 层的技术具有多样性，主要如下。

（1）REST：通过表述性状态转移（Representational State Transfer，REST）技术，能够非常方便和优雅地将中间件层所支撑的部分服务提供给调用者。

（2）多租户：就是能让一个单独的应用实例可以为多个组织服务，而且能保持良好的隔离性和安全性，通过这种技术，能有效地降低应用的购置和维护成本。多租户技术的详细介绍见 7.4.1 小节。

（3）并行处理：为了处理海量的数据，需要利用庞大的 x86 集群进行规模巨大的并行处理，Google 的 MapReduce 是这方面的代表之作。并行编程模式的详细介绍见 7.4.4 小节。

（4）应用服务器：在原有的应用服务器的基础上为云计算进行了大量的优化，比如用于 GAE 的 Jetty 应用服务器。

（5）分布式缓存：通过分布式缓存技术，不仅能有效地降低对后台服务器的压力，而且还能加快相应的反应速度，最著名的分布式缓存例子莫过于 Memcached 。

对于很多 PaaS 平台（如用于部署 Ruby 应用的 Heroku 云平台等），应用服务器和分布式缓存都是必备的，同时 REST 技术也常用于对外的接口，多租户技术则主要用于 SaaS 应用的后台，比如用于支撑 Salesforce 的 CRM 等应用的 Force.com 多租户内核，而并行处理技术常被作为单独的服务推出，比如 Amazon 的 Elastic MapReduce 等。

3．IaaS 层主要技术

IaaS 所采用的技术都是一些比较底层的技术，主要如下。

（1）虚拟化：可以理解为基础设施层的"多租户"，因为通过虚拟化技术，能够在一个物理服务器上生成多个虚拟机，并且能在这些虚拟机之间实现全面的隔离，这样不仅能降低服务器的购置成本，而且能降低服务器的运维成本。虚拟化技术的详细介绍见 7.2 节。

（2）分布式存储：为了承载海量的数据，同时也要保证这些数据的可管理性，需要一整套分布式的存储系统（如 Google 的 GFS 等）。分布式存储技术的详细介绍见 7.4.2 小节。

（3）关系型数据库：基本是在原有的关系型数据库的基础上做了扩展和管理等方面的优化，使其在云中更适应。

（4）NoSQL ：为了满足一些关系数据库所无法满足的目标，比如支撑海量的数据等，一些公司特地设计一批不是基于关系模型的数据库（如 Google 的 BigTable 和 Facebook 的 Cassandra 等）。

现在大多数的 IaaS 服务都是基于 Xen 的，比如 Amazon 的 EC2 等，但 VMware 也推出了基于 ESX 技术的 vCloud ，同时业界也有几个基于关系型数据库的云服务，比如 Amazon 的关系型数据库服务（Relational Database Service，RDS）和 Microsoft Azure SQL 数据库服务（SQL Data Services，SDS）等。分布式存储和 NoSQL 也已经被广泛用于云平台的后端，比如 GAE 的 Datastore 就是基于 BigTable 和 GFS 两项技术之上的，而 Amazon 则推出了基于 NoSQL 技术的 Simple DB 。

云管理相关技术和内容主要包括用户管理、系统监控、计费管理、安全管理、服务管理、资源管理、容灾支持、运维管理和用户支持等。

7.2 虚拟化技术

7.2.1 理解虚拟化技术的内涵

1．虚拟化技术定义

在计算机中，虚拟化（Virtualization）是一种资源管理技术，是将计算机的各种实体资源（如 CPU、存储及网络等）予以抽象、转换后呈现出来，打破实体结构间的不可切割的障碍，使用户可以以比原本的组态更好的方式来应用这些资源。这些资源的新虚拟部分是不受现有资源的架设方式、地域或物理组态所限制的。一般所指的虚拟化资源包括计算能力和资料存储。

虚拟化技术是云计算技术框架中核心技术之一，是将各种计算及存储资源充分整合和高效利用的关键技术。虚拟化的定义是为某些对象创造虚拟（相对于真实）版本，比如操作系统、计算机系统、存储设备和网络资源等，它是表示计算机资源的抽象方法。通过虚拟化可以用与访问抽象前资源一致的方法访问抽象后的资源，可以为一组类似资源提供一个通用的抽象接口集，从而隐藏属性和操作之间的差异，并允许通过一种通用的方式来查看和维护资源。

广义来说，虚拟化是将不存在的事物或现象"虚拟"成为存在的事物或现象的方法。狭义来说，虚拟化是指在计算机上模拟运行多个操作系统平台。在计算机领域，虚拟化通常是指计算元件在虚拟的基础上而不是真实的基础上运行。虚拟化技术可以扩大硬件的容量，简化软件的重新配置过程。CPU 的虚拟化技术可以单 CPU 模拟多 CPU 并行，允许一个平台同时运行多个操作系统，并且应用程序都可以在相互独立的空间内运行而互不影响，从而显著提高计算机的工作效率。

虚拟化技术也是一种调配计算资源的方法，它将应用系统的不同层面（硬件、软件、数据等）隔离起来，从而打破数据中心、服务器、存储、网络数据和应用的物理设备之间的划分，实现架构动态化，并达到集中管理和动态使用物理资源及虚拟资源以提高系统结构的弹性和灵活性、降低成本、改进服务、减少管理风险等目标。

计算机的虚拟化使单个计算机看起来像多个计算机或完全不同的计算机，从而提高资源利用率或降低 IT 成本。之后，随着 IT 架构的复杂化和企业对计算机需求的急剧增加，虚拟化技术发展到了使多台计算机看起来像一台计算机以实现统一管理、调配和监控。现在，整个 IT 环境已逐步向云计算时代迈进，虚拟化技术也从最初的侧重于整合数据中心内的资源发展到可以跨越 IT 架构实现包括资源、网络、应用和桌面在内的全系统虚拟化，进而提高灵活性。

综上所述，虽然目前还没有对虚拟化统一的、标准的定义，但大多数定义都包含以下几个方面的描述。

- 虚拟的内容是资源（包括 CPU、存储、网络等）。
- 被虚拟的物理资源有着统一的逻辑表示，而且这种逻辑表示提供给用户大部分相同或完全相同的物理资源的功能。
- 经过一系列的虚拟化过程后，资源不受物理限制约束，带给我们与传统 IT 相比更多的优势——资源共享、负载动态优化、高安全性等。

虚拟化具有抽象隔离、弹性伸缩、解耦和应用封装与迁移等特性，如图 7-2 所示。

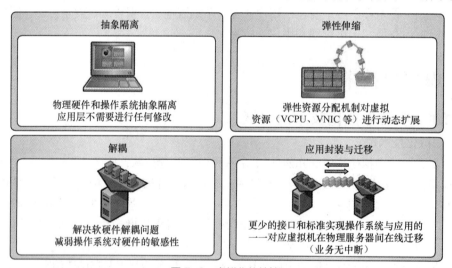

图 7-2　虚拟化的特性

2．虚拟化技术优点

从虚拟化技术的特性及其在业界的广泛应用情况，总结出虚拟化技术具有资源共享、负载动态优化、自动化管理、安全性高和节能环保等优势。

（1）资源共享：通过利用虚拟化技术，可以将企业的一些硬件资源包括服务器、网络全部整合起来，可以高效地利用这些资源，提高这些资源的利用率，减少资源的浪费。

（2）负载动态优化：一方面体现在采用了虚拟化技术后可以随着业务系统的工作负载动态变化来调整资源的供给。另一方面是从整个企业的数据中心资源利用率方面考虑，通过使用一些动态优化的算法能够将这些虚拟化的服务器在不同的资源、机器里面进行调配，减少物理机器的数量。

（3）自动化管理：一是可以通过虚拟化技术屏蔽硬件底层的差异，不管是系统管理员还是上层的服务，都可以用统一的方式使用下层的资源，让管理和使用更加方便、高效。二是利用虚拟化组件的技术可以将企业经常用的软件、服务等做成虚拟组件模板，实现一次创建模板、到处可以使用的便捷方式，提高 IT 系统响应能力。三是维护数量庞大的服务器群的运维管理成本也因为整合服务器提高管理效率而得以降低，由于减少了服务器，通过控制台集中管理，简化了管理任务，使管理工作变得轻松易行。

（4）安全性高：由于虚拟系统的硬件平台无关性，虚拟化技术可应对系统在突发情况下的安全威胁。当前的虚拟化计划可以做到在特定的时间对其上运行的系统进行"快照"抓取，有了"快照"，即使服务器受到了恶意攻击，也能够很方便地进行恢复，对服务器的安全起到了很好的保障作用。

（5）节能环保：一方面由于企业现有应用复杂性非常高，在硬件、软件、散热等方面的资金投入非常大，借助虚拟化技术可极大地提高每一台服务器的利用率，降低整体服务器基础架构的总成本。另一方面采用虚拟化技术之后由于物理服务器数量的减少，服务器能耗、制冷电器等的用电量也大大降低，还有利于创建更加绿色环保的环境。

虚拟化技术不同于多任务和超线程技术。多任务是指在一个操作系统中多个程序同时运行。超线程技术是单 CPU 模拟双 CPU 来平衡程序运行性能，这两个模拟出来的 CPU 是不能分离的，只能协同工作。而借助于虚拟化技术可以同时运行多个操作系统，而且每一个操作系统中都有多个程序运行，每一个操作系统都运行在一个虚拟的 CPU 或者是虚拟主机上。

7.2.2　追溯虚拟化技术的发展

1．虚拟化技术的发展历史与未来趋势

虽然虚拟化技术在最近几年才开始大范围推广和应用，但从其诞生时间来看虚拟化技术的发展也是源远流长。

1959 年，Christopher Strachey 发表了一篇名为《大型高速计算机中的时间共享（Time Sharing in Large Fast Computers）》的学术报告，他在报告中提出了虚拟化的基本概念，这篇文章也被认为是虚拟化技术的最早论述。因此说，虚拟化作为一个概念被正式提出是从 1959 年开始的。

1965 年，IBM 公司发布的 IBM7044 被认为是最早在商业系统上实现虚拟化。IBM7044 允许用户在一台主机上运行多个操作系统，让用户尽可能充分地利用昂贵的大型机资源。随后虚拟化技术一直只在大型机上应用，而在 PC 和服务器的 x86 平台上的应用进展缓慢。

1999 年，随着 x86 平台处理能力的不断增强，VMware 在 x86 平台上推出了可以流畅运行的商业虚拟化软件。从此虚拟化技术走下大型机的神坛，来到 PC 和服务器的世界之中。在随后的时间里，虚拟化技术在 x86 平台上得到了突飞猛进的发展。尤其是 CPU 进入多核时代之后，2000 年左右服务器集中化开始兴起。

从 2007 年开始，虚拟化实施的重点转移到了灾备、迁移以及负载均衡上。虚拟化技术进入快速发展时期。

在 2010 年左右，虚拟化实施形成以服务为导向、成本可控、基于策略且能够实现自动控制的数据中心。虚拟化技术进入成熟时期。

展望未来，从虚拟化技术应用及发展的整体来看，以下几点将成为虚拟化技术未来的发

展趋势。

（1）连接协议标准化。桌面虚拟化连接协议目前有 VMware 的 PCoIP、Citrix 的 ICA 和 Microsoft 的 RDP 等。未来桌面连接协议标准化之后，将解决终端和云平台之间的广泛兼容性，形成良性的产业链结构。

（2）平台开放化。作为基础平台，封闭架构带来不兼容性，无法支持异构虚拟机系统，也难以支撑开放合作的产业链需求。随着云计算时代的来临，虚拟化管理平台逐步走向开放平台架构，多个厂家的虚拟机可以在开放的平台架构下共存，不同的应用厂商可以基于开放平台架构不断地丰富云应用。

（3）公有云私有化。在公有云场景（如产业园区），政府/企业整体 IT 架构构建在公有云上，对于数据的安全性有非常高的要求。如果不能解决公有云的安全性，就难以推进企业 IT 架构向公有云模式的转变。在公有云场景，需要提供类似于 VPN 的技术，把企业的 IT 架构变成叠加在公有云上的"私有云"，这样既享受了公有云的服务便利性，又可以保证私有数据的安全性。

（4）虚拟化客户端硬件化。当前的桌面虚拟化和应用虚拟化技术对于富媒体的用户体验和传统的 PC 终端相比还是有一定的差距的，主要原因是对于 2D 图像、3D 图像、视频、Flash 等富媒体缺少硬件辅助虚拟化支持。随着虚拟化技术越来越成熟，终端芯片将逐步加强对于虚拟化的支持，从而通过硬件辅助处理来提升富媒体的用户体验。特别是对于 Pad、智能手机等移动终端设备，如果对虚拟化指令有较好的硬件辅助支持，将大大促进虚拟化技术在移动终端的落地。

2．虚拟化技术代表厂商

（1）VMware。

VMware 是全球桌面到数据中心虚拟化解决方案的领导厂商，也可以说是虚拟化技术的布道者，是它将虚拟化技术带到 x86 平台。该厂商目前也是虚拟化行业的龙头老大，虽然其地位正受到软件巨人 Microsoft 公司的不断挑战，但是其市场增长率仍然非常可观。VMware 目前还在不断地通过收购等手段扩张自己已经非常庞大的产品线。VMware 的产品目前主要分为数据中心虚拟化和桌面虚拟化两个系列，主要产品具体名称和功能如下。

VMware vCenter Converter：用于实现对物理服务器到虚拟服务器的转换过程，可以使用冷迁移和热迁移两种方式。

VMware vCenter Site Recovery Manager：主要用于数据灾难恢复，通过实现恢复流程自动化和降低管理及测试恢复计划的复杂性，加速恢复流程并确保成功执行恢复。它省去了复杂的手动恢复步骤，能够避免灾难恢复带来的风险并解除后顾之忧。

VMware vCenter Lab Manager：主要用于降低软件的开发、测试和集成的成本。它创建并管理常用的配置库，而且只需简单地单击鼠标即可在几秒钟内对这些配置进行动态部署；允许用户按需访问所需的计算机和系统，同时 IT 组织仍保留管理控制权，能够节省大量服务器、存储和部署的相关成本。它通常用于软件公司的开发环境之中。

VMware vCenter Lifecycle Manager：对数据中心内虚拟机的生命周期进行管理的工具，可以实现虚拟化工作流程的自动化，以提高效益和生产效率，并确保严格遵守公司的策略。

VMware vCenter Stage Manager：主要用于自动执行 IT 服务部署和更新。它直观显示、管理和自动化发布过程；从单一的视角管理企业中的所有服务配置，优化 IT 服务交付、修补程序测试和归档。

VMware View：用于简化虚拟桌面管理并提高桌面安全性，将传统的 PC 替换为可从数据中心进行管理的虚拟桌面。

以上产品都是构建在 VMware 的 VMware Infrastructure 3（VI3）的基础之上。VI3 是由 VMware vCenter Server 和 ESX Server 构成的，VI3 作为一个虚拟数据中心操作系统，将离散的硬件资源统一起来以创建共享动态平台，同时实现应用程序的内置可用性、安全性和扩展性。

除此之外，VMware 还有 VMware Server（基于 Windows 或者 Linux 宿主操作系统的免费产品）、VMware Workstation（桌面级虚拟化应用，同样需要宿主操作系统的支持，通常用于测试和个人使用）、VMware Fusion（Mac 版本的 VMware Workstation）、VMware ThinApp（在瘦虚拟化环境中执行应用程序，使其就像在宿主机上直接运行一样）、VMware Player（可以理解为限制了功能的 VMware Workstation 的免费版本，主要用于免费运行虚拟机）等。

（2）Citrix。

Citrix 成立于 1989 年，是一家致力于云计算虚拟化、虚拟桌面和远程接入技术领域的高科技企业，是业界领先的虚拟化和云计算解决方案提供商，也是全世界排名第一的桌面和应用虚拟化供应商。现在流行的自带设备办公（Bring Your Own Device，BYOD）就是 Citrix 公司提出的。其服务的主要行业领域包括：金融业、电信、汽车、电子产品、医疗保健、制药、市政设施和政府机构等。

Citrix 公司虚拟化相关的软件产品有：Citrix XenApp（应用虚拟化）、Citrix XenDesktop（桌面虚拟化）、Citrix XenServer（服务器虚拟化）、Citrix VDI-In-A-Box（SMB 桌面虚拟化）、Citrix App DNA（应用迁移）和 Citrix ShareFile（文件共享）等。

Citrix XenApp 是一种按需应用程序交付解决方案，可以实现在数据中心集中管理应用，并将这些程序以服务的形式即时交付给任何地点的最终用户。Citrix XenDesktop 是一种桌面虚拟化解决方案，用于将 Windows 桌面以按需服务方式交付给任何地点的任何最终用户。

Citrix VDI-In-A-Box 是一个简单、可负担得起、可快速投入使用的桌面虚拟化解决方案山，可提供高性能、高可用性、高清体验的虚拟桌面。

Citrix XenServer 用于实现服务器虚拟化。它可以使多个虚拟机在一台物理计算机上运行；每个虚拟机可以运行不同的操作系统和应用程序；每个虚拟机与其他虚拟机隔离，并且与底层硬件分离；具有抽象性、隔离性、封装性，摆脱了硬件的束缚。

7.2.3 认知虚拟化架构

通常来说，虚拟化架构目前分为两种：寄居架构（Hosted Architecture）和裸金属架构（Bare Metal Architecture）。下面分别对这两种架构进行简单介绍。

1．寄居架构

寄居架构（也称为宿主架构）是在操作系统之上安装和运行虚拟化程序，依赖于主机操作系统对设备的支持和物理资源的管理。寄居虚拟架构如图 7-3 所示。

寄居架构的 Hypervisor（如 VMware Workstation）被看成一个应用软件或是服务，必须在已经安装好的操作系统上才能运行，最典型的产品就是 VMware 公司的 VMware Workstation 以及 Microsoft 的 Virtual PC。寄居架构的好处是硬件的兼容性，只要宿主操作系统能使用的硬件，虚拟机中的操作系统都能使用。另外它对物理硬件的要求也很低，基本上所有的 PC 都可以运行 VMware Workstation 或 Virtual PC。然而寄居架构的缺点也很明显，首先最致命的是当宿主操作系统出现任何问题时，虚拟机中的操作系统都将无法使用。比如我们在 Windows 7 中安装的 VMware Workstation，如果 Windows 7 蓝屏了，那 VMware Workstation 当然也就无法使用了。其次，寄居架构的虚拟机性能和物理主机相去甚远，因此无法用于高负荷的生产环境。所以这种寄居架构的虚拟化产品只能适用于个人用户，对于企业用户是远远无法满足需求的。

2. 裸金属架构

裸金属架构（也称为原生架构）就是直接在硬件上面安装虚拟化软件，再在其上安装操作系统和应用，依赖虚拟层内核和服务器控制台进行管理。裸金属虚拟化架构如图 7-4 所示。

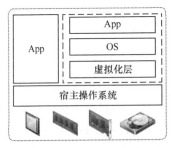

图 7-3　寄居虚拟化架构

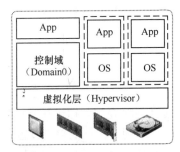

图 7-4　裸金属虚拟化架构

裸金属架构将 Hypervisor 直接安装在硬件上，将所有的硬件资源接管。由于 Hypervisor 层极小，而且不管理太复杂的事项，仅负责和上层的虚拟机操作系统沟通及资源协调，因而出错的概率很低。而且在其上的任何一个虚拟操作系统出错了，都不会影响其他的客户端。另外，裸金属架构的虚拟机性能与物理主机基本相当，这是寄居架构的虚拟机所远远无法比拟的。目前，裸金属架构的典型产品是 VMware 的 VMware vSphere 和 Microsoft 的 Hyper-V。

裸金属架构的虚拟机产品为了保持稳定性及微内核，不可能将所有硬件产品的驱动程序都放入，因此最大的问题就是硬件兼容性。大部分的裸金属架构产品都支持主流服务器及存储设备，但一般 PC 所使用的硬件则很多都无法在裸金属架构的虚拟机下运行。在这方面，vSphere 和 Hyper-V 有着很大的区别。VMware vSphere 采用的是胖管理层，也就是把底层物理硬件的驱动程序都整合到 Hypervisor 管理层中，所以管理层显得比较胖。很显然，这种架构的性能比较好，但是对于底层物理硬件的要求比较高，对兼容性和安全性的挑战比较高。Hyper-V 采用的则是瘦管理层，Hypervisor 管理层仅用于管理 CPU 和内存，而不包含底层物理硬件的驱动程序，所以管理层显得比较瘦。由于不包含硬件驱动，因此 Hyper-V 代码量比较小，仅有 300KB 多，安全性和兼容性要更好一些，但是效率和胖管理层相比差距很大。

随着虚拟化技术的不断发展，在原有的寄居架构和裸金属架构的基础上，逐步形成了混合虚拟化架构，如图 7-5 所示。

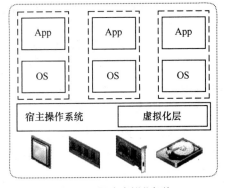

图 7-5　混合虚拟化架构

寄居虚拟化架构、裸金属虚拟化架构和混合虚拟化架构的比较情况如表 7-1 所示。

表 7-1　各类虚拟化架构比较

序号	虚拟化架构类型	优　点	缺　点	典型产品
1	寄居虚拟化架构	● 硬件兼容性好 ● 虚拟化层以应用的方式运行在操作系统之上,对物理硬件的要求低	● 虚拟化层无法直接操作硬件,性能损耗大 ● 虚拟机性能较差	VMware Workstation、Vitural PC
2	裸金属虚拟化架构	● 无需依赖特定操作系统,虚拟化层直接作用于硬件,可靠性高 ● 虚拟层直接进行硬件管理,虚拟机性能好	● 硬件兼容性差 ● 对物理硬件要求较高	VMware ESX Server、Citrix XenServer、Microsoft Hyper-V、华为 FusionCompute
3	混合虚拟化架构	● OS 内核与虚拟化层整合,共同作用于硬件 ● 可以兼容 Linux 特性,同步 Linux 补丁	● 需底层硬件支持虚拟化扩展功能,虚拟机性能好	Red Hat KVM

7.2.4　辨别虚拟化技术的分类

虚拟化技术经过多年的发展,已经成为一个庞大的技术家族,其技术形式种类繁多,从应用模式角度,可以划分为一对多、多对一和多对多;从硬件资源调用模式角度,可以划分为全虚拟化、半虚拟化和硬件辅助虚拟化;从实现层次角度,可以划分为硬件虚拟化、操作系统虚拟化、应用程序虚拟化;从应用领域角度,可以划分为服务器虚拟化、存储虚拟化、应用虚拟化、平台虚拟化、桌面虚拟化、网络虚拟化。常见的虚拟化技术的分类情况如表 7-2 所示。

表 7-2　虚拟化技术的分类

序号	分类依据	名　称	描　述
1	应用模式	一对多	将一个物理服务器划分为多个虚拟服务器,是典型的服务器整合模式
		多对一	整合了多个虚拟服务器,并将它们作为一个资源池,是典型的网格计算模式
		多对多	将"一对多"和"多对一"两种模式结合在一起
2	硬件资源调用模式	全虚拟化	虚拟操作系统与底层硬件完全隔离,由中间的 Hypervisor 层转化虚拟用户操作系统对底层硬件的调用代码。无需更改用户端操作系统,兼容性好。典型代表是 VMware WorkStation、VMware ESX Server 早期版本、Microsoft Vitrual Server
		半虚拟化	在虚拟用户操作系统中加入特定的虚拟化指令,这些指令可以直接通过 Hypervisor 层调用硬件资源,免除了 Hypervisor 层转换指令的性能开销。典型代表是 Microsoft Hyper-V、VMware 的 vSphere
		硬件辅助虚拟化	在 CPU 中加入了新的指令集和处理器运行模式,完成虚拟操作系统对硬件资源的直接调用。典型代表是 Intel VT、AMD-V

序号	分类依据	名　称	描　述
3	实现层次	硬件虚拟化	用软件来虚拟一台标准计算机的硬件配置（如 CPU、内存、硬盘、声卡、显卡、光驱等）
		操作系统虚拟化	就是以一个系统为母体，克隆出多个操作系统
		应用程序虚拟化	为应用程序提供了一个虚拟的运行环境，在这个环境中，不仅包括应用程序的可执行文件，还包括它所需要的运行时环境
4	应用领域	服务器虚拟化	将一个操作系统的物理实例分割到虚拟实例或者虚拟机中，这些虚拟操作系统可以是 x86 或者 x64 的 Windows、Linux 或者 UNIX 操作系统。服务器虚拟化又分为软件虚拟化和硬件虚拟化
		存储虚拟化	将整个云系统的存储资源进行统一整合管理，为用户提供一个统一的存储空间
		平台虚拟化	集成各种开发资源虚拟出一个面向开发人员的统一接口，软件开发人员可以方便地在这个虚拟平台中开发各种应用并嵌入到云计算系统中，使其成为新的云服务供用户使用
		应用虚拟化	把应用对底层系统和硬件的依赖抽象出来，从而解除应用与操作系统和硬件的耦合关系
		桌面虚拟化	将用户的桌面环境与其使用的终端设备解耦。服务器上存放的是每个用户的完整桌面环境。用户使用具有足够处理和显示功能的不同终端设备通过网络访问该桌面环境
		网络虚拟化	将一个物理局域网划分成多个虚拟局域网，或者将多个物理局域网中的节点划分到一个虚拟局域网中，以提供一个灵活便捷的网络管理环境，通常包括虚拟局域网和虚拟专用网

下面重点介绍从实现层次和应用领域分类的各种虚拟化技术。

1．从实现层次划分

（1）基于硬件的虚拟化。

硬件虚拟化就是用软件来虚拟一台标准计算机的硬件配置（如 CPU、内存、硬盘、声卡、显卡、光驱等），成为一台虚拟的裸机，并在虚拟机上安装操作系统。硬件虚拟化应该是 IT 人员最熟悉的技术，其代表产品有 **VMware Workstation**、**Virtual PC** 和 **Virtual Box**。

通常情况下，硬件虚拟化会先在操作系统里安装一个硬件虚拟化软件，用其虚拟出一台计算机，再安装操作系统，实现系统里运行系统，并可虚拟出多台计算机，安装多个相同或不同的系统（即寄居虚拟化架构）。由于在系统里安装虚拟化软件，再在虚拟的计算机上装系统，因此就有原系统和虚拟化软件两层消耗，这样为虚拟机分配的硬件资源要占用实际硬件的资源，对性能损耗也较大。为了提高性能，出现了另外一种硬件虚拟化形式：直接在裸机上安装虚拟化软件（即裸金属虚拟化架构），然后安装多个系统并同时运行。由于跳过了原系统这一环节，性能大大提高。其代表产品有 **VMware ESX Server** 和 **Microsoft Hyper-V** 等。

（2）基于操作系统的虚拟化。

操作系统虚拟化就是以一个系统为母体，克隆出多个系统。它比硬件虚拟化要灵活方便，因为只需在系统里装一个虚拟化软件，就能以原系统为样本很快克隆出系统，克隆出的系统与原系统除一些 ID 标识外，其余都一样。SWsoft 的 Virutozzo 和 Sun 的 Solaris Container 是这种技术的两种实现。

操作系统虚拟化与硬件虚拟化看起来类似，但实质上有很多不同之处。

① 操作系统虚拟化是以原系统为样本，虚拟出一个近乎一模一样的系统；硬件虚拟化是虚拟硬件环境，然后真实地安装系统。二者虚拟的东西不一样。

② 操作系统虚拟化虚拟的系统都只能为相同的系统；硬件虚拟化虚拟的系统可以为不同的系统，如 Linux、Mac、Windows 家族。

③ 操作系统虚拟化虚拟的多个系统有较强的联系，体现在：一方面可以为多个虚拟系统同时进行配置，更改了原系统就更改了所有系统；另一方面如果原系统损坏，会殃及所有虚拟系统。硬件虚拟化虚拟的多个系统是相互独立的，与原系统无联系，原系统的损坏不会殃及虚拟的系统。

④ 操作系统虚拟化的性能损耗低，它们都是虚拟的系统，而不是硬件虚拟化那样真实安装的实体，也没有硬件虚拟化的虚拟硬件层，性能损耗大大降低。

（3）基于应用程序的虚拟化。

应用程序虚拟化为应用程序提供了一个虚拟的运行环境，在这个环境中，不仅包括应用程序的可执行文件，还包括它所需要的运行时环境。基于软件的服务虚拟化是将应用程序从操作系统中分离出来，使应用程序运行在操作系统中但又不依赖于操作系统。

硬件虚拟化和操作系统虚拟化技术大多应用于企业、服务器和一些 IT 专业工作领域。随着虚拟化技术的发展，逐渐从企业向个人、向大众应用的趋势发展，便出现了应用程序虚拟化技术（简称应用虚拟化），它是近年虚拟化的新贵和热门领域。前两种虚拟化的目的是虚拟完整的真实的操作系统，应用虚拟化的目的也是虚拟操作系统，但只是为保证应用程序的正常运行虚拟系统的某些关键部分，如注册表、C 盘环境等，所以较为轻量、小巧。

应用虚拟化技术的兴起最早也是从企业市场而来的，一个软件被打包后通过局域网很方便地分发到企业的几千台计算机上去，不用安装，直接使用，大大降低了企业的 IT 成本。应用虚拟化技术应用到个人领域，可以实现很多非绿色软件的移动使用（如 CAD、3ds Max、Office 等），也可以让软件免去重装烦恼，具有绿色软件的优点，但又在应用范围和体验上超越绿色软件。

下面简单介绍几款应用虚拟化代表性的产品。

① Microsoft Application Virtualization（App-V）。其前身是 Softgrid，后被 Microsoft 收购，主要针对企业内部的软件分发，方便企业桌面的统一配置和管理，支持同时使用同一程序的不同版本，在客户端第一次运行程序时可以实现边用边下载。但它对 Windows 外壳扩展程序的支持不够好，并且安装实施非常复杂，不是专业的管理员是很难部署起来的。

② VMware ThinApp。ThinApp 的前身是 Thinstall，后被 VMware 收购。它不需要第三方平台，直接把虚拟引擎和软件打包成单文件，分发简单，支持同时运行一个软件的多个版本；但和系统的结合不够紧密，比如说无法封装环境包（.NET 框架、Java 环境）、无法封装服务（SQL Server）等。它主要用于企业软件分发。

③ Symantec Software Virtualization Solution（SVS）。SVS 于 2006 年左右被 Symantec 收

购，它的虚拟引擎和虚拟软件包是分离的，能做到对应用程序的完美支持，包括支持 Windows 外壳扩展的程序，支持封装环境包（.NET 框架、Java 环境）、支持封装服务，但是它无法同时运行同一个软件的不同版本。它主要用于企业软件分发。

④ InstallFree。InstallFree 是后起之秀，其最大特色在于无须在干净的环境下打包软件，也可以做到很好的兼容性。

⑤ SandboxIE。SandboxIE 俗称沙盘，主要用于软件测试和安全使用领域。它像个软件的囚笼，我们可以把软件安装在沙盘里，并运行在其中，软件所有行为都不会影响到系统。如果软件带毒或被感染病毒，可以一下扫光，就像把一个真实的沙盘里的各种沙造物体打碎，并下一次重来。

⑥ 云端软件平台（Softcloud）。这是应用虚拟化领域的优秀国产软件，其实现原理与 SVS 很类似。其最大特色，一是让软件使用变得更方便快捷；二是让软件使用不影响系统，保持系统干净、稳定、真正绿色。

2．从应用领域划分

（1）服务器虚拟化。

服务器虚拟化技术可以将一个物理服务器虚拟成若干个服务器使用，如图 7-6 所示。服务器虚拟化是 IaaS 的基础。服务器虚拟化就是在一台主机上运行多个用户操作系统（也就是我们常说的"虚拟机"），在提高系统资源利用率的同时还可以提高虚拟机的可移动性、降低运行成本、减少管理费用、整合服务器、容错容灾等。

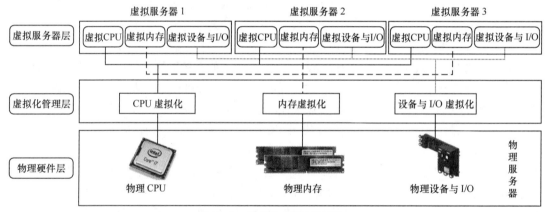

图 7-6　服务器虚拟化示意图

服务器虚拟化通常使用两类虚拟化技术：一类是全面硬件仿真系统，即全面模仿物理服务器的本地硬件平台（包括可以配置的 BIOS 等），这种方法让每个虚拟机作为单一进程在主机平台上运行。磁盘上的每个虚拟机完全与其他虚拟机独立，各自拥有完整的一套操作系统和所有必要的应用软件。这类技术的代表为 VMware 和 Microsoft。另一类是使用基于主机的虚拟化技术，即主机操作系统的一个实例支持多个虚拟操作系统实例，同一个主机操作系统的内核在进程级别处理虚拟服务器的 I/O 和调度需求。这类技术的代表为 SWsoft 的 Virtu-ozzo 和 Sun 的 Solaris 容器。

服务器虚拟化需要具备以下功能和技术。

① 多实例：在一个物理服务器上可以运行多个虚拟服务器。

② 隔离性：在多实例的服务器虚拟化中，一个虚拟机与其他虚拟机完全隔离，以保证良

好的可靠性及安全性。

③ CPU 虚拟化：把物理 CPU 抽象成虚拟 CPU，无论任何时间一个物理 CPU 只能运行一个虚拟 CPU 的指令。而多个虚拟机同时提供服务将会大大提高物理 CPU 的利用率。

④ 内存虚拟化：统一管理物理内存，将其包装成多个虚拟的物理内存分别供给若干个虚拟机使用，使得每个虚拟机拥有各自独立的内存空间，互不干扰。

⑤ 设备与 I/O 虚拟化：统一管理物理机的真实设备，将其包装成多个虚拟设备供若干个虚拟机使用，响应每个虚拟机的设备访问请求和 I/O 请求。

⑥ 知觉故障恢复：运用虚拟机之间的快速热迁移技术（Live Migration），可以使一个故障虚拟机上的用户在没有明显感觉的情况下迅速转移到另一个新开的正常虚拟机上。

⑦ 负载均衡：利用调度和分配技术，平衡各个虚拟机和物理机之间的利用率。

⑧ 统一管理：由多个物理服务器支持的多个虚拟机的动态实时生成、启动、停止、迁移、调度、负荷、监控等应当有一个方便易用的统一管理界面。

⑨ 快速部署：整个系统要有一套快速部署机制，对多个虚拟机及上面的不同操作系统和应用进行高效部署、更新和升级。

（2）存储虚拟化。

存储虚拟化最通俗的理解就是对存储硬件资源进行抽象化表现。通过存储虚拟化可以将整个云系统的存储资源进行统一整合管理，为用户提供一个统一的存储空间，如图 7-7 所示。

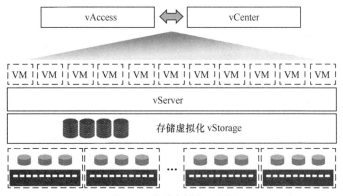

图 7-7　存储虚拟化示意图

存储虚拟化具有以下功能和特点。

① 集中存储：存储资源统一整合管理、集中存储，形成数据中心模式。

② 分布式扩展：存储介质易于扩展，由多个异构存储服务器实现分布式存储，以统一模式访问虚拟化后的用户接口。

③ 绿色环保：服务器和硬盘的耗电量巨大，为提供全时段数据访问，存储服务器及硬盘不可以停机。但为了节能减排、绿色环保，需要利用更合理的协议和存储模式，尽可能减少开启服务器和硬盘的次数。

④ 虚拟本地硬盘：存储虚拟化应当便于用户使用，最方便的形式是将云存储系统虚拟成用户本地硬盘，使用方法与本地硬盘相同。

⑤ 安全认证：新建用户加入云存储系统前，必须经过安全认证并获得证书。

⑥ 数据加密：为保证用户数据的私密性，将数据存储到云存储系统时必须加密。加密后的数据除被授权的特殊用户外，其他人一概无法解密。

⑦ 层级管理：支持层级管理模式，即上级可以监控下级的存储数据，而下级无法查看上级或平级的数据。

（3）应用虚拟化。

应用虚拟化是将应用程序对底层系统和硬件的依赖抽象出来，从而解除应用与操作系统和硬件的耦合关系，为应用程序提供了一个虚拟的运行环境。在这个环境中，不仅包括应用程序的可执行文件，还包括它所需要的运行时环境。应用程序运行在本地应用虚拟化环境中时，这个环境为应用程序屏蔽了底层可能与其他应用产生冲突的内容。从本质上说，应用虚拟化是把应用对底层的系统和硬件的依赖抽象出来，它可以解决版本不兼容的问题。应用虚拟化示意图如图 7-8 所示。应用虚拟化是 SaaS 的基础。

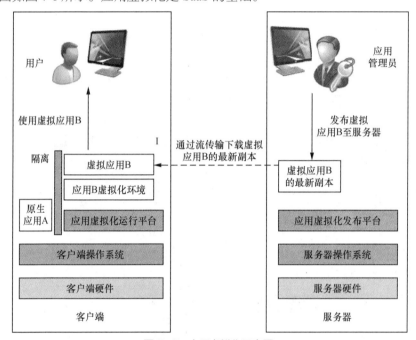

图 7-8　应用虚拟化示意图

应用虚拟化需要具备以下功能和特点。

① 解耦合：利用屏蔽底层异构性的技术解除虚拟应用与操作系统和硬件的耦合关系。

② 共享性：应用虚拟化可以使一个真实应用运行在任何共享的计算资源上。

③ 虚拟环境：应用虚拟化为应用程序提供了一个虚拟的运行环境，不仅拥有应用程序的可执行文件，还包括所需的运行环境。

④ 兼容性：虚拟应用应屏蔽底层可能与其他应用产生冲突的内容，从而使其具有良好的兼容性。

⑤ 快速升级更新：真实应用可以快速升级更新，通过流的方式将相对应的虚拟应用及环境快速发布到客户端。

⑥ 用户自定义：用户可以选择自己喜欢的虚拟应用的特点以及所支持的虚拟环境。

（4）平台虚拟化。

平台虚拟化是集成各种开发资源虚拟出的一个面向开发人员的统一接口，软件开发人员可以方便地在这个虚拟平台中开发各种应用并嵌入到云计算系统中，使其成为新的云服务供用户使用，如图 7-9 所示。

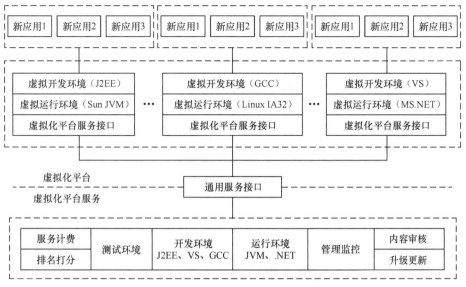

图 7-9 平台虚拟化示意图

平台虚拟化具备以下功能和特点。

① 通用接口：支持各种通用的开发工具和由其开发的软件，包括 C、C++、Java、C#、Delphi、Basic 等。

② 内容审核：各种开发软件（服务）在接入平台前都将被严格审核，包括上传人的身份认证，以保证软件及服务非盗版、无病毒及合法。

③ 测试环境：一项服务在正式推出之前必须在一定的测试环境中经过完整的测试才行。

④ 服务计费：完整合理的计费系统可以保证服务提供人获得准确的收入，而虚拟平台也可以得到一定比例的管理费。

⑤ 排名打分：有一整套完整合理的打分机制对各种服务进行排名打分。排名需要给用户客观的指导性意见，严禁有误导用户的行为。

⑥ 升级更新：允许服务提供者不断完善自己的服务，平台要提供完善的升级更新机制。

⑦ 管理监控：整个平台需要有一个完善的管理监控体系以防出现非法行为。

（5）桌面虚拟化。

桌面虚拟化将用户的桌面环境与其使用的终端设备解耦。服务器上存放的是每个用户的完整桌面环境。用户可以使用具有足够处理和显示功能的不同终端设备通过网络访问该桌面环境，如图 7-10 所示。桌面虚拟化的应用详见"第 5 章 云桌面"。

桌面虚拟化具有如下功能和接入标准。

① 集中管理维护：集中在服务器端管理和配置 PC 环境及其他客户端需要的软件，可以对企业数据、应用和系统进行集中管理、维护和控制，以减少现场支持工作量。

② 使用连续性：确保终端用户下次在另一个虚拟机上登录时，依然可以继续以前的配置和存储文件内容，让使用具有连续性。

③ 故障恢复：桌面虚拟化是用户的桌面环境被保存为一个个虚拟机，通过对虚拟机进行快照和备份，就可以快速恢复用户的故障桌面，并实时迁移到另一个虚拟机上继续进行工作。

④ 用户自定义：用户可以选择自己喜欢的桌面操作系统、显示风格、默认环境以及其他各种自定义功能。

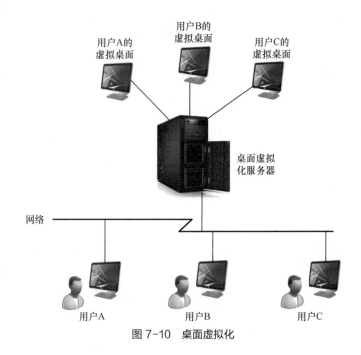

图 7-10　桌面虚拟化

（6）网络虚拟化。

网络虚拟化（Network Virualization）通常是指对物理网络及其组件进行抽象，并从中分离网络业务流量的一种技术。网络虚拟化技术随着数据中心业务要求的差异而有不同的形式。一种形式是多种应用承载在一张物理网络上，通过网络虚拟化分割（称为纵向分割）功能使得不同企业机构相互隔离，但可在同一网络上访问自身应用，从而实现了将物理网络进行逻辑纵向分割虚拟化为多个网络；另一种形式是多个网络节点承载上层应用，将多个网络节点进行整合（称为横向整合），虚拟化成一台逻辑设备，提升数据中心网络可用性、节点性能的同时将极大简化网络架构。

目前成熟的网络虚拟化技术有网络设备虚拟化、链路虚拟化和虚拟网络，同时，随着软件定义网络（Software Define Network，SDN）技术的发展与成熟，基于 SDN 技术的网络虚拟化技术也慢慢得到应用。下面简单介绍这几种网络虚拟化技术。

① 网络设备虚拟化。

网络设备虚拟化包括网卡虚拟化和硬件设备虚拟化等。其中网卡虚拟化又包括软件网卡虚拟化和硬件网卡虚拟化。软件网卡虚拟化主要通过软件控制各个虚拟机共享同一块物理网卡实现。软件虚拟出来的网卡可以有单独的 MAC 地址、IP 地址。所有虚拟机的虚拟网卡通过虚拟交换机以及物理网卡连接至物理交换机。硬件网卡虚拟化主要用到的技术是单根 I/O 虚拟化（Single Root I/O Virtulization，SR-IOV）。SR-IOV 将 PCI 功能分配到多个虚拟接口以便在虚拟化环境中共享一个 PCI 设备的资源。SR-IOV 能够让网络传输绕过软件模拟层，直接分配到虚拟机，这样就降低了软件模拟层中的 I/O 开销。

硬件设备虚拟化主要有两个方向：在传统的基于 x86 架构机器上安装特定操作系统实现路由器的功能，以及传统网络设备硬件虚拟化。

② 链路虚拟化。

链路虚拟化是日常使用最多的网络虚拟化技术之一。常见的链路虚拟化技术有链路聚合和隧道协议，这些虚拟化技术增强了网络的可靠性与便利性。

链路聚合：链路聚合（Port Channel）是最常见的二层虚拟化技术。链路聚合将多个物理端口捆绑在一起，虚拟成为一个逻辑端口。当交换机检测到其中一个物理端口链路发生故障时，就停止在此端口上发送报文，根据负载分担策略在余下的物理链路中选择报文发送的端口。链路聚合可以增加链路带宽，实现链路层的高可用性。

隧道协议：隧道协议（Tunneling Protocol）指一种技术/协议的两个或多个子网穿过另一种技术/协议的网络实现互联。使用隧道传递的数据可以是不同协议的数据帧或包。隧道协议将其他协议的数据帧或包重新封装然后通过隧道发送。

③ 虚拟网络。

虚拟网络是由虚拟链路组成的网络。虚拟网络节点之间的连接并不使用物理线缆连接，而是依靠特定的虚拟化链路相连。典型的虚拟网络包括层叠网络、VPN 网络以及在数据中心使用较多的虚拟二层延伸网络。

层叠网络：层叠网络简单来说就是在现有网络的基础上搭建另外一种网络。

虚拟专用网：虚拟专用网是一种常用于连接大中型企业或团体与团体间的私人网络的通信方法。虚拟专用网通过公用的网络架构（比如互联网）来传送内联网的信息，利用已加密的隧道协议来达到保密、终端认证、信息准确性等安全效果。

虚拟二层延伸网络：虚拟化从根本上改变了数据中心网络架构的需求。虚拟化引入了虚拟机动态迁移技术，要求网络支持大范围的二层域。一般情况下，多数据中心之间的连接是通过三层路由连通的。而要实现通过三层网络连接的两个二层网络互通，就要使用到虚拟二层延伸网络（Virtual L2 Extended Network）。

④ 基于 SDN 的网络虚拟化。

SDN 改变了传统网络架构的控制模式，将网络分为控制层（Control Plane）和数据层（Data Plane）。网络的管理权限交给了控制层的控制器软件，通过 OpenFlow 传输通道，统一下达命令给数据层设备。数据层设备仅依靠控制层的命令转发数据包。由于 SDN 的开放性，第三方也可以开发相应的应用置于控制层内，使得网络资源的调配更加灵活。网管人员只需通过控制器下达命令至数据层设备即可，无需一一登录设备，节省了人力成本，提高了效率。可以说，SDN 技术极大地推动了网络虚拟化的发展进程。

SDN 有 3 种主流实现方式，分别是 OpenFlow 组织主导的开源软件（包括 Google、IBM、Citrix 等公司支持）、Cisco 主导的应用中心基础设施（Application Centric Infrastructure，ACI）以及 VMware 主导的 NSX。例如，依托 VMware 的 ESXi 虚拟化操作系统，NSX 可以虚拟化网络设备第二层至第七层的功能（包括路由、防火墙、负载均衡、VPN、QoS 等）。对用户来说，NSX 提供了一整套逻辑的、虚拟的、简化的网络环境和配置方法，完全不需理会底层的通信过程和数据中心的各种硬件网络设备的设置。NSX 架构如图 7-11 所示。

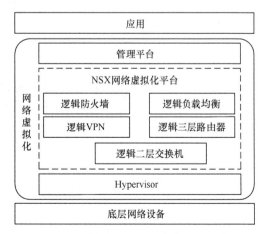

图 7-11　NSX 架构

7.2.5 ESX

维基百科列举的虚拟化技术超过 60 种,其中基于 x86(CISC)体系的超过 50 种,也有部分基于 RISC 体系的虚拟化技术。这些技术中有 4 种虚拟化技术是当前最为成熟而且应用最为广泛的,分别是:VMware 的 ESXi、Microsoft 的 Hyper-V、开源的 Xen 和 KVM。其中 Xen 和 KVM 是开源免费的虚拟化软件,ESXi 是付费的虚拟化软件,Hyper-V 可以是 Microsoft Windows 附带的虚拟化组件,如果有足够的授权,Hyper-V(如 Hyper-V 2008 Core 等)可以免费使用。

VMware(Virtual Machine Ware)是一个"虚拟 PC"软件公司,它的产品可以使用户在一台机器上同时运行两个甚至更多的 Windows、DOS、Linux 系统。与"多启动"系统相比,VMware 采用了完全不同的概念。多启动系统在一个时刻只能运行一个系统,在系统切换时需要重新启动机器。VMware 是真正"同时"运行,多个操作系统在主系统的平台上,就像标准 Windows 应用程序那样切换。而且每个操作系统都可以进行虚拟的分区、配置而不影响真实硬盘的数据,用户甚至可以通过网卡将几台虚拟机连接为一个局域网,极其方便。安装在 Vmware 上的操作系统性能上比直接安装在硬盘上的系统低不少,因此比较适合学习和测试。

ESX 是 VMware 的企业级虚拟化产品,可以视为虚拟化的平台基础,部署于实体服务器上,是具有高级资源管理功能、高效、灵活的虚拟主机平台。不同于 VMware Workstation、VMware Server,ESX 采用的是裸金属的一种安装方式,直接将 Hypervisor 安装于实体机器上,并不需要先安装 OS。ESX 的架构示意图如图 7-12 所示。

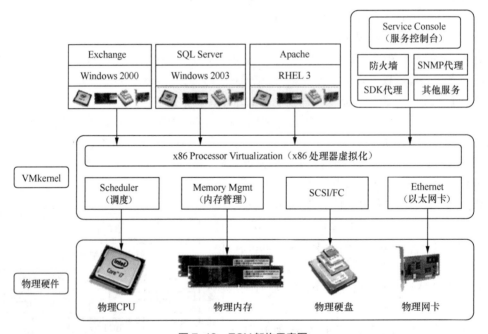

图 7-12 ESX 架构示意图

如图 7-12 所示,ESX 主要分为两部分:其一是用于提供管理服务的 Service Console,其二是 ESX 的核心,也是主要提供虚拟化能力的 VMkernel。简单地说,Service Console 就是一个简化版 Red Hat Enterprise OS,它虽然不能实现任何虚拟化功能,但是对 ESX 架构而言,它却是一个不可分割的部分。ESX 的 Service Console 主要有 5 个方面功能:启动 VMkernel、提供各种服务接口（如命令行、Web 接口、SDK 接口等）、性能检测、认证和主机部分硬件的管理（如鼠标、键盘、显示屏和 CD-ROM 等的管理）。VMkernel 是由 VMware 开发的基于 POSIX 协议的操作系统，它提供了很多在其他操作系统中的主要功能（如创建和管理进程、文件系统和多线程等）。但它是为运行多个虚拟机而"度身定做"的，它的核心功能是资源进行虚拟化。

ESX 自 2001 年开始发布 ESX 1.0 以来一直在快速发展，其版本也在不断更新。VMware 在 4 版本的时候推出了 ESXi，ESXi 和 ESX 的版本最大的技术区别，一是内核的变化，ESXi 更小，更安全；二是 ESXi 可以在网上申请永久免费的 License，而两个版本的收费版功能是完全一样的。同时，从 4 版本开始 VMware 把 ESX 及 ESXi 产品统称为 vSphere，但是 VMware 从 5 版本开始以后取消了原来的 ESX 版本。因此可以说，VMware vSphere Hypervisor 是以前的 VMware ESXi Single Server 或免费的 ESXi（通常简称为"VMware ESXi"）的新名称。VMware vSphere Hypervisor 是 vSphere 产品线的免费版本，为其授予的许可仅发挥 vSphere 的虚拟化管理程序功能，但它也可无缝地升级到更高级的 VMware vSphere 版本。

7.2.6　Hyper-V

Hyper-V 是 Microsoft 的一款虚拟化产品，是 Microsoft 第一个采用类似 VMware 和 Citrix 开源 Xen 一样的基于 Hypervisor 的技术。作为 Microsoft 提出的一种系统管理程序虚拟化技术，Hyper-V 采用微内核的架构，兼顾了安全性和性能的要求。Hyper-V 设计的目的是为广泛的用户提供更为熟悉以及成本效益更高的虚拟化基础设施软件，这样可以降低运作成本、提高硬件利用率、优化基础设施并提高服务器的可用性。Hyper-V 的本质是一个 VMM（虚拟化管理程序），和 Microsoft 之前的 Virtual Server 系列产品处在的层次不同，它更接近于硬件（这一点比较像 VMware 的 ESX Server 系列）。Hyper-V 的架构示意图如图 7-13 所示。

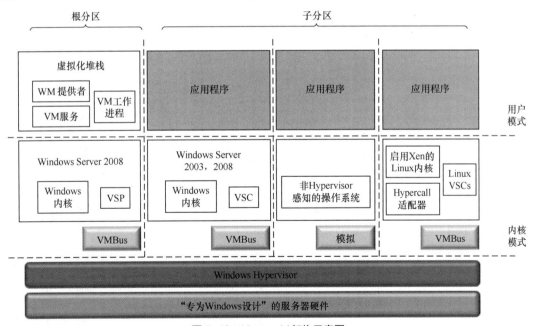

图 7-13　Hyper-V 架构示意图

Hyper-V 从架构上看属于裸金属架构。Hyper-V 底层的 Hypervisor 运行在最高的特权级别下，Microsoft 将其称为 ring -1（而 Intel 则将其称为 root mode），而虚拟机的 OS 内核和驱动运行在 ring 0，应用程序运行在 ring 3 下，这种架构就不需要采用复杂的 BT（二进制特权指令翻译）技术，可以进一步提高安全性。

Hyper-V 的 3 个主要组件分别是管理程序（Hypervisor）、虚拟化堆栈以及新的虚拟化 I/O 模型。Windows 的管理程序基本上用来创建不同的分区，而代码的每一个虚拟化实例会在这些分区上运行。虚拟化堆栈以及 I/O 组件提供了和 Windows 自身的交互功能以及和被创建的不同分区的交互功能。

Hyper-V 是 Microsoft 新一代的服务器虚拟化技术，首个版本于 2008 年 7 月发布。Hyper-V 有两种发布版本：一是独立版（如 Hyper-V Server 2008），以命令行界面实现操作控制，是一个免费的版本；二是内嵌版（如 Windows Server 2008），Hyper-V 作为一个可选开启的角色。对于 Windows Server 2008 来说，如果没有开启 Hyper-V 角色，这个操作系统将直接操作硬件设备，一旦在其中开启了 Hyper-V 角色，系统会要求重新启动服务器，在重启动过程中，Hyper-V 的 Hypervisor 接管了硬件设备的控制权，先前的 Windows Server 2008 则成为 Hyper-V 的首个虚拟机，称之为父分区，负责其他虚拟机（称为子分区）以及 I/O 设备的管理。虽然重启前后系统在表面看来没什么区别，但从体系架构上看重启之后的系统与之前的完全不同。

Hyper-V Server 2012 是一款独立产品，包含 Hypervisor、Windows Server 驱动程序模块、虚拟化功能，支持多个组件（如故障转移集群等）。Windows Server 2012 Hyper-V 可以更高效地在一台服务器上同时运行多个操作系统，几乎可以将任何负载进行虚拟化处理，可扩展性能日益提高，不仅极大地降低了企业成本，而且减少了运维人员的工作压力。

7.2.7　Xen

Xen 是第一类运行在裸机上的虚拟化管理程序（Hypervisor），它是一种直接运行在硬件上的软件，它可以让计算机硬件上同时跑多个用户的操作系统，它支持全虚拟化和半虚拟化。Xen 最重要的优势在于半虚拟化，此外未经修改的操作系统也可以直接在 Xen 上运行（如 Windows）。Xen 架构示意图如图 7-14 所示。

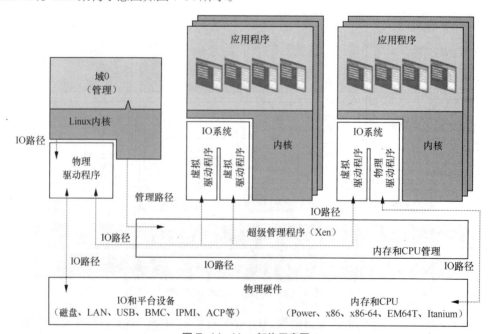

图 7-14　Xen 架构示意图

Xen 最初是剑桥大学 Xensource 的一个开源研究项目，2003 年 9 月发布了首个版本 Xen 1.0，2007 年 Xensource 被 Citrix 公司收购后开源 Xen 转由 www.xen.org（该组织成员包括个人和公司）继续推进。目前在 Xen.org 社区的开发与维护下，Xen 已经在开源社区中得到了极大的发展。Xen 管理工具可以支持的操作系统有 Linux、NetBSD、FreeBSD、Solaris、Windows 和其他一些运行在 Xen 上的正常的操作系统。相对于 ESX 和 Hyper-V 来说，Xen 支持更广泛的 CPU 架构，前两者只支持 CISC 的 x86/x86-64 CPU 架构，Xen 还支持 RISC CPU 架构（如 IA64、ARM 等）。

在 Xen 环境中，主要有两个组成部分：一个是虚拟机监控器（VMM），也叫 Hypervisor（图 7-14 中的超级管理程序），Hypervisor 载入后就可部署虚拟机（在 Xen 中，虚拟机叫做 domain）。在这些虚拟机中，domain0（图 7-14 中的域 0）具有很高的特权，负责一些专门的工作。由于 Hypervisor 中不包含任何与硬件对话的驱动，也没有与管理员对话的接口，这些驱动由 domain0 来提供。通过 domain0，管理员可以利用一些 Xen 工具来创建其他虚拟机（domainU）。这些 domainU 属于无特权 domain。在 domain0 中，还会载入一个 xend 进程，这个进程会管理所有其他虚拟机，并提供这些虚拟机控制台的访问。在创建虚拟机时，管理员使用配置程序与 domain0 直接对话。

Xen 支持两种类型的虚拟机，一类是半虚拟化，另一类是全虚拟化。半虚拟化需要特定内核的操作系统，如基于 Linux paravirt_ops（Linux 内核的一套编译选项）框架的 Linux 内核，而 Windows 操作系统由于其封闭性则不能被 Xen 的半虚拟化所支持，Xen 的半虚拟化有个特别之处就是不要求 CPU 具备硬件辅助虚拟化，这非常适用于 2007 年之前的旧服务器虚拟化改造。全虚拟化支持原生的操作系统（包括 Windows 操作系统等），Xen 的全虚拟化要求 CPU 具备硬件辅助虚拟化，它能够仿真所有硬件（包括 BIOS、IDE 控制器、VGA 显示卡、USB 控制器和网卡等）。

7.2.8 KVM

基于内核的虚拟机（Kernel-based Virtual Machine，KVM）是集成到 Linux 内核的 Hypervisor，是 x86 架构且硬件支持虚拟化技术（Intel VT 或 AMD-V）的 Linux 的全虚拟化解决方案。KVM 是 Linux 的一个很小的模块，利用 Linux 做大量的处理（如任务调度、内存管理与硬件设备交互等）。KVM 是一个独特的管理程序，通过将 KVM 作为一个内核模块实现，在虚拟环境下 Linux 内核集成管理程序将其作为一个可加载的模块可以简化管理和提升性能。在这种模式下，每个虚拟机都是一个常规的 Linux 进程，通过 Linux 调度程序进行调度。KVM 架构示意图如图 7-15 所示。

KVM 最初是由 Qumranet 公司开发的一个开源项目，2007 年 1 月首次被整合到 Linux 2.6.20 核心中；2008 年，Qumranet 被 Red Hat 收购，但 KVM 本身仍是一个开源项目，由 Red Hat、IBM 等厂商支持。KVM 作为 Linux 内核中的一个模块，与 Linux 内核一起发布。与 Xen 类似，KVM 支持广泛的 CPU 架构，除了 x86/x86-64 CPU 架构之外，还将会支持大型机（S/390）、小型机（PowerPC、IA64）及 ARM 等。

KVM 充分利用了 CPU 的硬件辅助虚拟化能力，并重用了 Linux 内核的诸多功能，使得 KVM 本身是非常瘦小的（KVM 的创始者 Avi Kivity 声称 KVM 模块仅有约 10 000 行代码），但从严格意义来说，KVM 本身并不是 Hypervisor，它仅是 Linux 内核中的一个可装载模块，其功能是将 Linux 内核转换成一个裸金属的 Hypervisor。相对于其他裸金属架构来说，它是非常特别的，有些类似于宿主架构，业界甚至有人称其是半裸金属架构。

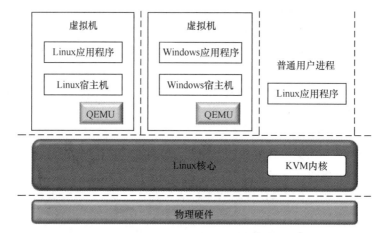

图 7-15　KVM 架构示意图

通过 KVM 模块的加载将 Linux 内核转变成 Hypervisor，KVM 在 Linux 内核的用户（User）模式和内核（Kernel）模式基础上增加了用户（Guest）模式。Linux 本身运行于内核模式，主机进程运行于用户模式，虚拟机则运行于用户模式，使得转变后的 Linux 内核可以将主机进程和虚拟机进行统一的管理和调度，这也是 KVM 名称的由来。KVM 利用修改的 QEMU 提供 BIOS、显卡、网络、磁盘控制器等的仿真，但对于 I/O 设备（主要指网卡和磁盘控制器）来说，则必然带来性能低下的问题。因此，KVM 也引入了半虚拟化的设备驱动，通过虚拟机操作系统中的虚拟驱动与主机 Linux 内核中的物理驱动相配合，提供近似原生设备的性能。从此可以看出，KVM 支持的物理设备也即 Linux 所支持的物理设备。

7.3　Docker 技术和 Unikernel 技术

容器（Container）技术和 Unikernel 技术的目标都是成为下一代云计算平台的基础技术。容器技术之所以兴起，主要原因是它相对于传统虚拟机的性能优势。在传统的虚拟机技术下，打包运行的虚拟机上面要安装完整的虚拟机操作系统，这导致虚拟机镜像占用空间巨大，虚拟机启动缓慢而且运行虚拟机时虚拟机操作系统占用了很大一部分系统资源。性能测试表明，虚拟机在镜像占用空间，启动时间和运行时占用的资源方面都是容器的几十倍。Unikernel 技术采用了和容器类似的理念，只打包与特定应用相关的程序，因此性能大大提高，可以与容器媲美。同时，众所周知，容器相对于虚拟机的一个劣势是容器隔离性比虚拟机隔离性弱得多，这使得容器以及运行容器的主机更容易遭到主机上的恶意容器的攻击。而 Unikernel 技术具备了容器技术性能的同时，也具备了虚拟机的安全隔离性。

7.3.1　Docker 技术

1．Linux 容器虚拟技术（LXC）

Linux 容器（Linux Container，LXC）虚拟技术是一种轻量级的虚拟化手段，它利用内核虚拟化技术提供轻量级的虚拟化，来隔离进程和资源。LXC 有效地将由单个操作系统管理的资源划分到孤立的组中，以更好地在孤立的组之间平衡有冲突的资源使用需求。与传统虚拟化技术相比，它的优势如下。

- 与宿主机使用同一个内核，性能损耗小。
- 不需要指令级模拟。
- 容器可以在 CPU 核心的本地运行指令，不需要任何专门的解释机制。
- 避免了准虚拟化和系统调用替换中的复杂性。
- 轻量级隔离，在隔离的同时还提供共享机制，以实现容器与宿主机的资源（例如文件系统）共享。

在 LXC 中，由单个操作系统管理的资源被容器有效隔离，形成独立单元。通过提供一种创建和进入容器的方式，操作系统让应用程序就像在独立的机器上运行一样，但又能共享很多底层的资源。

2．Docker 的内涵

Docker 是 dotCloud 开源的一个基于 LXC 的高级容器引擎，它的初衷是将各种应用程序和它所依赖的运行环境打包成标准的容器（或镜像），进而发布到不同的平台上运行，容器发挥类似 VM 的作用，但它启动得更快且需要更少的资源。

Docker 是从 LXC 技术发展而来的，但并不是 LXC 的替代品。LXC 提供了低层次的 Linux Kernel 特性，Docker 直接利用了这些 Kernel 特性，并在此基础上提供了新的功能，封装了高层次的特性工具。Docker 提供了如下特性。

- 快速部署。在多个机器之间提供便捷的部署策略。
- 自动构建。提供了应用镜像的自动构建机制，允许开发者从源代码直接打包依赖、工具、库等。
- 组件复用。Docker 容器可以基于"基础镜像"创建许多个独立的、不同功能的组件，这意味着一次制作的镜像可以在将来的许多项目中不断复用。
- 容器共享。有一个公开的登记中心（http://index.docker.io），在这里可以发现现成的、有用的容器，每个人也都可以共享自己的容器。
- 丰富的 API。Docker 提供了创建、部署容器的 API，并且有大量工具集成了 Docker 的特性，来为第三方平台（OpenStack Nova 等）提供更多功能。

Docker 是一个开源项目，诞生于 2013 年初，最初是 dotCloud 公司内部的一个业余项目。它基于 Google 公司推出的 Go 语言实现，项目后来加入了 Linux 基金会，遵从了 Apache 2.0 协议，项目代码在 GitHub 上进行维护。Docker 自开源后受到广泛的关注和讨论，以至于 dotCloud 公司后来改名为 Docker Inc。Red Hat 已经在其 RHEL6.5 中集中支持 Docker，Google 也在其 PaaS 产品中广泛应用 Docker。Docker 通常用于如下场景。

- Web 应用的自动化打包和发布。
- 自动化测试和持续集成、发布。
- 在服务型环境中部署和调整数据库或其他的后台应用。
- 从头编译或者扩展现有的 OpenShift 或 Cloud Foundry 平台来搭建自己的 PaaS 环境。

作为一种新兴的虚拟化方式（不是一种虚拟化技术），Docker 与传统的虚拟化技术相比具有众多的优势。首先，Docker 容器的启动可以在秒级实现，这相比传统的虚拟机方式要快得多。其次，Docker 对系统资源的利用率很高，一台主机上可以同时运行数千个 Docker 容器。容器除了运行其中应用外，基本不消耗额外的系统资源，使得应用的性能很高，同时系统的开销很小。传统虚拟机方式运行 10 个不同的应用就要启动 10 个虚拟机，而 Docker 只需要启动 10 个隔离的应用即可。具体说来，Docker 在如下几个方面具有较大的优势。

（1）更快速的交付和部署。

对开发和运维人员来说，最希望的就是一次创建或配置，可以在任意地方正常运行。开发者可以使用一个标准的镜像来构建一套开发容器，开发完成之后，运维人员可以直接使用这个容器来部署代码。Docker 可以快速创建容器，快速迭代应用程序，并让整个过程全程可见，使团队中的其他成员更容易理解应用程序是如何创建和工作的。Docker 容器很轻很快，容器的启动时间是秒级的，因此，可以大量地节约开发、测试、部署的时间。

（2）更高效的虚拟化。

Docker 容器的运行不需要额外的 Hypervisor 支持，它是内核级的虚拟化，因此可以实现更高的性能和效率。

（3）更轻松的迁移和扩展。

Docker 容器几乎可以在任意的平台上运行，包括物理机、虚拟机、公有云、私有云、个人计算机、服务器等。这种兼容性可以让用户把一个应用程序从一个平台直接迁移到另外一个平台。

（4）更简单的管理。

使用 Docker，只需要小小的修改就可以替代以往大量的更新工作。所有的修改都以增量的方式被分发和更新，从而实现自动化并且高效的管理。

为了更好地理解 Docker 的内涵，可以通过一个形象的比喻来进行说明。集装箱（容器）对于远洋运输（应用运行）来说十分重要。集装箱（容器）能保护货物（应用），让其不会相互碰撞（应用冲突）而损坏，也能保障当一些危险货物发生规模不大的爆炸（应用崩溃）时不会波及其他货物（应用）。但是把货物（应用）装载在集装箱（容器）中并不是一件简单的事情，而出色的码头工人（Docker）的出现解决了这一问题。出色的码头工人（Docker）使得货物装载到集装箱（容器）这一过程变得轻而易举。对于远洋运输（应用运行）而言，用多艘小货轮（虚拟机）代替原来的大货轮（实体机）也能保证货物（应用）彼此之间的安全，但是和集装箱（容器）比成本过高，适合运输某些重要货物（应用）。

3．Docker 的组成

Docker 主要由 Docker Hub 和 Docker Engine 组成，内部包括镜像（Image）、容器（Container）和仓库（Repository）3 个重要部件，Docker 技术架构如图 7-16 所示。

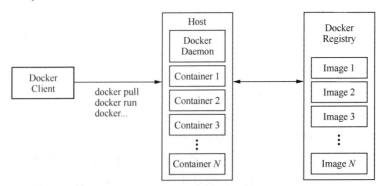

图 7-16　Docker 技术架构

Docker Hub 是 Docker 官方提供的容器镜像仓库，可分为服务器端和客户端两部分。服务器端负责构建、运行和分发 Docker 容器等重要工作，客户端负责接收用户的命令和服务程序进行通信。在运行 Docker 容器或构建自己的容器镜像时，都会直接或间接地使用到 Docker

Hub 中的镜像。Docker Engine 运行在宿主机上，它承载了 Docker 容器在宿主机上运行启停、Docker 镜像的构建等功能。

下面简单介绍关于 Docker 的 3 个基本概念。

（1）Docker 镜像。

Docker 镜像就是一个只读的模板，镜像可以用来创建 Docker 容器。例如，一个镜像可以包含一个完整的 Ubuntu 操作系统环境，里面仅安装了 Apache 或用户需要的其他应用程序。Docker 提供了一个很简单的机制来创建镜像或者更新现有的镜像，用户甚至可以直接从其他人那里下载一个已经做好的镜像来直接使用。

（2）Docker 容器。

Docker 利用容器来运行应用。容器是从镜像创建的运行实例。它可以被启动、开始、停止、删除。每个容器都是相互隔离的、保证安全的平台。可以把容器看做是一个简易版的 Linux 环境（包括 root 用户权限、进程空间、用户空间和网络空间等）和运行在其中的应用程序。

（3）Docker 仓库。

仓库是集中存放镜像文件的场所。有时候会把仓库和仓库注册服务器（Registry）混为一谈，并不严格区分。实际上，仓库注册服务器上往往存放着多个仓库，每个仓库中又包含了多个镜像，每个镜像有不同的标签（Tag）。仓库分为公开仓库（Public）和私有仓库（Private）两种形式。最大的公开仓库是 Docker Hub，存放了数量庞大的镜像供用户下载。国内的公开仓库包括 Docker Pool 等，可以提供国内用户更稳定快速的访问。当然，用户也可以在本地网络内创建一个私有仓库。当用户创建了自己的镜像之后就可以使用 push 命令将它上传到公有或者私有仓库，这样下次在另外一台机器上使用这个镜像的时候，只需要从仓库上 pull 下来就可以了。

Ubuntu 14.04 版本系统中已经自带了 Docker 包，可以直接安装。Docker 支持 CentOS6 及以后的版本。

7.3.2 Unikernel 技术

Unikernel 技术可以翻译成专用内核技术或者特型内核技术，Unikernel 是通过使用专门的库操作系统来构建的单地址空间机器镜像，开发者通过选择栈模块和一系列最小依赖库来运行应用。Unikernel 是用高级语言定制的操作系统内核，并且作为独立的软件构件，完整的应用（或应用系统）作为一个分布式系统运行在一套 Unikernel 上。

Unikernel 又可以称为 LibraryOS，它是与某种语言紧密相关的，一种 Unikernel 只能用一种语言写程序，这个 LibraryOS 加上用户自己编写的程序最终被编译成一个操作系统，目标可以是 Xen 虚拟机操作系统，也可以是裸金属操作系统，这个操作系统只运行特定用户的程序，里面也只有特定用户的特定程序，没有其他冗余的程序，没有多进程切换，所以系统很小也很简单。如前所述，虽然 Docker 容器的镜像比传统的虚拟机（GB 为单位）要小很多，但是一般也是好几百 MB，而 Unikernel 由于不包含其他不必要的程序（如 ls、echo、cd 和 tar 等），因而体积非常小，通常只有几 MB 甚至可以更小（如 MirageOS 的示例 mirage-skeleton 编译出来的 Xen 虚拟机只有 2MB）。Unikernel 试图删除应用与硬件中间臃肿的部分，让最"精简"的操作系统运行用户的代码。相比虚拟化和 Docker，Unikernel 所呈现的演进如图 7-17 所示。

Unikernel 将应用及其依赖的运行时环境全部运行在"内核态"，即全部在 x86 CPU 的特权模式（ring 0）下运行，完全摒弃了传统意义上的操作系统，对硬件的访问完全由 Hypervisor 层实现。其优势如下。

（1）更好的安全性：只运行操作系统的核心，废弃掉那些可能是干扰源的视频和 USB 驱动，与传统操作系统相比攻击界面更小，受到攻击的可能性随之减小。

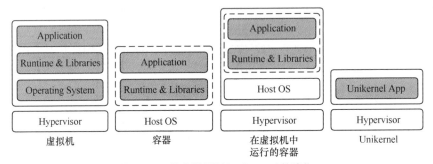

图 7-17 从虚拟机到 Unikernel 的演化

（2）更小的体积：由于不需要完整操作系统的支撑，Unikernel 实例的大小仅为传统 VM 的 4% 左右。

（3）更短的启动时间：快速精准地运行 Unikernel 实例，启动时间非常短。

Unikernel 技术非常适合一些对安全、稳定性要求高的应用场景，例如医疗信息系统、高速网络设备和数据库，Unikernel 也非常适合实现一些通用稳定的协议和算法，例如通信协议、加密解密算法和比特币挖矿算法。

Unikernel 的不足之处在于由于其为上层应用的定制化程度较高，因此难以达到像传统操作系统一样用于通用的应用目的。相比容器而言，Unikernel 的弱点就是难调试和难扩展。由于 Unikernel 虚拟机中完全没有与应用无关的调试工具和系统服务，因此调试一个运行中的 Unikernel 虚拟机要比调试一个运行中的容器困难得多。另外，开发人员可以在一个运行中的容器中方便地增加新模块，验证新的代码变动和配置变动，可是在一个 Unikernel 虚拟机中却完全做不了任何与现有应用无关的事情。因此，相比适合电子商务、移动互联应用等需求变化多样、始终持续迭代演进的应用和服务的容器技术来说，Unikernel 技术不适合互联网应用。

7.4 云计算其他相关技术

7.4.1 多租户技术

1. 概念

与传统的软件运行和维护模式相比，云计算要求硬件资源和软件资源能够更好地共享，具有良好的可伸缩性，任何一个企业用户都能够按照自己的需求对 SaaS 软件进行用户化配置而不影响其他用户的使用。多租户（Multi-Tenant）技术就是目前云计算环境中能够满足上述需求的关键技术。

多租户技术是云计算中一种软件架构技术，旨在解决如何在多用户的环境（比如云计算环境）下共用相同的系统或程序组件，又确保各用户间数据的隔离。多租户是指一个单独的软件实例可以为多个组织服务。一个支持多租户的软件需要在设计上能对它的数据和配置信息进行虚拟分区，从而使得每个使用这个软件的组织能使用到一个单独的虚拟实例，并且可以对这个虚拟实例进行定制化。但是要让一个软件支持多租户不仅要对它的软件架构进行相应的修改，而且需要对它的数据库结构进行特殊的设计，同时在安全和隔离方面也要有所保障。多租户技术典型应用如图7-18所示。

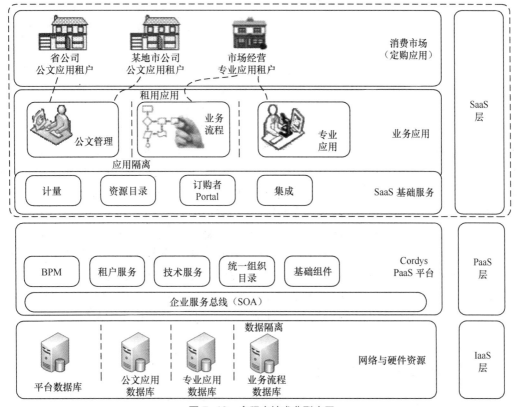

图7-18 多租户技术典型应用

在多租户技术中，租户（Tenant）是指使用系统或计算机运算资源的用户，还包含在系统中可识别为指定用户的一切数据（如在系统中创建的账户与统计信息，以及在系统中设置的各式数据和用户所设置的用户化应用程序环境等）。每一个租户代表一个企业，租户内部有多个用户。租户使用的是基于供应商所开发、建设的应用系统或运算资源等。多租户的资源是按照服务请求动态创建的。租户租借计算资源是和服务提供商签订服务协定，有一定的时间限制（租户可以任何时候在任何地点来申请或取消对计算资源的使用）。服务提供商必须按照协定动态地进行部署，满足租户的需求。

多租户和多用户的区别在于：多用户的关键点在于不同的用户拥有不同的访问权限，但是多个用户共享同一个实例；而在多租户中，多个组织使用的实例各不相同。

多租户和虚拟化在概念上都是给每个用户一个虚拟的实例，并且都支持定制化，但是二者作用的层次不同：虚拟化主要是虚拟出一个操作系统的实例，而多租户则主要是虚拟出一个应用的实例。

2．多租户技术特点

概括来说，多租户技术的特点如下。

（1）降低环境建置的成本。由于多租户技术可以让多个租户共用一个应用程序或运算环境，且租户大多不会使用太多运算资源，在这种情况下，对供应商来说多租户技术可以有效地降低环境建置的成本。硬件本身的成本以及操作系统与相关软件的授权成本都可以因为多租户技术而由多个租户一起分担。

（2）降低供应商的维护成本。通过不同的数据管理手段，多租户技术的数据可以用不同的方式进行数据隔离，在供应商的架构设计下，数据的隔离方式也会不同，而良好的数据隔离法可以降低供应商的维护成本（包含设备与人力），供应商可以在合理的授权范围内取用这些数据分析，以作为改善服务的依据。

（3）共享相同软件环境。多租户架构下所有用户都共用相同的软件环境，因此在软件改版时可以只发布一次，就能在所有租户的环境上生效。

（4）多租户架构的应用软件客制难度高。多租户架构的应用软件虽可客制，但客制难度较高，通常需要平台层的支持与工具的支持，才可降低客制化的复杂度。

现在，多租户技术被广泛运用于各类云服务，不论是 IaaS、PaaS 还是 SaaS，都可以看到多租户技术的影子。SaaS 的多租户实际的租户是个人用户或企业，PaaS 的多租户是个人开发者或业务系统。SaaS 的租户使用的是功能层面内容，PaaS 的租户使用的是开发框架和平台层面内容。SaaS 的多租户目的是共享一套应用和一套数据库，PaaS 的多租户目的是开发者共享一套开发框架和平台。多租户都需要实现数据的完全隔离，对于 SaaS，基本上所有的后台应用表都需要加租户 ID 进行隔离；而对于 PaaS，对于一些关键底层技术层面的表和元数据往往并不需要进行数据隔离。另外 SaaS 和 PaaS 多租户在后续的计费模型上也会存在较大的差异。

多租户技术运用成功且广为人知的案例是由 Salesforce 所建置的 CRM 应用系统，该公司除了 Salesforce 的 CRM 软件以外，还建置了 Force PaaS 架构，以支持开发人员发展基于 Force 平台上的应用程序。

7.4.2　海量数据存储技术

随着数据量越来越大，一个操作系统难以管辖，需要将数据分配到更多的操作系统管理的磁盘中，因此迫切需要一种系统来管理多台机器上的文件，这就是分布式文件管理系统。对于分布式文件系统，学术一点的定义是：分布式文件系统是一种允许文件通过网络在多台主机上分享的文件系统，可让多机器上的多用户分享文件和存储空间。

云计算系统由大量服务器组成，同时为大量用户服务，因此云计算系统采用分布式存储的方式存储数据，用冗余存储的方式（集群计算、数据冗余和分布式存储）保证数据的可靠性。冗余的方式通过任务分解和集群，用低配机器替代超级计算机来保证低成本，这种方式保证分布式数据的高可用、高可靠和经济性，即为同一份数据存储多个副本。云计算系统中广泛使用的数据存储系统是 Google 的 GFS 和 Hadoop 团队开发的 GFS 的开源实现 HDFS。

1．Google 的 GFS

Google 文件系统（Google File System，GFS）是 Google 公司为了存储海量搜索数据而设计的专用文件系统。GFS 是一个可扩展的分布式文件系统，用于大型的、分布式的、对大量数据进行访问的应用。GFS 的设计思想不同于传统的文件系统，它是针对大规模数据处理和 Google 应用特性而设计的。它运行于廉价的普通硬件上，但可以提供容错功能。它可以给大量的用户提供总体性能较高的服务。GFS 系统架构如图 7-19 所示。

一个 GFS 集群由一个主服务器（Master）和大量的块服务器（Chunkserver）构成，并被许多用户（Client）访问。主服务器存储文件系统索引的元数据包括名字空间、访问控制信息、从文件到块的映射以及块的当前位置。它也控制系统范围的活动（如块租约管理、孤儿块的垃圾收集、块服务器间的块迁移等）。主服务器定期通过 HeartBeat 消息与每一个块服务器通信，给块服务器传递指令并收集它的状态。GFS 中的文件被切分为 64MB 的块并冗余存储，每份数据在系统中保存 3 个以上备份。

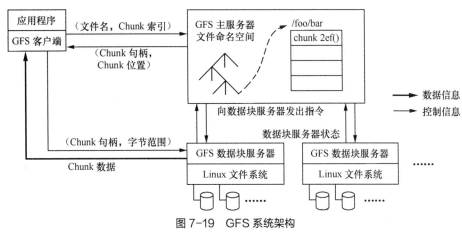

图 7-19 GFS 系统架构

　　用户与主服务器的交换只限于对元数据的操作，所有数据方面的通信都直接和块服务器联系，这大大提高了系统的效率，防止主服务器负载过重。

2. Hadoop 的 HDFS

　　HDFS（Hadoop Distributed File System）是 Hadoop 项目的核心子项目，是分布式计算中数据存储管理的基础，是基于流数据模式访问和处理超大文件的需求而开发的，可以运行于廉价的商用服务器上。它所具有的高容错、高可靠性、高可扩展性、高获得性、高吞吐率等特征为海量数据提供了不怕故障的存储，为超大数据集（Large Data Set）的应用处理带来了很多便利。

　　（1）HDFS 架构。

　　HDFS 是一个主/从（Mater/Slave）体系结构，从最终用户的角度来看，它就像传统的文件系统一样，可以通过目录路径对文件执行 CRUD（Create、Read、Update 和 Delete）操作。但由于分布式存储的性质，HDFS 集群拥有一个 NameNode 和一些 DataNode。NameNode 管理文件系统的元数据，DataNode 存储实际的数据。客户端通过同 NameNode 和 DataNode 的交互访问文件系统。客户端联系 NameNode 以获取文件的元数据，而真正的文件 I/O 操作是直接和 DataNode 进行交互的。HDFS 架构如图 7-20 所示。

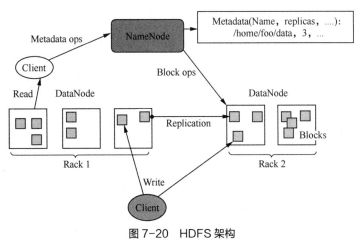

图 7-20 HDFS 架构

① NameNode、DataNode 和 Client。

NameNode 可以看做分布式文件系统中的管理者，主要负责管理文件系统的命名空间、集群配置信息和存储块的复制等。NameNode 会将文件系统的 Metadata 存储在内存中，这些信息主要包括了文件信息、每一个文件对应的文件块的信息和每一个文件块在 DataNode 的信息等。

DataNode 是文件存储的基本单元，它将 Block 存储在本地文件系统中，保存了 Block 的 Metadata，同时周期性地将所有存在的 Block 信息发送给 NameNode。Client 就是需要获取分布式文件系统文件的应用程序。

② 文件写入。

Client 向 NameNode 发起文件写入的请求。NameNode 根据文件大小和文件块配置情况，返回给 Client 它所管理部分 DataNode 的信息。Client 将文件划分为多个 Block，根据 DataNode 的地址信息，按顺序写入到每一个 DataNode 块中。

③ 文件读取。

Client 向 NameNode 发起文件读取的请求。NameNode 返回文件存储的 DataNode 的信息。Client 读取文件信息。

HDFS 典型的部署是在一个专门的机器上运行 NameNode，集群中的其他机器各运行一个 DataNode；也可以在运行 NameNode 的机器上同时运行 DataNode，或者一台机器上运行多个 DataNode。一个集群只有一个 NameNode 的设计大大简化了系统架构。

（2）HDFS 的优缺点。

HDFS 的优点如下。

① 处理超大文件。这里的超大文件通常是指数百 TB 的文件。目前在实际应用中，HDFS 已经能用来存储管理 PB 级的数据了。

② 流式的访问数据。HDFS 的设计建立在更多地响应"一次写入、多次读写"任务的基础上。这意味着一个数据集一旦由数据源生成，就会被复制分发到不同的存储节点中，然后响应各种各样的数据分析任务请求。在多数情况下，分析任务都会涉及数据集中的大部分数据，也就是说，对 HDFS 来说，请求读取整个数据集要比读取一条记录更加高效。

③ 运行于廉价的商用机器集群上。Hadoop 设计对硬件需求比较低，只需运行在低廉的商用硬件集群上，而无需昂贵的高可用性机器。廉价的商用机也就意味着大型集群中出现节点故障情况的概率非常高。这就要求设计 HDFS 时要充分考虑数据的可靠性、安全性及高可用性。

HDFS 的缺点如下。

① 不适合低延迟数据访问。如果要处理一些用户要求时间比较短的低延迟应用请求，则 HDFS 不适合。HDFS 是为了处理大型数据集分析任务的，主要是为达到高的数据吞吐量而设计的，这就可能要求以高延迟作为代价。

② 无法高效存储大量小文件。因为 NameNode 把文件系统的元数据放置在内存中，所以文件系统所能容纳的文件数目是由 NameNode 的内存大小来决定的。一般来说，每一个文件、文件夹和 Block 需要占据 150B 左右的空间，所以，如果有 100 万个文件，每一个占据一个 Block，就至少需要 300MB 内存。当前来说，数百万的文件还是可行的，当扩展到数十亿时，对于当前的硬件水平来说就没法实现了。还有一个问题就是，因为 Maptask 的数量是由 Split 来决定的，所以用 MR 处理大量的小文件时，就会产生过多的 Maptask，线程管理开销将会增加作业时间。举个例子，处理 10 000MB 的文件，若每个 Split 为 1MB，那就会有 10 000 个 Maptask，会有很大的线程开销；若每个 Split 为 100MB，则只有 100 个 Maptask，每个 Maptask

将会有更多的事情做,而线程的管理开销也将减小很多。

③ 不支持多用户写入及任意修改文件。在 HDFS 的一个文件中只有一个写入者,而且写操作只能在文件末尾完成,即只能执行追加操作。目前 HDFS 还不支持多个用户对同一文件的写操作以及在文件任意位置进行修改。

7.4.3 海量数据管理技术

云计算需要对分布的、海量的数据进行处理、分析,因此,数据管理技术必须能够高效地管理大量的数据。云计算系统中的数据管理技术主要是 Google 的 BigTable(简称 BT)数据管理技术和 Hadoop 团队开发的开源数据管理模块 HBase。BigTable 是建立在 GFS、Scheduler、LockService 和 MapReduce 之上的一个大型的分布式数据库,与传统的关系数据库不同,它把所有数据都作为对象来处理,形成一个巨大的表格,用来分布存储大规模结构化数据。Google 的很多项目使用 BigTable 来存储数据,包括网页查询、Google Earth 和 Google 金融。这些应用程序对 BigTable 的要求各不相同:数据大小(从 URL 到网页到卫星图象)不同,反应速度(从后端的大批处理到实时数据服务)不同。对于不同的要求,BigTable 都成功地提供了灵活高效的服务。

HBase 是 Apache 的 Hadoop 项目的子项目,是基于 Google BigTable 模型开发的,是一个构建在 HDFS 上的分布式列存储系统。就像 BigTable 利用了 Google 文件系统(File System)所提供的分布式数据存储一样,HBase 在 Hadoop 之上提供了类似于 BigTable 的功能。

1. Google 的 BigTable

(1)基本内涵。

BigTable 是一个为管理大规模结构化数据而设计的分布式存储系统,可以扩展到 PB 级数据和上千台服务器。BigTable 看起来像一个数据库,采用了很多数据库的实现策略。但是 BigTable 并不支持完整的关系型数据模型,而是为客户端提供了一种简单的数据模型,客户端可以动态地控制数据的布局和格式,并且利用底层数据存储的局部性特征。BigTable 将数据统统看成无意义的字节串,客户端需要将结构化和非结构化数据串行化再存入 BigTable 中。

BigTable 是非关系型数据库,是一个稀疏的、分布式的、持久化存储的多维度排序 Map(本质上说,BigTable 是一个键值(Key-Value)映射)。BigTable 的设计目的是快速且可靠地处理 PB 级别的数据,并且能够部署到上千台机器上。BigTable 已经在超过 60 个 Google 的产品和项目上得到了应用,包括 Google Analytics、Google Finance、Orkut、Personalized Search、Writely 和 Google Earth。BigTable 的主要特点如下。

① 适合大规模海量数据,PB 级数据。

② 分布式、并发数据处理,效率极高。

③ 易于扩展,支持动态伸缩。

④ 适用于廉价设备。

⑤ 适合读操作,不适合写操作。

⑥ 不适用于传统关系型数据库。

(2)数据模型。

BigTable 是一个稀疏的、分布式的、持久化存储的多维度排序 Map(Key-Value)。Map 的索引(Key)是行关键字、列关键字和时间戳,Map 的值(Value)都是未解析的 Byte 数组。

① 行。

● 行和列关键字都为字符串类型,目前支持最大 64KB,但一般 10 ~ 100B 就足够了。

- 对同一个行关键字的读写操作都是原子的，这里类似于 MySQL 的行锁，锁粒度并没有达到列级别。

② 列簇。

- 列关键字组成的集合叫做"列簇"，列簇是访问控制的基本单位，存放在同一列簇的数据通常都属于同一类型。
- 一张表列簇不能太多（最多几百个），且很少改变，但列却可以有无限多。
- 列关键字的命名语法：列簇:限定词。
- 访问控制、磁盘和内存的使用统计都是在列簇层面进行的。

③ 时间戳。

- 在 BigTable 中，表的每个数据项都可包含同一数据的不同版本，不同版本通过时间戳来索引（64 位整型，可精确到毫秒）。
- 为了减轻各版本数据的管理负担，每个列簇有 2 个设置参数，可通过这 2 个参数对废弃版本数据进行自动垃圾收集，用户可以指定只保存最后 n 个版本数据。

④ Tablet。

BigTable 通过行关键字的字典顺序来组织数据。表中的每个行都可以动态分区。每个分区叫做一个"Tablet"，每个 Tablet 有 100~200MB，每个机器存储 100 个左右的 Tablet。Tablet 是数据分布和负载均衡调整的最小单位，这样做的好处是读取行中很少几列数据的效率很高，而且可以有效地利用数据的位置相关性（局部性原理）。

BigTable 提供了建立和删除表以及列簇的 API 函数。BigTable 还提供了修改集群、表和列簇的元数据的 API，比如修改访问权限。

（3）BigTable 构件。

BigTable 是建立在 GFS、SSTable、Chubby 等其他几个 Google 基础构件上的，如表 7-3 所示。BigTable 用 GFS 来存储日志和数据文件，按 SSTable 文件格式存储数据，用 Chubby 管理元数据，BigTable 的数据和日志都是写入 GFS 的。

表 7-3　BigTable 相关构件

序号	类　型	构件名称	描　述
1	基础存储相关	GFS	存储日志文件和数据文件，集群通常运行在共享机器池（Cloud）中，依靠集群管理系统做任务调度、资源管理和机器监控等
2	数据文件格式相关	SSTable	SSTable 是一个持久化、排序的、不可更改的 Map 结构；SSTable 是一系列的数据块，并通过块索引定位，块索引在打开 SSTable 时加载到内存中，用于快速查找到指定的数据块
3	分布式同步相关	Chubby（类 Zookeeper）	Chubby 是一个高可用的、序列化的分布式锁服务组件。Chubby 服务维护 5 个活动副本，其中一个选为 Master 并处理请求，并通过 Paxos 算法来保证副本一致性。Chubby 提供一个名字空间，提供对 Chubby 文件的一致性缓存等。BigTable 使用 Chubby 来完成几个任务，比如：确保任意时间只有一个活动 Master 副本；存储数据的自引导指令位置；查找 Tablet 服务器信息等；存储访问控制列表等

（4）BigTable 实现。

BigTable 包括了 3 个主要的组件：链接到用户程序中的库、一个 Master 服务器和多个 Tablet 服务器。针对系统工作负载的变化情况，BigTable 可以动态地向集群中添加（或者删除）Tablet 服务器。

Master 服务器：BigTable 中只有一个 Master 服务器。它负责为 Tablet 服务器分配 Tablet、检测新加入的或者过期失效的 Table 服务器、对 Tablet 服务器进行负载均衡及对保存在 GFS 上的文件进行垃圾收集。除此之外，它还处理对模式的相关修改操作，例如建立表和列簇。（可以和分布式文件系统中的 Metadata Server 类比）

Tablet 服务器：BigTable 可以有多个 Tablet 服务器，并且可以向系统中动态添加或是删除 Tablet 服务器。每个 Tablet 服务器都管理一个 Tablet 的集合（通常每个服务器有数十个至上千个 Tablet）。每个 Tablet 服务器负责处理它所加载的 Tablet 的读写操作，以及在 Tablet 过大时对其进行分割。（可以类比分布式文件系统中的存储节点 Data Server。）

Tablet 表是可以动态分裂的，系统初始时，只有一个 Tablet 表，当表增长到一定的大小时，会自动分裂成多个 Tablet 使得每个 Tablet 一般为 100～200MB。同时，Master 服务器会负责控制是否需要将 Tablet 转交给其他负载较轻的 Tablet 服务器，从而保证整个集群的负载均衡。

① Tablet 的位置信息。

使用 3 层的、类 B+树的结构存储 Tablet 的位置信息，如图 7-21 所示。

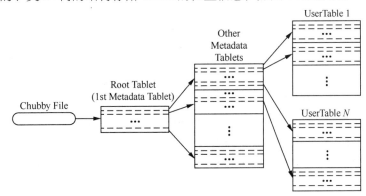

图 7-21　Tablet 的位置信息

第一层为存储于 Chubby 中的 Root Tablet 位置信息。Root Tablet 包含一个 Metadata 表，Metadata 表每个 Tablet 包含一个用户 Tablet 集合。在 Metadata 表内，每个 Tablet 的位置信息都存储在一个行关键字下，这个行关键字由 Tablet 所在表的标识符和最后一行编码而成。Metadata 表每一行都存储约 1KB 内存数据，即在一个 128MB 的 Metadata 表中，采用这种 3 层存储结构，可标识 2^{32} 个 Tablet 地址。用户程序使用的库会缓存 Tablet 的位置信息，如果某个 Tablet 位置信息没有缓存或缓存失效，那么客户端会在树状存储结构中递归查询。故通常会通过预取 Tablet 地址来减少访问开销。

② Tablet 的分配。

在任何时刻，一个 Tablet 只能分配给一个 Tablet 服务器，这个由 Master 来控制分配（一个 Tablet 没分配，而一个 Tablet 服务器有足够空闲空间，则 Master 会发给该 Tablet 服务器装载请求）。BigTable 通过 Chubby 跟踪 Tablet 服务器的状态。当 Tablet 服务器启动时，会在 Chubby 注册文件节点并获得其独占锁，当 Tablet 服务器失效或关闭时，会释放这个独占锁。当 Tablet 服务器不提供服务时，Master 会通过轮询 Chubby 上 Tablet 服务器文件锁的状态检查出来，确认后会删除其在 Chubby 注册的节点，使其不再提供服务。最后 Master 会重新分配这个 Tablet

服务器上的 Tablet 到其他未分配的 Tablet 集合内。当集群管理系统启动一个 Master 服务器之后，这个 Master 会执行以下步骤。

- 从 Chubby 获取一个唯一的 Master 锁，保证 Chubby 只有一个 Master 实例。
- 扫描 Chubby 上的 Tablet 文件锁目录，获取当前运行的 Tablet 服务器列表。
- 和所有 Tablet 服务器通信，获取每个 Tablet 服务器上的 Tablet 分配信息。
- 扫描 Metadata 表获取所有 Tablet 集合，如果发现有还没分配的 Tablet，就会将其加入未分配 Tablet 集合等待分配。

③ Tablet 的服务。

Tablet 的服务如图 7-22 所示。

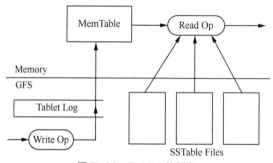

图 7-22　Tablet 的服务

如图 7-22 所示，Tablet 的持久化状态信息保存在 GFS 上。更新操作会提交 Redo 日志，更新操作分以下两类。

- 最近提交的更新操作会存放在一个排序缓存中，称为 MemTable。
- 较早提交的更新操作会存放在 SSTable 中，落地在 GFS 上。

Tablet 的恢复：Tablet 服务器从 Metadata 中读取这个 Tablet 的元数据，元数据里面就包含了组成这个 Tablet 的 SSTable 和 RedoPoint，然后通过重复 RedoPoint 之后的日志记录来重建（类似 MySQL 的 binlog）。

对 Tablet 服务器写操作：首先检查操作格式正确性和权限（从 Chubby 拉取权限列表）。之后有效的写记录会提交日志，也支持批量提交，最后写入的内容插入 MemTable 内。

对 Tablet 服务器读操作：首先检查格式和权限，之后有效的读操作在一系列 SSTable 和 MemTable 合并的视图内执行（都按字典序排序，可高效生成合并视图）。

2．Hadoop 的 HBase

（1）HBase 概述。

HBase 是 Apache Hadoop 的一个类似 BigTable 的分布式数据库，它是一个稀疏的长期存储的（存储在硬盘上）、多维度的、排序的映射表，这张表的索引是行关键字、列关键字和时间戳。HBase 能够对大型数据提供随机、实时的读写访问。HBase 的目标是存储并处理大型的数据。HBase 是一个开源的、分布式的、多版本的、面向列的存储模型。

HBase 是一个构建在 HDFS 上的分布式列存储系统；HBase 是基于 Google BigTable 模型开发的，是典型的 Key-Value 系统；HBase 是 Apache Hadoop 生态系统中的重要一员，主要用于海量结构化数据存储；从逻辑上说，HBase 将数据按照表、行和列进行存储，存储的是松散型数据。与 Hadoop 一样，HBase 目标主要依靠横向扩展，通过不断增加廉价的商用服务器来增加计算和存储能力。

HBase 是 Google BigTable 的开源实现，其相互对应关系如表 7-4 所示。

表 7-4　BigTable 和 HBase

序号	项　　目	Google BigTable	Hadoop HBase
1	文件存储系统	GFS	HDFS
2	海量数据处理	MapReduce	MapReduce Hadoop
3	协同服务管理	Chubby	Zookeeper

HBase 的主要特点如下。

● 容量大：一个表可以有数十亿行、上百万列。

● 无模式：每行都有一个可排序的主键和任意多的列，列可以根据需要动态地增加，同一张表中不同的行可以有截然不同的列。

● 面向列：面向列（簇）的存储和权限控制，实现列（簇）独立检索。

● 稀疏：空（null）列并不占用存储空间，表可以设计得非常稀疏。

● 数据多版本：每个单元中的数据可以有多个版本，默认情况下版本号自动分配，是单元格插入时的时间戳。

● 数据类型单一：HBase 中的数据都是字符串，没有类型。

（2）HBase 数据模型。

HBase 中的数据都是字符串，没有类型。用户在表格中存储数据，每一行都有一个可排序的主键和任意多的列。由于是稀疏存储，同一张表里面的每一行数据都可以有截然不同的列。列名字的格式是 "<family>:<qualifier>"，都是由字符串组成的，每一张表有一个列簇集合，这个集合是固定不变的，只能通过改变表结构来改变。但是 qualifier 值相对于每一行来说都是可以改变的。

HBase 把同一个列簇里面的数据存储在同一个目录下，并且 HBase 的写操作是锁行的，每一行都是一个原子元素，都可以加锁。HBase 所有数据库的更新都有一个时间戳标记，每个更新都是一个新的版本，HBase 会保留一定数量的版本，这个值是可以设定的，客户端可以选择获取距离某个时间点最近的版本单元的值，或者一次获取所有版本单元的值。

HBase 以表的形式存储数据，表由行和列组成，列划分为若干个列簇（Column Family），如表 7-5 所示。

表 7-5　HBase 数据模型（test 表）

Row Key	Time Stamp	Column Family:c1		Column Family:c2	
		列	值	列	值
r1	t7	c1:1	value1-1/1		
	t6	c1:2	value1-1/2		
	t5	c1:3	value1-1/3		
	t4			c2:1	value1-2/1
	t3			c2:2	value1-2/2
r2	t2	c1:1	value2-1/1		
	t1			c2:1	value2-1/1

从表 7-5 可以看出，test 表有 r1 和 r2 两行数据以及 c1 和 c2 两个列簇，在 r1 中，列簇 c1 有 3 条数据，列簇 c2 有两条数据；在 r2 中，列簇 c1 有一条数据，列簇 c2 有一条数据，每一条数据对应的时间戳都用数字来表示，编号越大表示数据越旧，反之表示数据越新。

HBase 数据模型中各组成部件如下。

① Row Key（行键）：可以是任意字符串（最大长度是 64KB，实际应用中长度一般为 10 ~ 100B），在 HBase 内部，Row Key 保存为字节数组。存储时，数据按照 Row Key 的字节序（Byte Order）排序存储。设计 Key 时，要充分排序存储这个特性，将经常一起读取的行存储放到一起（位置相关性）。

② Column Family（列簇）：一个 Table 在水平方向有一个或者多个列簇，列簇可由任意多个 Column 组成，列簇支持动态扩展，无须预定义数量及类型，以二进制方式存储，用户需自行进行类型转换。列名都以列簇作为前缀，例如 c2:1、c2:2 都属于 c2 这个列簇。

③ Timestamp（时间戳）：每次对数据操作对应的时间戳，也即数据的版本号。

④ Cell（单元格）：HBase 中通过 Row 和 Column 确定的一个存储单元称为 Cell。每个 Cell 都保存着同一份数据的多个版本。版本通过时间戳来索引。时间戳的类型是 64 位整型。时间戳可以由 HBase（在数据写入时自动）赋值，此时时间戳是精确到毫秒的当前系统时间。时间戳也可以由用户显式赋值。如果应用程序要避免数据版本冲突，就必须自己生成具有唯一性的时间戳。每个 Cell 中，不同版本的数据按照时间倒序排序，即最新的数据排在最前面。Cell 是由 {row key, column（= + ），version} 唯一确定的单元。Cell 中的数据是没有类型的，全部是以字节码形式存储的。

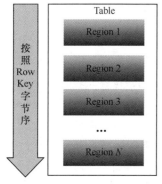

图 7-23　Table 分割为多个 Region

（3）HBase 物理模型。

HBase 中数据物理存储可以描述为以下几个过程。

① Table 中所有行都按照 Row Key 的字节序排列。

② Table 在行的方向上分割为多个 Region，如图 7-23 所示。

③ Region 按大小分割，每个表开始只有一个 Region，随着数据增多，Region 不断增大，当增大到一个阈值的时候，Region 就会等分为两个新的 Region，之后会有越来越多的 Region，如图 7-24 所示。

④ Region 是 HBase 中分布式存储和负载均衡的最小单元，不同 Region 分布到不同 Region Server 上，如图 7-25 所示。

⑤ Region 虽然是分布式存储的最小单元，但并不是存储的最小单元。Region 由一个或者多个 Store 组成，每个 Store 保存一个 Columns Family；每个 Strore 又由一个

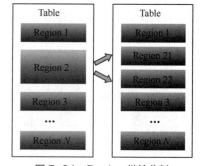

图 7-24　Region 继续分割

MemStore 和 0 至多个 StoreFile 组成，StoreFile 包含 HFile；MemStore 存储在内存中，StoreFile 存储在 HDFS 上，如图 7-26 所示。

（4）HBase 架构及基本组件。

HBase 的基本架构如图 7-27 所示，由 Client、Zookeeper、HMaster、HRegionServer、HRegion 和 HLog 等组件组成。

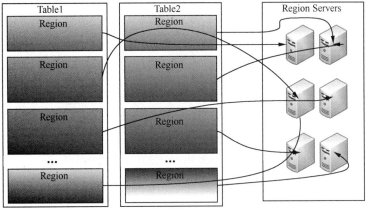

图 7-25   Region 分布到不同 Region Server 上

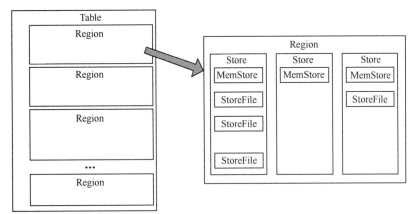

图 7-26   StoreFile 存储在 HDFS 上

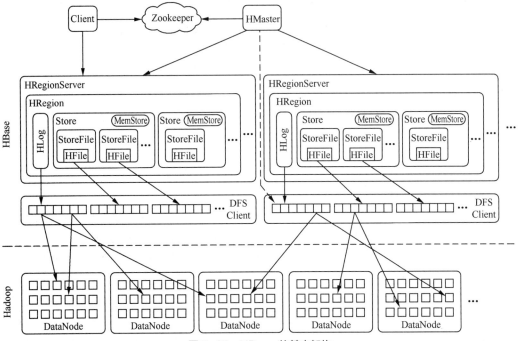

图 7-27   HBase 的基本架构

HBase 的基本架构中各组件及其功能如表 7-6 所示。

表 7-6　HBase 的基本架构中各组件及其功能

序号	组件名称	功能描述
1	Client	<ul><li>包含访问 HBase 的接口，维护着一些 Cache 来加快对 HBase 的访问</li><li>使用 HBase RPC 机制与 HMaster 和 HRegionServer 进行通信</li><li>Client 与 HMaster 进行通信，进行管理类操作</li><li>Client 与 HRegionServer 进行数据读写类操作</li></ul>
2	Zookeeper	<ul><li>保证任何时候，集群中只有一个 Master</li><li>存储所有 Region 的寻址入口</li><li>实时监控 RegionServer 的状态，将 RegionServer 的上线和下线信息实时通知给 Master</li><li>存储 HBase 的 Schema，包括有哪些 Table，每个 Table 有哪些 Column Family</li></ul>
3	HMaster	<ul><li>为 Region Server 分配 Region</li><li>管理 HRegionServer 的负载均衡，调整 Region 分布</li><li>GFS 上的垃圾文件回收</li><li>处理 Schema 更新请求</li><li>管理用户对表的增、删、改、查操作</li><li>Region Split 后，负责新 Region 的分布</li><li>在 HRegionServer 停机后，负责失效 HRegionServer 上 Region 迁移</li></ul>
4	HRegionServer	HBase 中最核心的模块<ul><li>维护 Master 分配给它的 Region，处理对这些 Region 的 I/O 请求</li><li>负责切分在运行过程中变得过大的 Region</li></ul>
5	HRegion	HBase 中分布式存储和负载均衡的最小单元
6	Store	HBase 存储的核心，由 MemStore 和 StoreFile 组成
7	MemStore	是 Sorted Memory Buffer，用户写入数据的流程
8	HLog	每个 HRegionServer 中都会有一个 HLog 对象。一旦 HRegionServer 意外退出，MemStore 中的内存数据就会丢失，引入 HLog 就是为了防止这种情况出现

7.4.4　并行编程模式

云计算提供了分布式的计算模式，客观上要求必须有分布式的编程模式。云计算采用了一种思想简洁的分布式并行编程模型 MapReduce。MapReduce 是一种编程模型和任务调度模型，主要用于数据集的并行运算和并行任务的调度处理，其优势在于处理大规模数据集。在该模式下，用户只需要自行编写 Map 函数和 Reduce 函数即可进行并行计算。其中，Map 函数中定义各节点上的分块数据的处理方法，而 Reduce 函数中定义中间结果的保存方法以及最终结果的归纳方法。

MapReduce 是 Google 开发的 Java、Python、C++编程模型，它是一种简化的分布式编程模型和高效的任务调度模型，用于大规模数据集（大于 1TB）的并行运算。严格的编程模型使云计算环境下的编程十分简单。MapReduce 模式的思想是将要执行的问题分解成 Map（映射）和 Reduce（化简）的方式，先通过 Map 程序将数据切割成不相关的区块，分配（调度）给大量计算机处理，达到分布式运算的效果，再通过 Reduce 程序将结果汇总输出。

1．MapReduce 编程模型

MapReduce 采用"分而治之"的思想，把对大规模数据集的操作分发给一个主节点管理下的各个分节点共同完成，然后通过整合各个节点的中间结果，得到最终结果。简单地说，MapReduce 就是"任务的分解与结果的汇总"。在分布式计算中，MapReduce 框架负责处理并行编程中分布式存储、工作调度、负载均衡、容错均衡、容错处理以及网络通信等复杂问题，把处理过程高度抽象为两个函数：Map 和 Reduce，Map 负责把任务分解成多个任务，Reduce 负责把分解后多任务处理的结果汇总起来。

在 Hadoop 中，用于执行 MapReduce 任务的机器角色有两个：JobTracker 和 TaskTracker，JobTracker 是用于调度工作的，TaskTracker 是用于执行工作的。一个 Hadoop 集群中只有一台 JobTracker。

需要注意的是，用 MapReduce 处理的数据集（或任务）必须是：待处理的数据集可以分解成许多小的数据集，而且每一个小数据集都可以完全并行地进行处理。

2．MapReduce 处理过程

在 Hadoop 中，每个 MapReduce 任务都被初始化为一个 Job，每个 Job 又可以分为两个阶段：Map 阶段和 Reduce 阶段。这两个阶段分别用两个函数表示，即 Map 函数和 Reduce 函数。Map 函数接收一个<Key, Value>形式的输入，然后同样产生一个<Key, Value>形式的中间输出，Hadoop 函数接收一个如<Key, (List of Values)>形式的输入，然后对这个 Value 集合进行处理，每个 Reduce 产生 0 或 1 个输出，Reduce 的输出也是<Key, Value>形式的。MapReduce 处理大数据集的过程如图 7-28 所示。

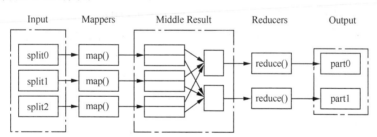

图 7-28　MapReduce 处理大数据集的过程

【巩固与拓展】

一、知识巩固

1．下列设备（或资源）可以成为虚拟内容的是（　　　）。

A．CPU　　　　　B．内存　　　　　C．存储　　　　　D．网络

2．下列不属于虚拟化技术所具备的优势的是（　　　）。

A．资源共享　　　B．负载动态优化　　C．节能环保　　　D．人工管理

3．（　　　）年，IBM 公司发布的 IBM7044 被认为是最早在商业系统上实现虚拟化。

A．1959　　　　　B．1965　　　　　C．1999　　　　　D．2007

4. 在 x86 平台上推出了可以流畅运行的商业虚拟化软件，推动虚拟化技术走进 PC 和服务器世界之中的虚拟化厂商是（   ）。

A. VMware   B. Microsoft   C. Citrix   D. Red Hat

5. 下列描述中不属于寄居虚拟化架构的特点的是（   ）。

A. 硬件兼容性好   B. 对物理硬件的要求低

C. 无需依赖特定操作系统   D. 虚拟机性能较差

6. 目前，裸金属架构（原生架构）的典型产品是（   ）。

A. VMware 的 VMware vSphere   B. Microsoft 的 Hyper-V

C. VMware 的 VMware Workstation   D. Microsoft 的 Virtual PC

7. 从实现层次角度对虚拟化技术进行分类，共有 3 种虚拟化类型，即（   ）。

A. 硬件虚拟化   B. 操作系统虚拟化

C. 应用程序虚拟化   D. 半虚拟化

8. 将一个物理服务器虚拟成若干个服务器使用，以实现在一台主机上运行多个用户操作系统的虚拟化技术属于（   ）。

A. 服务器虚拟化   B. 存储虚拟化   C. 应用虚拟化

D. 平台虚拟化   E. 桌面虚拟化

9. 下列描述中属于存储虚拟化的功能和特点的是（   ）。

A. 集中存储   B. 绿色环保   C. 安全认证   D. 层级管理

10. Hyper-V 是（   ）公司的虚拟化产品。

A. VMware   B. Microsoft   C. Citrix   D. Red Hat

11. 云计算系统中广泛使用的数据存储系统有（   ）。

A. Google 的 BigTable   B. Hadoop 的 HBase

C. Google 的 GFS   D. Hadoop 的 HDFS

12. 试图解决在云计算环境下共用相同的系统或程序组件，又确保各用户间数据有效隔离的技术是（   ）。

A. 多租户技术   B. 海量数据存储技术

C. 海量数据管理技术   D. 并行编程模式

二、拓展提升

1. 试着选择 VMware Workstation 的较新版本下载、安装，并试着安装不同类型（或版本）的操作系统，体验 VMware Workstation 的功能。

2. 以小组方式搜索国内外主流虚拟化技术厂商及其产品（3～5 种），分析其特点和主要应用，各小组制作汇报 PPT 进行分享。

3. 查阅资料，进一步了解 Hadoop 生态系统中 Pig、HBase 和 Hive 之间的关系。

4. 调研一家单位的数据中心或开展云计算业务的公司，详细了解服务器虚拟化、存储虚拟化、平台虚拟化、应用虚拟化、网络虚拟化和桌面虚拟化的应用情况及相互之间的联系。撰写调研报告一份。

PART 8

第 8 章
云应用

本章目标

　　本章将向读者介绍国内外典型企业的云计算产品和解决方案以及云计算在典型行业的应用，包括国外的 Google GAE、Amazon AWS、Microsoft Azure 和 IBM Bluemix，国内的轩辕汇云、百度云、阿里云、腾讯云和移动云，以及典型行业应用教育云、金融云、电子政务云、智能交通云和医疗健康云等云计算产品和解决方案。本章的学习要点如下。

（1）Google GAE、Amazon AWS、Microsoft Azure 和 IBM Bluemix 等。

（2）轩辕汇云、百度云、阿里云、腾讯云和移动云等。

（3）教育云、金融云、电子政务云、智能交通云和医疗健康云等。

8.1　国外典型企业与产品

8.1.1　初识 Google GAE

1. GAE 简介

　　GAE（Google App Engine）是 Google 公司在 2008 年推出的互联网应用服务引擎，它采用云计算技术，使用多个服务器和数据中心来虚拟化应用程序，GAE 可以看作是托管网络应用程序的平台。GAE 支持的开发语言包括 Java、Python、PHP 和 Go 等，全球大量的开发者基于 GAE 开发了众多的应用。

　　GAE 如何为用户提供服务呢？GAE 给用户提供了主机、数据库、互联网接入带宽等资源，用户不必自己购买设备，只需使用 GAE 提供的资源就可以开发自己的应用程序或网站，并且可以方便地托管给 GAE。这样的好处是用户不必再担心主机、托管商、互联网接入带宽等一系列运营问题。通过使用 GAE，开发者可以轻松构建可靠运行的应用程序。GAE 包含以下功能。

- 动态网络服务，完全支持常用的网络技术。
- 持久存储，支持查询、排序和事务。
- 自动扩展和负载平衡。
- 用于验证用户身份和使用 Google 账户发送电子邮件的 API。
- 功能完善的本地开发环境，用于在开发者的计算机上模拟 GAE。
- 用于在网络请求范围以外执行操作的任务队列。
- 用于在指定时间和按固定间隔触发事件的计划任务。

作为 Google 云计算的一部分，GAE 对全球开发者免费开放使用，开发者可以充分利用 Google 提供的免费空间、免费数据库、免费二级域名等服务在 Google 基础架构上运行网络应用程序。GAE 应用程序易于构建和维护，并且可随着通信量和数据存储需求增长而轻松扩展。开发者只需要一个 Google 账号就可以在 GAE 上注册和开通一个免费账号，免费账号允许创建 10 个应用，每一个应用提供 1GB 的容量，月流量是 60GB（传出和传入带宽都是 1GB/天）。这样的配置足够应付一个流量为一天几千 IP 的中小型博客或者网站了。开发者通过 GAE 来托管自己的开心网、校内的应用，不用再为建设一个小型网站去租用主机，不用去选择托管商。

对于大型的应用程序和网站，GAE 也能够为其提供服务，只需要支付一定的费用来购买更多的空间或资源就可以了，使大型网站的开发和运营变得更加单纯。

开发者可以使用常用的 Java 网络开发工具和 API 标准为 Java 运行时环境开发应用程序，也可以使用 Python 编程语言实现应用程序，以及在优化的 Python 解释器上运行应用程序。通过使用 GAE 的 Java 运行时环境，开发者可以使用标准 Java 技术构建应用程序，包括 JVM、Java Servlet 和 Java 编程语言或任何其他基于 JVM 的解释器或编译器的语言（如 JavaScript 或 Ruby）。GAE 还提供一个专用的 Python 运行时环境，其中包括快速 Python 解释器和 Python 标准库。建立的 Java 和 Python 运行时环境旨在确保快速安全地运行应用程序，而不会受到系统上的其他应用程序的干扰。

2. GAE 架构

GAE 在设计时充分考虑到了现有的 Google 技术、分布式数据库等技术，因此 GAE 在设计理念方面体现了以下 5 个方面的特点。

（1）重用现有的 Google 技术。在 GAE 开发的过程中，重用的思想得到了非常好的体现，比如 Datastore 是基于 Google 的 BigTable 技术，Images 服务是基于 Picasa，用户认证服务是利用 Google Account，Email 服务是基于 Gmail 等。

（2）无状态。为了更好地支持扩展，Google 没有在应用服务器层存储任何重要的状态，而主要在 Datastore 层对数据进行持久化，这样当应用流量突然爆发时，可以通过为应用添加新的服务器来实现扩展。

（3）硬限制。GAE 对运行在其之上的应用代码设置了很多硬性限制，比如无法创建 Socket 和 Thread 等有限的系统资源，这样能保证不让一些恶性的应用影响到与其临近应用的正常运行，同时也能保证在应用之间能做到一定的隔离。

（4）利用 Protocol Buffer 技术来解决服务方面的异构性。应用服务器和很多服务相连，有可能会出现异构性的问题，比如应用服务器是用 Java 写的，而部分服务是用 C++写的等。Google 在这方面的解决方法是基于语言中立、平台中立和可扩展的 Protocol Buffer。并且在 GAE 平台上，所有 API 的调用都需要在进行 RPC 之前被编译成 Protocol Buffer 的二进制格式。

（5）分布式数据库。因为 GAE 需要支撑海量的网络应用，所以独立数据库的设计肯定是不可取的，而且很有可能将面对起伏不定的流量，因此需要一个分布式的数据库来支撑海量的数据和海量的查询。

基于上述设计理念而形成的 GAE 的架构示意图如图 8-1 所示。

如图 8-1 所示，GAE 架构可以分为前端、Datastore 和服务群 3 个部分。

（1）前端：包括 Front End、Static Files、App Server 和 App Master 4 个模块。

Front End：承担负载均衡器和代理的职责，主要负责负载均衡和将用户的请求转发给 App Server（应用服务器）或者 Static Files 等。

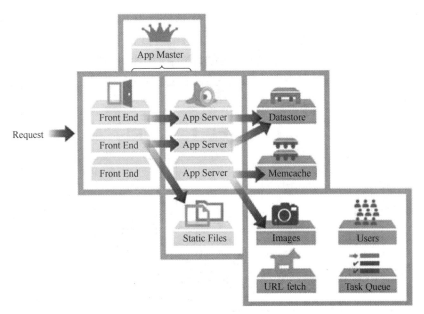

图 8-1　GAE 架构示意图

Static Files：在概念上类似于内容分发网络（Content Delivery Network，CDN），用于存储和传送那些应用附带的静态文件（如图片、CSS 和 JS 脚本等）。

App Server：用于处理用户发来的请求，并根据请求的内容调用后面的 Datastore 和服务群。

App Master：是在应用服务器间调度应用，并将调度之后的情况通知 Front End。

（2）Datastore：是基于 BigTable 技术的分布式数据库，虽然它可以被理解成为一个服务，但是由于它是整个 GAE 唯一存储持久化数据的地方，因此它是 GAE 中一个非常核心的模块。

（3）服务群：服务群提供很多服务供 App Server 调用。这些服务包括 Memcache（内存缓存）、Images（图形）、Users（用户）、URL fetch（URL 抓取）和 Task Queue（任务队列）等。

提示

- GAE 支持将应用程序与 Google 账户集成以进行用户身份验证。
- GAE 应用程序可以在 Java 环境和 Python 环境之一中运行，每种环境提供了标准协议和常用技术以进行网络应用程序开发。
- 基于 Java 或 Python 的 GAE 程序的编写和发布请读者参阅其他资料。

8.1.2　初识 Amazon AWS

1. AWS 简介

AWS（Amazon Web Services，Amazon 云服务）在 2006 年开始以 Web 服务的形式向企业提供 IT 基础设施服务（现在通常称为云计算），现已发展成为一个安全的云服务平台，为全世界范围内的用户提供云解决方案，提供计算能力、数据库存储、内容交付以及其他功能来帮助实现业务扩展和增长。全球数以百万计的用户目前正在利用 AWS 云产品和解决方案来构建灵活性、可扩展性和可靠性更高的复杂应用程序。

Amazon 提供的专业云计算服务包括：Amazon 弹性计算网云（Amazon EC2）、Amazon 简单储存服务（Amazon S3）、Amazon 简单队列服务（Amazon Simple Queue Service）以及 Amazon CloudFront 等。AWS 的数据中心位于美国、欧洲、巴西、新加坡和日本，AWS 云可

通过 12 个地理区域、32 个可用区域和超过 50 个本地节点为 190 个国家/地区提供服务。AWS 云提供的各种各样的基础设施服务（如计算能力、存储选项、联网和数据库等）具有按需交付、即时可用、按使用量付费定价等特点。AWS 产品架构如图 8-2 所示。

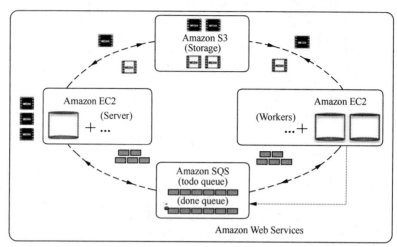

图 8-2　AWS 产品架构

2．AWS 优点

作为全球首屈一指的云计算服务提供商，AWS 在云中可提供高度可靠、可扩展、低成本的基础设施平台，让各行各业的用户都能获得以下优势。

（1）成本低廉。AWS 可以用多少付多少，无前期费用，无需签订长期使用合约。AWS 能够构建和管理大规模的全球基础设施，并以优惠的价格将节约的成本传递给用户。

（2）灵敏性和即时弹性。AWS 提供大型全球云基础设施，使用户能够快速创新、试验和迭代。用户可以即时部署新应用程序，随工作负载增长即时增大，并根据需求即时缩小。无论用户需要一个还是数千个虚拟服务器，无论用户需要运行几个小时还是全天候运行，用户只按实际用量付费。

（3）开放和灵活。AWS 是一款独立于语言和操作系统的平台。用户可以选择对自己的业务最有意义的开发平台或编程模型。用户可以自行选择服务类型和方式，这种灵活性使用户能够专注于创新，而不是基础设施。

（4）安全。AWS 是一个安全持久的技术平台，已获得以下行业认可的认证和审核：PCI DSS Level 1、ISO 27001、FISMA Moderate、FedRAMP、HIPAA、SOC 1（之前称为 SAS 70 和/或 SSAE 16）和 SOC 2 审核报告。AWS 的服务和数据中心拥有多层操作和物理安全性，以确保用户数据的完整和安全。

3．基于 AWS 的解决方案

AWS 为全球 190 个国家/地区的数以百万计的用户提供服务，AWS 提供的常见解决方案及服务内容如表 8-1 所示。

表 8-1　AWS 常见解决方案及服务内容

序号	解决方案	主要内容
1	应用程序托管	使用可靠的按需基础设施，从托管内部应用程序到 SaaS 服务，为用户的应用程序提供支持

序号	解 决 方 案	主 要 内 容
2	网站	利用 AWS 可扩展的基础设施平台满足用户动态的 Web 托管需求
3	备份与存储	利用 AWS 经济实惠的数据存储服务存储数据，并构建可靠的备份解决方案
4	企业 IT	在 AWS 的安全环境中托管面向内部或外部的 IT 应用程序
5	内容分发	以低成本和高速数据传输速度，快速、轻松地向全球范围内的最终用户分配内容
6	数据库	利用各种可扩展的数据库解决方案，包括托管企业数据库软件或非关系数据库解决方案

4．AWS 免费套餐体验

AWS 免费套餐旨在为用户提供实际动手使用 AWS 云服务的机会。AWS 免费套餐服务/产品包括自 AWS 注册之日起 12 个月内可供免费使用的服务，以及在 AWS 免费套餐的 12 个月期限到期后不自动过期的其他服务/产品。

（1）注册 AWS 账户。

进入 AWS 主页面（https://aws.amazon.com/cn/），选择"创建免费账户"进入注册页面创建 AWS 账户，如图 8-3 所示。

图 8-3　创建 AWS 账户

（2）填写用户资料。

输入账单地址和信用卡资料（仅在用户的用量超出免费使用套餐限额后，才会向用户收取费用）。

（3）选择免费套餐。

选择包括计算、存储和内容传输、数据库、分析、移动服务、物联网、开发人员工具、管理工具、安全和身份以及应用程序服务等特色产品。免费套餐中同时还包括 AWS 免费套餐合格软件（基础设施软件、开发人员工具、商业软件等）。AWS Marketplace 提供超过 700 种免费和付费软件产品。如果用户符合 AWS 免费套餐的要求，则用户每个月可以在 Amazon EC2 t2.micro 实例上使用这些产品最多 750 小时，而且不用为 Amazon EC2 实例额外付费（为期 12 个月）。

8.1.3 初识 Microsoft Azure

1. Microsoft Azure 简介

Microsoft Azure 原名 Windows Azure。Windows Azure 是专为 Microsoft 的数据中心（此中心的功能是管理所有服务器、网络以及存储资源）所开发的一种特殊版本的 Windows Server 操作系统，是 Microsoft 基于云计算的操作系统。Microsoft Azure 的主要目标是为开发者提供一个平台，帮助开发可运行在云服务器、数据中心、Web 和 PC 上的应用程序。云计算的开发者能使用 Microsoft 全球数据中心的储存、计算能力和网络基础服务。Microsoft Azure 架构示意图如图 8-4 所示。

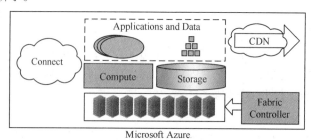

图 8-4　Microsoft Azure 架构

Microsoft Azure 服务平台现在已经包含如下功能：网站、虚拟机、云服务、移动应用服务、大数据支持以及媒体功能的支持。

（1）网站：允许使用 ASP.NET、PHP 或 Node.js 构建网站，并使用 FTP、Git 或 TFS 进行快速部署，支持 SQL Database、Caching、CDN 及 Storage。

（2）虚拟机：在 Microsoft Azure 上用户可以轻松部署并运行 Windows Server 和 Linux 虚拟机；用户可以迁移应用程序和基础结构，而无需更改现有代码；支持 Windows Virtual Machines、Linux Virtual Machines、Storage、Virtual Network、Identity 等功能。

（3）云服务：是 Microsoft Azure 中的企业级云平台，可使用平台即服务 PaaS 环境创建高度可用的且可无限缩放的应用程序和服务；支持多层方案、自动化部署和灵活缩放；支持 Cloud Services、SQL Database、Caching、Business Analytics、Service Bus、Identity 等。

（4）移动应用服务：是 Microsoft Azure 提供的移动应用程序的完整后端解决方案，加速连接的客户端应用程序开发；可以在几分钟内并入结构化存储、用户身份验证和推送通知；支持 SQL Database、Mobile 服务；可以快速生成 Windows Phone、Android 或者 iOS 应用程序项目。

（5）大数据支持：Microsoft Azure 可以提供海量数据处理能力；PaaS 产品/服务提供了简单的管理，并与 Active Directory 和 System Center 集成；支持 Hadoop、Business Analytics、Storage、SQL Database 及在线商店 Marketplace。

（6）媒体支持：支持插入、编码、保护、流式处理，可以在云中创建、管理和分发媒体；PaaS 产品/服务提供从编码到内容保护再到流式处理和分析支持的所有内容；支持 CDN 及 Storage 存储。

2. Microsoft Azure 主要组件和服务

Azure 将服务分组为不同类别，Azure 主要组件和服务名称及其功能描述如表 8-2 所示。

表8-2　Azure 主要组件和服务及其功能描述

组　件	服　务	功　能　描　述
计算	虚拟机	Azure 虚拟机提供对云中虚拟机实例的完全控制（IaaS）
	网站	Azure Web 应用在云中运行网站应用程序，无需管理基础的 Web 服务器
	云服务	通过 Azure 云服务，可以在平台即服务 PaaS 环境中运行高度可缩放的自定义代码
数据管理	Azure SQL 数据库	Azure 提供 SQL 数据库功能进行关系存储，不同于在 Windows Server 上运行的 SQL Server 提供的典型的 SQL 数据库，SQL 数据库在云中不只是一个 DBMS，它还是一个 PaaS 服务
	存储 Blob	设计用于存储非结构化二进制数据，单个 Blob 最大可以为 1TB
	存储表	Azure 表提供了一种平面 NoSQL 方式来存储数据
	文件服务	Azure 允许在云中通过服务器消息块（SMB）协议使用 \\Server\share 格式来访问大量的文件存储
	Azure MySQL 数据库	提供 MySQL 数据库来存储数据，实现 MySQL 全托管数据库服务
网络	虚拟网络	提供了专用网络，因此不同的服务可以彼此互相通信，在设置了 VPN 连接（一种跨界连接）的情况下，还可以与本地资源通信
	流量管理器	当 Azure 应用程序运行在多个数据中心时，可以使用 Azure 流量管理器智能地跨应用程序的响应来自用户的请求
	ExpressRoute	如果需要更多的带宽，或者需要比 Azure 虚拟网络连接能够提供的安全性更高的安全性，则可以考虑 ExpressRoute。ExpressRoute。使用 Azure 虚拟网络，但通过更快速的专用线路而非公共 Internet 来路由连接
开发人员服务	Azure SDK	Microsoft 目前为 .NET、Java、PHP、Node.js、Ruby 和 Python 提供了特定于语言的 SDK，以及一个为任何语言（例如 C++）提供基本支持的常规 Azure SDK，可帮助用户构建、部署和管理 Azure 应用程序
	自动化	Azure 自动化是一种在 Azure 环境中创建、监视、管理和部署资源的方法
标识和访问	活动目录	与大多数目录服务一样，Azure Active Directory 存储有关用户以及他们所属组织的信息。它允许用户登录，为他们提供令牌，以便他们可以向应用程序证明自己的身份。它还允许与在用户的本地网络本地运行的 Windows Server Active Directory 同步用户信息
	多重身份验证	Multi-Factor Authentication 为用户的应用程序提供进行多种形式身份验证的功能
移动服务	移动服务	Azure 移动服务提供了许多与移动设备进行交互的应用程序所需的功能，如允许对 SQL 数据库中存储的数据进行简单的设置和管理等
	通知中心	可以在数分钟内广播数百万高度个性化的推送通知（不必担心详细信息，如移动运营商或设备制造商等）。通过通知中心，只需一个 API 调用，即可向单个用户或数百万用户发送通知

组　　件	服　　务	功　能　描　述
备份	站点恢复	可以帮助用户跨站点协调 Hyper-V 映像的复制和恢复，从而保护重要的应用程序
	Azure 备份	使用 Azure 来备份和还原应用程序，不管是在云中还是在本地
消息传送和集成	存储队列	存储队列允许在应用程序各部分之间进行松散耦合，并且便于扩展
	服务总线队列	Azure 服务总线的目标是让在几乎任何地方运行的应用程序交换数据
	服务总线中继	服务总线中继通过使用云中承载的终结点交换消息，而不是在本地进行交换，使应用程序能够进行通信
	服务总线主题	服务总线主题允许多个应用程序发布消息，而其他订阅了消息的应用程序则可接收符合特定条件的消息
计算协助	计划程序	Azure 计划程序提供的方法可用于计划特定时间作业的特定时长
性能	Azure 缓存	Azure 应用程序可以在内存中缓存数据，甚至可以将其散布在多个辅助角色中
	内容传送网络	可以在世界各地的站点上缓存 Blob 的副本
大数据和大计算	HDInsight（Hadoop）	HDInsight 帮助完成庞大数据的大容量处理
媒体	媒体服务	媒体服务是向全球客户端提供视频和其他媒体的应用程序的平台

3．Microsoft Azure 特点

Microsoft Azure 是一个不断增长的集成云服务集合，其中包括分析、计算、数据库、移动、网络、存储和 Web 服务，可以帮助用户加快发展步伐、提高工作效率、节省运营成本。Azure 的特点如下。

（1）快速完成更多任务。

任何开发人员和 IT 专业人士都可通过使用 Azure 时保持工作效率。借助集成工具、预生成模板和托管服务，用户可以更轻松地使用自己已经拥有的技能和已经了解的技术来更加快速地生成和管理企业、移动、Web 和物联网（IoT）应用。

（2）使用一种开放而灵活的云服务平台。

Azure 支持极为广泛的操作系统、编程语言、框架、工具、数据库和设备选择。运行与 Docker 集成的 Linux 容器；使用 JavaScript、Python、.NET、PHP、Java 和 Node.js 生成应用；生成适用于 iOS、Android 和 Windows 设备的后端；Azure 云服务支持数百万开发人员和 IT 专业人士已经有所依赖并信任的相同技术。

（3）扩展现有 IT。

Azure 通过最大的安全专用连接网络、混合数据库和存储解决方案、数据驻留和加密功能与用户的现有 IT 环境轻松集成；使用 Azure Stack，用户可以将应用程序部署的 Azure 模型和部署引入数据中心。

（4）按需改变规模，现用现付。

Azure 的即用即付服务可以根据需要快速增加或减少，因此用户只需要为使用的部分付费即可，计费将按分钟计费。

（5）保护用户数据。

Microsoft 对严格的欧盟隐私保护法律的承诺让其成为欧盟数据保护机构首个认可的云提供商。Microsoft 还是首个采用新国际云隐私标准 ISO 27018 的主流云提供商。

（6）在任意位置运行应用。

作为 Microsoft 的最佳云服务，Azure 跨 26 个区域在 Microsoft 托管数据中心全球网络上运行，这比 Amazon AWS 和 Google Cloud 运行所在的国家和地区加起来还多。这一快速增长的全球足迹让用户在运行应用程序和确保良好用户性能时拥有许多选择。Azure 还是中国大陆地区首个跨国云提供商。

（7）做出更明智的决策。

Azure 的机器学习、Cortana 分析和流分析等预测分析服务正在重新定义商业智能。根据用户的结构化、非结构化和流式物联网数据做出更明智的决策、改进用户服务并发现新的业务机遇。

（8）依赖可信云服务。

从小型开发测试项目到全球产品发布，Azure 设计用于处理各种工作负荷。超过 66% 的财富 500 强公司依赖 Azure，Azure 对服务、全天候技术支持和全天候服务运行状况监视提供企业级 SLA。

8.1.4　初识 IBM Bluemix

1．IBM Bluemix 简介

IBM Bluemix 是来自 IBM 的最新的云产品，它是一个基于 Cloud Foundry 开源项目的平台即服务 PaaS 产品，能够提供易于集成到云应用程序中的企业级特性和服务，它使得组织和开发人员能够快速而又轻松地在云上创建、部署和管理应用程序。简单地说，Bluemix 就是一个开放的公有云平台，允许程序员在上面运行几乎所有类型的应用，而不用为硬件、软件、网络等其他因素分心。

IBM 在并购 SoftLayer 之后，开始发展 PaaS 公有云服务，结合 IBM 旗下的软件与开放原始码软件 Cloud Foundry，在 2014 年 6 月正式推出 Bluemix 云服务。

2．IBM Bluemix 提供的服务集合

除了提供更多框架和服务之外，Bluemix 还提供了一个仪表板来创建、查看和管理应用程序和服务，并监视应用程序的资源使用情况。Bluemix 仪表板还提供了管理组织/空间和用户访问的能力。Bluemix 的应用程序运行平台主要是架构在 Cloud Foundry、Docker 和 OpenStack 这 3 种技术之上，提供多种类型的云端服务，让开发者能够取用、加速应用程序的设计。其中也包括了 DevOps 工具、整合功能与 API 管理机制等，IBM Bluemix 提供的服务集合如表 8-3 所示。

表 8-3　IBM Bluemix 提供的服务集合

序号	服　务　名　称	描　　述
1	BLU Data Warehouse	为商业智能和分析提供了一个强大的、易用的、敏捷的平台
2	Cloud Code	可以在移动后端上运行用户 JavaScript 代码
3	Decision	为应用程序的业务规则提供了托管执行功能。需要在其应用程序中使用业务规则的应用程序开发人员可创建服务的实例，创作规则，将规则（规则集）部署到服务中，将服务与其应用程序绑定，然后调用服务来执行规则和返回执行结果

序号	服 务 名 称	描　　述
4	IBM Data Cache	支持 Web 和移动应用程序的分布式缓存场景。Data Cache 是一个存储键值对象的弹性数据网格。受 WebSphere®eXtreme Scale 技术强力支持，Data Cache 提供了线性可伸缩性、可预测的性能，以及 Web 应用程序的数据缓存需求的容错能力
5	IBM Enterprise MapReduce	根据需要向应用程序中添加基于 Hadoop 的分析。此服务在 IBM 运行的 IBM InfoSphere BigInsights Enterprise Edition Server V2.1.0.2的基于云的实例上创建了一个 InfoSphere® BigInsights™集群。InfoSphere BigInsights 受 Apache Hadoop 支持，提供了行业领先的性能、可伸缩性和可靠性
6	IBM MQ Light	支持使用 WebSphere MQ 消息客户端协议的客户端应用程序
7	IBM Session Cache	是一个弹性数据网格，它将 HTTP 会话对象存储和持久保持到数据网格中。如果出现服务器中断运行，应用程序用户不会丢失会话数据
8	Identity as a Service	该产品为应用程序开发人员提供了基于策略的 Web 单点登录功能，适用于 ibm.com 注册用户
9	JazzHub　　　DevOps Services	用户可以在 JazzHub 中与其他人协作，在公共或私有项目中计划、跟踪、开发和部署软件。JazzHub 包含 Git 托管功能、一个集成的 WebIDE、Eclipse 和 Visual Studio 集成、敏捷规划和跟踪以及向 BlueMix 的自动化部署
10	IBM JSON Database	可用于向用户的应用程序添加 NoSQL JSON 文档存储。用户可快速将文档插入到数据库而无需创建表、集合或索引
11	Mobile Application Management	为使用 IBM Mobile Cloud Platform SDK 开发的 Bluemix 应用程序提供了隐私的身份验证和授权服务
12	Mobile Data	是一个简单的数据存储服务。用户可以使用 Mobile Data 服务来存储需要从移动客户端创建和持久保存的对象
13	Push	用户可以在移动应用程序中推送通知，将信息发送到移动设备，甚至在应用程序未使用时发送信息
14	SQL Database	向用户的应用程序添加一个随需应变 IBM DB2® Online Transaction Processing SQL 数据库。此服务在 IBM Cloud 上创建一个受 IBM 全面支持和管理的数据库

提示

● 对于开发人员，Bluemix 进一步减少了花费在云上创建应用程序的时间；不再需要担忧安装软件或处理虚拟机镜像或硬件；只需几次单击或按键，就可以为应用程序的实例配置必要的服务。这种简化节省了花在设置、配置和故障排除上的大量时间，开发人员可以将更多时间用在快速创新和应对永无止境的需求变化上。

- 对于组织，Bluemix 提供了一个只需极少的内部技术知识、能够节省成本的云平台。Bluemix 为组织提供了快速开发环境，可用它来满足用户对新特性的需求。Bluemix 云平台提供了组织在其应用程序迅速普及时需要的弹性和容量灵活性。
- 对于用户，Bluemix 能够快速交付他们所需的功能。

图 8-5 展示了一个基于 Bluemix 平台的智能停车场系统的系统架构（以停车和停车监督两个应用为例）。

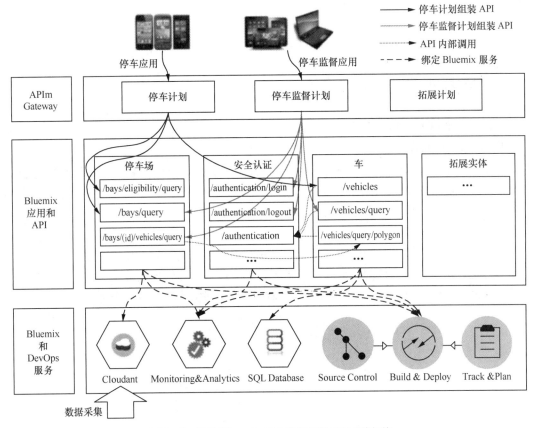

图 8-5　基于 Bluemix 平台的智能停车场系统架构

图 8-5 所示的系统架构中，在 Bluemix 的"星形"平台架构思想支持下，需求中相关的事务（对象）可以规划为一个个 Bluemix 应用群，每个 Bluemix 应用由不同的开发者或组来负责，任务分解明确，降低耦合性，方便实现快速开发。同时，通过 Bluemix 提供的 DevOps 工具，可以轻松地解决单个应用分解成多个应用后的部署问题，使得源代码的管理、部署、更新计划实现自动化或者半自动化。最后，Bluemix 的 API Management 能够做好 Bluemix 应用群和微服务的管理以及关于认证、安全、统计等功能。

3. Bluemix 的优势

Bluemix 作为 PaaS 层产品给程序员带来了很多的优势。

（1）节省时间和精力。程序员可以把所有的心思都放在应用程序的编写和调优上，而不用去担心繁杂的平台基础架构和设施，更有利于发掘程序员的创造力，开发出更高质量、更高性能的应用。

（2）加速应用程序上线。在实际的操作中，只需要简单的几条命令或者 UI 界面的几次点击操作就能轻松地完成各种应用程序的部署，而完全不用去采购硬件、软件安装等这些前期准备工作。

（3）快速满足各类需求。很容易地满足应用程序对各种新功能和新服务的需求，IBM 及其合作伙伴负责提供优质的服务，程序员只需要简单的"绑定"操作就能将服务加入到应用程序中。

（4）较低的学习成本。Bluemix 支持的语言、运行时、框架等都是程序员已经熟知的，采用 Bluemix 平台几乎不需要增加新的学习成本。

（5）高性能和高安全性。Bluemix 底层采用的 IaaS 是可以提供企业级需求的 SoftLayer，可以有效地保证平台的高性能和高安全性。

8.2 国内典型企业与产品

8.2.1 初识轩辕汇云

1．轩辕汇云简介

轩辕汇云服务运营管理平台（以下简称汇云平台）是广东轩辕网络科技股份有限公司（http://www.xuanyuan.com.cn/）完全拥有自主知识产权的云管理平台，广泛支持 x86 架构服务器和刀片服务器；支持多种虚拟化技术，包括 VMware、KVM、Xen、Xenserver、Oracle VM 等。作为完全集成的管理平台，汇云平台可将用户的虚拟化环境从"云就绪"状态过渡到真正的"云"环境。汇云平台的特点是符合中国用户习惯、安装简单、使用方便、见效快速。借助该方案，用户可以在低项目风险的前提下开始一段身心愉悦的云体验之旅，实现多朵云的统一管理，因此，我们也称之为"汇云"。轩辕汇云层次结构如图 8-6 所示。

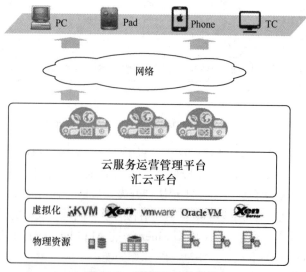

图 8-6 轩辕汇云层次结构

2．汇云平台主要功能

汇云平台可以实现云资源管理、云运维管理、云服务管理等功能。

（1）云资源管理——统筹管理软硬件资源，提升资源利用率。

● 支持目前多种虚拟化平台的管理。

● 虚拟服务器广泛支持 Windows、Linux 等主流操作系统的各个版本。

● 提供软件库资源，支持软件自动化安装部署。

● 完全支持当前的虚拟化环境，保护用户的投资。

● 动态容量扩展，保证持续运行，优化性能。

● 易于使用，无需了解整个基础架构的细节。

（2）云运维管理——自动化运维机制，提升管理效率。

● 提供自助管理界面，全方面了解平台运行情况。

● 全面监控平台软硬件运行状况。

● 提供多种策略设置平台故障报警机制。

（3）云服务管理——高效运营，降低成本。

● 提供用户自助服务管理界面。

● 将交付管理授权给云用户来提高工作效率。

● 通过自动化批准/拒绝，全面避免疏忽，确保最佳运行和云安全。

● 标准化部署和配置，改进合规，通过设置策略、缺省值和模板来减少错误。

● 通过直观的界面，简化对项目、用户、负荷、资源、计费、审批和计量的管理。

汇云管理平台功能架构如图 8-7 所示。

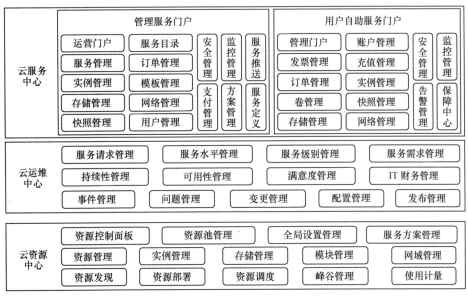

图 8-7　汇云管理平台功能架构图

如图 8-7 所示，汇云平台由云资源中心、云服务中心和云运维中心 3 大部分组成。云服务中心向用户和运营管理员提供一个统一操作界面（访问入口），用户通过自服务门户提交服务资源申请，由运营管理员通过运营管理门户进行审批，审批通过后，运营管理模块通过服务开通功能调用资源管理的资源实例，并把最终的资源实例提供给用户使用，当资源服务结束后，服务实例全生命周期管理模块会将资源实例回收，资源重返资源池，供其他服务使用。

3．汇云平台架构

汇云平台是基于新一代云计算技术和先进的服务管理体系，采用了资源智慧调度、服务方案管理、供应自动化等多项自主可控的主流核心技术，通过把云计算资源转化为服务，构建随需应变的 IT 架构，实现服务交付和服务支持管理。同时，平台基于面向服务（SOA）的软件架构设计，遵循 ITIL 服务管理方法论，使得云服务资源能更快捷、准确地被获取和交付使用，实现了云计算资源接入、管理与使用的一体化。

汇云平台涵盖了目前大多数政府部门、学校、教育行业应用场景，适用于不同规模、技术复杂度各异的 IT 环境，汇云平台整体架构如图 8-8 所示。

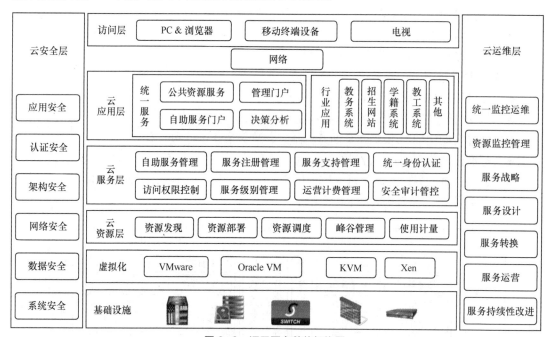

图 8-8　汇云平台整体架构图

（1）基础设施：硬件基础设施主要是指基于现有的虚拟化平台硬件资源。

（2）虚拟化：支持 VMware、Hyper-V、Oracle VM、KVM、Xen 等主流的虚拟化技术，充分兼容虚拟化产品的技术特性，实现无差异化集中管理。

（3）云资源层：是逻辑资源管理、分配、调度、监控、计量的平台。云资源层提供了针对逻辑计算资源、逻辑存储资源和逻辑网络资源的监控、管理和调度功能，实现逻辑资源的自动化管理，为用户门户和管理层提供了按需分配的引擎。

（4）云服务层：为云计算平台的所有基础架构服务提供统一的服务门户，高效便捷、弹性可扩展地交付各种类型的云服务，用以支撑整个云平台的日常运营管理服务。

（5）云安全层：主要包含用户认证授权、应用安全、数据安全、系统安全及网络安全。

（6）云运维层：为整个云平台搭建一套长期运维管理的体系。云平台运维管理体系基于 ITIL 建立一个以流程导向、服务对象为中心的 IT 运维支撑平台。通过该运维支撑平台实现 IT 运维的流程化、有序化，最终实现由"被动运维"向"主动运维"的转变。

（7）云应用层：应用层充分利用云平台提供的各种虚拟资源部署教育行业或学习应用系统，如教务系统、学籍系统、教工系统、招生网站等，对外提供业务服务。

（8）访问层：云平台管理员和普通用户都可以通过 PC 浏览器或移动终端等设备接入云统

一信息门户，通过统一身份认证、访问控制等安全策略控制后，访问平台资源及各种业务应用系统，体验云端服务和资源。

4．汇云平台关键特性

（1）适合各种权限管理模式。

基于企事业单位、学校的角色的访问控制，平台主要分成 3 种用户权限：普通用户、云资源管理员、云运营管理员。普通用户是指云服务的使用者也就是各级单位，通过云自助服务门户，他们能够方便地申请、创建、启动、休眠、唤醒、关闭、销毁虚拟机，以及方便地监控自己账户下所有虚拟机的处理器、内存、磁盘和网络使用状况。云资源管理员是云服务的提供者，可以通过云自助管理门户方便地监控整个数据中心甚至是多个数据中心所有物理机和虚拟机的资源使用状况，并完成在尽可能少的物理机上运行尽可能多的虚拟机以达到节能减排的目的。云运营管理员是云服务的运营管理者，可以通过云自助管理门户方便地审批终端用户提出的服务申请，以及对所有服务进行方便的管理。

（2）易于部署、扩展的云管理平台。

汇云平台具备良好的扩展能力，可在不影响当前系统及应用的前提下进行扩展或者平滑升级，满足长期发展的要求。如：因发展需要，资源利用达到饱和状态需增加新设备时，新增加的设备可直接加入虚拟化平台之中加以利用。整个系统平台的动态化扩展能力包括计算资源、存储资源、网络资源、管理规模和应用服务类型等各方面的扩展。

（3）系统迁移平滑过渡。

汇云平台架构设计采用标准的 SOA 体系，提供了目前主流的虚拟化技术标准接口，包括商业版本（VMware、Oracle VM）和开源版本（KVM、Xen 等），能快速实现将虚拟化平台纳入云管理平台进行统一管理调度。

（4）适于各种规模部署。

汇云平台涵盖了目前大多数政府部门、学校、教育行业应用场景，适用于不同规模、技术复杂度各异的 IT 环境，从几台服务器的应用无缝扩展到几十台、几百台甚至上万台服务器的规模。

（5）安全可靠。

汇云平台在技术上面关键模块均采用分布式冗余架构，在保证安全性的同时，还将大幅提升平台的运行效率。汇云平台在使用方面采用多级授权机制和安全审计机制，不同级别的管理员负责管理不同平台资源，相互之间协同管理，避免权力集中造成的人为破坏。另外，当平台出现故障时，还可以通过日志审计功能追溯故障来源，防止意外再次发生。

5．汇云平台方案价值

（1）本地化服务——确保售后保障能力。

依托公司强大的科研实力，确保用于本项目的云管理平台的技术先进性；此外，公司总部位于广州天河高新软件园区，可以为该项目提供高效、高质量的本地化服务。

（2）集中化管理——提升管理效率。

云平台提供统一的运维管理界面管理多个虚拟化平台，管理员通过自助管理界面可以对数据中心的硬件资源、虚拟资源进行统一监控、运维管理，大大节省了运维管理成本，并提升了运维效率。云服务的优势是把成本和效益紧密捆绑在一起，消除了"信息孤岛"问题。对原来需要提供信息存储服务的教育部门或学校，把信息资源迁移到小企业"云"端，可以不用或少用服务器，降低了服务器及所需基础设施的更新维护费用、人工管理费用和能源消耗费用。对于一个大的区域或高层教育部门，可以集中租用云服务，以减少重复投资，提高信息资源利用率，倡导"绿色教育"企业。

（3）高效率运营——提升服务水平。

平台通过分级授权机制，将平台资源管理和服务管理分开，既能保证云平台资源的管理高效，也能及时响应普通用户提出的服务请求及故障处理，优化了平台的管理机制，提升了整体服务水平。

（4）自助式服务——提高用户满意度。

云平台提供自助服务界面，普通用户可以通过自助界面自动申请资源、管理资源、使用资源等，相对于原有虚拟化平台复杂的交付过程，用户能更方便、更直观地体验云服务。

（5）标准化扩展——提升云管理能力。

多虚拟化模式已经成为未来云计算发展的重要趋势，汇云平台具备良好的扩展能力，提供了目前主流的虚拟化技术标准接口，包括商业版本（VMware、Oracle VM）和开源版本（KVM、Xen等），能快速实现将虚拟化平台纳入云管理平台进行统一管理调度。

（6）更快捷的索取——资源共建共享。

教育信息及资源集中存储在"云"端，有权限访问者可以实时获取教育资源及信息，教育人员也可将利用云服务所提供的强大的协同工作能力实现教育信息资源的共建，而较旧的计算机则通过终端虚拟机软件接入云服务，启用云服务提供的共享机制就可以将文档与其他人协作共享。

在此之前用户都是从本地获取计算资源、应用资源和存储资源。在云时代，将本地的教育资源上传到云服务平台，转化为云服务，使这些资源比自己所能提供和管理的资源更廉价。云服务除了降低成本外，还有更大的灵活性和可伸缩性。云服务提供者可以轻松地扩展虚拟环境，提供更大的带宽或计算资源。这样用户可以轻松地获取别人的教育资源，也可以将自己的资源与别人分享，实现教育资源的开放和共享。

（7）创新变革教育活动方式——提升服务便捷性。

教育信息化系统迁入"云"端之后，师生可以随时随地进行教学活动，促进移动学习，主要利用无线移动通信网络技术以及无线移动通信设备（如手机、掌上电脑（PDA）、Pad等）获取信息和反馈信息。

在移动学习过程中，交互性、协作性与自主性通过云服务得以实现，凸显了学生在教学活动中的主体地位。利用云教育平台，教师可以方便地构建个人生活情感圈、文化圈和业务交流圈。"云服务"的便捷性、交互性和海量信息的易检索性对教师的业务进修、成果共享、专业发展和科学研究都产生了重大影响，有助于教师教学水平的提高，进而提高教学质量。

（8）移动实时办公提高效率——提升工作效率。

通过云教育平台，学校管理者可以向师生发布各种信息，并及时获得师生的信息反馈，各类信息的快速、便捷、廉价传递有助于提高管理效率，降低管理成本。可以采用有线及无线的方式，通过计算机、笔记本电脑、手机、PDA等多终端随时随地处理事务，它包含实时整体情况概览、动态统计分析、实时视频会议、公文审批、文件签阅、事务流转等各项工作。可以做到办公事务短信提醒，审批事务主动推送等。

8.2.2 初识百度云

1. 百度云简介

百度云是百度基于16年技术积累提供的稳定、高可用、可扩展的云计算服务。面向各行业企业用户，提供完善的云计算产品和解决方案，帮助企业快速创新发展。融合百度强大人工智能技术的百度云，将在"云计算、大数据、人工智能"三位一体的战略指导下，让智能的云计算成为社会发展的新引擎。2016 年 10 月 11 日，百度云计算完成品牌升级。升级后，面向企业的"百度开放云"平台正式使用"百度云"品牌，原有的"百度云"使用"百度网盘"品牌。百度开放云的架构示意图如图 8-9 所示。

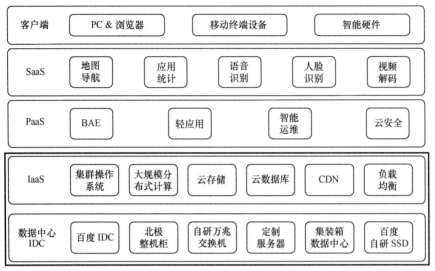

图 8-9　百度开放云基础架构

2. 百度云主要产品和解决方案

百度云主要服务如表 8-4 所示。

表 8-4　百度云主要服务一览表

产品名称	服务	功能描述
计算与网络	云服务器 BCC	高性能、高可靠、安全稳定的弹性计算服务
	负载均衡 BLB	均衡应用流量，消除故障节点，提高业务可用性
	专属服务器 DCC	提供性能可控、资源独享、物理资源隔离的专属云计算服务
	专线 ET	高性能、安全性极好的网络传输服务
	应用引擎 BAE	提供弹性、便捷的应用部署服务
存储和 CDN	对象存储 BOS	海量空间、安全、高可靠，支撑了国内最大网盘的云存储
	云磁盘 CDS	灵活稳定、方便扩展的万量级 IOPS 块存储服务
	内容分发网络 CDN	百度自建高质量 CDN 节点，让用户的网站/服务像百度搜索一样快
数据库	关系型数据库 RDS	支持 MySQL、SQL Server，可靠易用、免维护
	简单缓存服务 SCS	提供高性能、高可用的分布式缓存服务，兼容 Memcache/Redis 协议
	NoSQL 数据库 MolaDB	全托管 NoSQL 数据库服务

产品名称	服 务	功 能 描 述
安全和管理	云安全 BSS	全方位安全防护服务
	云监控 BCM	实时监控报警服务
	SSL 证书服务	一键申请免费 DV SSL 证书，零门槛、易管理
大数据分析	百度 MapReduce BMR	全托管的 Hadoop/Spark 计算集群服务，助力海量数据分析和数据挖掘
	百度机器学习 BML	大规模机器学习平台，提供众多算法以及行业模板，助力高级分析
	百度深度学习 Paddle	针对海量数据提供的云端托管的分布式深度学习平台
	百度 OLAP 引擎 Palo	PB 级关系数据分析引擎，为用户提供稳定高效的多维分析服务
	百度 Elasticsearch	全托管的 Elasticsearch 服务，助力日志和点击流等海量半结构化数据分析
	百度日志服务 BLS	全托管日志收集投递服务，助力从海量日志数据中获取洞察力
	百度批量计算	支持海量规模的并发作业，自动完成数据加载、作业调度以及资源伸缩
	百度 BigSQL	TB 级至 PB 级结构化与半结构化数据的即席查询服务
	百度 Kafka	全托管 Kafka 服务，高可扩展、高通量的消息集成托管服务
智能多媒体服务	音视频直播 LSS	一站式直播云服务，引领智能直播新时代
	音视频点播 VOD	一站式点播云服务，让视频技术零门槛
	音视频转码 MCT	提供高质量的音视频转码计算服务
	文档服务 DOC	提供百度文库一样的文档在线浏览服务
	人脸识别 BFR	提供高准召率人脸检测与识别服务
	文字识别 OCR	提供整图文字检测、定位和识别服务
物联网服务	物接入 IoT Hub	快速建立设备与云端双向连接的、全托管的云服务
	物解析 IoT Parser	简单快速完成各种设备数据协议解析，如 Modbus、OPC 等
	物管理 IoT Device	智能、强大的设备管理平台
	时序数据库 TSDB	存储时间序列数据的高性能数据库
	规则引擎 Rule Engine	灵活定义各种联动规则，与云端服务无缝连接
应用服务	简单邮件服务 SES	提供经济高效的电子邮件代发服务
	简单消息服务 SMS	提供简单、可靠的短消息验证码、通知服务
	应用性能管理服务 APM	对 Web、Mobile App 的应用性能监测、分析和优化服务
	问卷调研服务	基于海量样本用户的问卷调研服务
	移动 App 测试服务	自动化测试、人工测试、用户评测等多维度测试服务
网站服务	云虚拟主机 BCH	高可靠、易推广的容器云虚拟主机，企业建站首选
	域名服务	提供百余种后缀域名注册及免费智能解析服务

百度云提供的主要解决方案如表 8-5 所示。

表 8-5 百度云主要解决方案一览表

类别	解决方案名称	功能描述
平台解决方案	天算——智能大数据	是百度开放云提供的大数据和人工智能平台，提供了完备的大数据托管服务、智能 API 以及众多业务场景模板，帮助用户实现智能业务，引领未来
	天像——智能多媒体	百度开放云智能多媒体平台，提供了视频、图片、文档等多媒体处理、存储、分发的云服务；开放百度领先的人工智能技术，如图像识别、视觉特效、黄反审核等，让用户的应用更智能、更有趣、更健康；开放百度搜索、百度视频、品牌专区等强大内容生态资源，为用户提供优质的内容发布、品牌曝光、引流等服务
	天工——智能物联网	是基于百度开放云构建的、融合百度大数据和人工智能技术的"一站式、全托管"智能物联网平台，提供物接入、物解析、物管理、规则引擎、时序数据库、机器学习、MapReduce 等一系列物联网核心产品和服务，帮助开发者快速实现从设备端到服务端的无缝连接，高效构建各种物联网应用（如数据采集、设备监控、预测性维保等）
行业解决方案	数字营销云	百度开放云数字营销解决方案依托百度对数字营销服务市场多年的运营经验和技术积累，帮助搜索推广服务商及程序化交易生态中各类用户，提升营销效率，实现用户数与收入的双重增长
	泛娱乐	为游戏、赛事、秀场和自媒体等泛娱乐行业提供一站式直播点播解决方案。同时，基于百度人工智能技术，可实现黄反审核、美颜滤镜和视觉特效功能，让用户的应用更聪明、更有趣
	教育行业	依托稳定的云计算基础服务，百度开放云为用户提供高性能的音视频点播 VOD、音视频直播 LSS、文档处理 DOC、即时通信 IM 及文字识别 OCR 等平台服务。在此基础上，百度开放云借助"百度文库"的生态内容，为用户构建百度独有的"基础云技术+教育云平台+教育大数据"解决方案，推进教育行业的数字化和智能化，极大地促进行业的转型升级
	物联网	百度开放云物联网方案为用户提供数据的多协议高速接入、实时数据流式处理、海量数据存储、大数据分析以及设备安全管理等物联网业务所需的全服务。通过灵活的选择和搭配这些服务，用户能够构建满足业务场景需求的各种应用，从智能设备和智能家居，到绿色能源，再到农业田间监控。未来，百度开放云将为用户带来更多的 IoT 专属服务，提供云+端的整体方案，让用户能够更加快捷地实现安全、稳定、高性能的 IoT 业务
	政企混合云	百度政企混合云方案是针对已有 IT 资产的用户量身定制的上云方案，既保护用户的已有 IT 资产，又可以通过百度云平台助力业务发展，通过百度开放云不仅实现资源横向扩展，而且可以无缝利用开放云平台整合的百度大数据、人工智能、搜索等各种开放服务，快速构建自己高效的业务系统

类别	解决方案名称	功 能 描 述
行业解决方案	金融云	百度金融云解决方案为银行、证券、保险及互联网金融行业提供安全可靠的 IT 基础设施、大数据分析、人工智能及百度生态支持等整体方案，为金融机构的效率提升及业务创新提供技术支撑
	生命科学	百度开放云生命科学解决方案可以帮助生物信息领域用户存储海量的数据，并调度强大的计算资源来进行基因组、蛋白质组等大数据分析
专项解决方案	网站及部署	结合百度生态专属优势，打通网站全生命周期需求，从域名、建站、备案、选型、部署、测试到运维、推广、变现，想用户所需，做最懂站长的网站云服务
	视频云	视频直播、点播一站式解决方案，让视频技术零门槛 整合百度流量生态，开放百度搜索、贴吧、品牌专区等入口，帮用户找到目标用户
	智能图像云	智能图像云解决方案面向电商、O2O、社交应用、金融、在线教育等行业，为开发者提供海量的图片存储，高速的图片上传/下载，多样灵活的实时图片处理和深度智能化的图片识别服务，如人脸识别、文字识别、图片审核等
	存储分发	百度拥有国内最大的对象存储系统和遍布全国的高质量 CDN 节点，为文件的上传、存储、下载提供强有力的技术支撑 上传便捷，存储可靠，下载极速
	数据仓储	数据仓储（Data Warehousing）是企业为了分析数据进而获取洞察力的努力，是商务智能的主要环节。在大数据时代，百度开放云提供了云端的数据仓储解决方案，为企业搭建现代数据仓库提供指南
	移动 App	一对一量身定制测试解决方案，百度系过亿级产品测试技术，手机私有云部署和维护服务，测试人力外包服务
	日志分析	依托百度开放云的大数据分析产品，提供日志分析托管服务，省去开发、部署以及运维的成本，使用户可以聚焦于如何利用日志分析结果做出更好的决策，实现用户的商业目标

3．用户案例——百度外卖

【产品名称】百度外卖

【产品类型】智能图像

【官网链接】http://waimai.baidu.com/

【使用云产品】对象存储 BOS、图片处理、内容分发网络 CDN

【产品简介】

百度外卖是由百度打造的专业外卖服务平台，提供网络外卖订餐服务。百度外卖于 2014

年 5 月 20 日正式推出，主打中高端白领市场，截至 2015 年 11 月，已覆盖全国 100 多个大中城市，吸引了几十万家优质餐饮商家入驻，现平台注册用户量已经达到了 3 000 多万，在白领外卖市场实现份额第一，是业界有品质的外卖平台。

品牌餐饮的批量入驻形成了百度外卖独特的资源优势，有麻辣诱惑、汉拿山、大鸭梨等正餐；也有品类繁多的快餐小吃，如必胜客、赛百味、吉野家、周黑鸭；还有最流行、最新潮的美食，如黄太吉、叫个鸭子、西少爷肉夹馍等；甚至还有饮品甜点，如星巴克和满记甜品均已在百度外卖平台上线。

【云上故事】

百度外卖具备得天独厚的定位优势和强大的搜索功能，消费者进入手机 App 后，无需输入具体位置就可精准地搜索到附近餐饮商家，快速完成下单。

订餐可以通过 PC 端网站、手机 App、微信公共账号"百度外卖"以及百度地图"附近"功能来进行操作。百度外卖极其在乎品质和用户体验，消费者可以基于地理位置搜索到附近的正餐快餐、小吃甜点、咖啡蛋糕等外卖信息，可自由选择配送时间、支付方式，并添加备注和发票信息，随时随地下单，快速配送到手，完成一次足不出户的美味体验。

8.2.3　初识阿里云

1．阿里云简介

阿里云是阿里巴巴集团旗下云计算品牌，也是全球卓越的云计算技术和服务提供商，创立于 2009 年，在杭州、北京、硅谷等地设有研发中心和运营机构。阿里云致力于为企业、政府等组织机构提供安全、可靠的计算和数据处理能力，让计算成为普惠科技和公共服务，为万物互联的世界提供源源不断的新能源。

阿里云的服务群体中，活跃着微博、知乎、魅族、锤子科技、小咖秀等一大批明星互联网公司。在天猫双 11 全球狂欢节、12306 春运购票等极富挑战的应用场景中，阿里云保持着良好的运行纪录。此外，阿里云广泛在金融、交通、基因、医疗、气象等领域输出一站式的大数据解决方案。2014 年，阿里云曾帮助用户抵御全球互联网史上最大的 DDoS 攻击，峰值流量达到 453.8Gbit/s。在 Sort Benchmark 2015 世界排序竞赛中，阿里云利用自研的分布式计算平台 ODPS，377s 完成 100TB 数据排序，刷新了 Apache Spark 1 406s 的世界纪录。

阿里云在全球各地部署高效节能的绿色数据中心，利用清洁计算支持不同的互联网应用。目前，阿里云在杭州、北京、青岛、深圳、上海、千岛湖、内蒙古、香港、新加坡、美国硅谷、俄罗斯、日本等地域设有数据中心，未来还将在欧洲、中东等地设立新的数据中心。目前，阿里云服务范围覆盖全球 200 多个国家和地区。

2．阿里云主要产品和解决方案

2015 年 11 月，阿里云将旗下云 OS、云计算、云存储、大数据和云网络 5 项服务整合为统一的"飞天"平台，如图 8-10 所示。在"飞天"平台上，企业能够同时开展互联网和移动互联网业务。

作为全球领先的云计算厂商，阿里云提供云服务器 ECS、关系型数据库服务 RDS、对象存储服务 OSS、内容分发网络 CDN 等众多产品和服务。阿里云提供的云计算基础服务如表 8-6 所示。

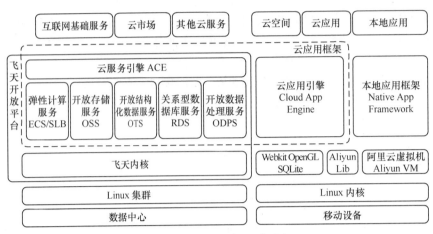

图 8-10　阿里云"飞天"平台

表 8-6　云计算基础服务

产品名称	服务	功能描述
弹性计算	云服务器 ECS	可弹性扩展，安全、稳定、易用的计算服务
	专有网络 VPC	帮用户轻松构建逻辑隔离的专有网络
	弹性伸缩	自动调整弹性计算资源的管理服务
	资源编排	批量创建、管理、配置云计算资源
	高性能计算 HPC	加速深度学习、渲染和科学计算的 GPU 物理机
	块存储	可弹性扩展、高性能、高可靠的块级随机存储
	负载均衡	对多台云服务器进行流量分发的负载均衡服务
	E-MapReduce	基于 Hadoop/Spark 的大数据处理分析服务
	容器服务	应用全生命周期管理的 Docker 服务
数据库	云数据库 RDS	完全兼容 MySQL、SQLServer、PostgreSQL
	云数据库 Redis 版	兼容开源 Redis 协议的 Key-Value 类型
	PB 级云数据库 PetaData	支持 PB 级海量数据存储的分布式关系型数据库
	云数据库 OceanBase	金融级高可靠、高性能、分布式自研数据库
	数据传输	比 GoldenGate 更易用，阿里异地多活基础架构
	云数据库 MongoDB 版	三节点副本集保证高可用
	云数据库 Memcache 版	在线缓存服务，为热点数据的访问提供高速响应
	云数据库 Greenplum 版	兼容开源 Greenplum 协议的 MPP 分布式 OLAP
	分析型数据库	海量数据实时高并发在线分析服务
	数据管理	比 phpMyAdmin 更强大，比 Navicat 更易用
存储与 CDN	对象存储 OSS	海量、安全和高可靠的云存储服务
	文件存储	无限扩展、多共享、标准文件协议的文件存储服务
	归档存储	海量数据的长期归档、备份服务
	块存储	可弹性扩展、高性能、高可靠的块级随机存储

产品名称	服 务	功 能 描 述
存储与CDN	表格存储	高并发、低延时、无限容量的 NoSQL 数据存储服务
	CDN	跨运营商、跨地域全网覆盖的网络加速服务
网络	负载均衡	对多台云服务器进行流量分发的负载均衡服务
	高速通道	高速稳定的 VPC 互联和专线接入服务
	NAT 网关	支持 NAT 转发、共享带宽的 VPC 网关
	专有网络 VPC	帮用户轻松构建逻辑隔离的专有网络
	CDN	跨运营商、跨地域全网覆盖的网络加速服务
管理与监控	云监控	指标监控与报警服务
	资源编排	批量创建、管理、配置云计算资源
	密钥管理服务	安全、易用、低成本的密钥管理服务
	访问控制	管理多因素认证、子账号与授权、角色与 STS 令牌
	操作审计	详细记录控制台和 API 操作
应用服务	日志服务	针对日志收集、存储、查询和分析的服务
	性能测试	性能云测试平台，帮用户轻松完成系统性能评估
	API 网关	高性能、高可用的 API 托管服务，低成本开放 API
	消息服务	大规模、高可靠、高并发访问和超强消息堆积能力
	开放搜索	结构化数据搜索托管服务
	邮件推送	事务/批量邮件推送，验证码/通知短信服务
	物联网套件	助用户快速搭建稳定可靠的物联网应用
互联网中间件	企业级分布式应用服务 EDAS	以应用为中心的中间件 PaaS 平台
	分布式关系型数据库服务 DRDS	水平拆分/读写分离的在线分布式数据库服务
	业务实时监控服务 ARMS	端到端一体化实时监控解决方案产品
	消息队列	阿里中间件自主研发的企业级消息中间件
	云服务总线 CSB	企业级互联网能力开放平台
移动服务	移动数据分析	移动应用数据采集、分析、展示和输出服务
	HTTPDNS	移动应用域名防劫持和精确调度服务
	移动推送	移动应用通知与消息推送服务
	移动加速	移动应用访问加速
视频服务	媒体转码	为多媒体数据提供转码计算服务
	视频直播	低延迟、高并发的音视频直播服务
	视频点播	安全、弹性、高可定制的点播服务

阿里云提供的大数据（数加）服务如表 8-7 所示。

表 8-7　大数据（数加）服务

产 品 名 称	服 务
数据应用	推荐引擎、公众趋势分析、数据集成、移动数据分析、数据市场相关 API 及应用
数据分析展现	DataV 数据可视化、Quick BI、画像分析、郡县图治
人工智能	机器学习、智能语音交互、印刷文字识别、人脸识别、通用图像分析、电商图像分析、机器翻译
大数据基础服务	大数据开发套件、大数据计算服务、分析型数据库、批量计算

阿里云提供的安全（云盾）服务如表 8-8 所示。

表 8-8　安全（云盾）服务

产 品 名 称	服 务
防御	服务器安全（安骑士）、Web 应用防火墙（网络安全）、加密服务（数据安全）、数据风控（业务安全）、移动安全、数据安全险（安全服务）、DDoS 高防 IP（网络安全）、安全管家（安全服务）、绿网（内容安全）、CA 证书服务（数据安全）、合作伙伴产品中心
检测	态势感知（大数据安全）、先知（安全情报）

阿里云提供的域名与网站（万网）如表 8-9 所示。

表 8-9　域名与网站（万网）

产 品 名 称	服 务
域名注册	.com、.xin、.cn、.net
域名交易与转入	域名交易、域名转入
域名解析	云解析 DNS、移动解析 HTTPDNS
云虚拟主机	独享云虚拟主机、共享云虚拟主机、弹性 Web 托管
网站建设	模板建站、企业官网、商城网站
阿里邮箱	企业邮箱、邮件推送

同时，阿里云也提供了各领域、各行业的云解决方案，阿里云提供的解决方案如表 8-10 所示。

表 8-10　阿里云提供的解决方案

序号	解决方案名称	功 能 描 述
1	多媒体解决方案	使用阿里多媒体云服务，坐享阿里领先的海量存储集群，国内海外多节点部署的 CDN 网络，强大的转码、渲染、图片处理服务等。共享与淘宝、天猫一样专业及响应迅速的技术保障和运维能力。同时共享阿里云的资深架构师和官方认证的云服务提供商提供的专业架构咨询和服务
2	物联网解决方案	基于高性能、低成本、灵活扩展的阿里云计算定制的物联网解决方案，助力传统硬件厂商和中小平台服务商快速搭建稳定可靠、安全可控的物联网平台，实现顺利转型、升级

序号	解决方案名称	功能描述
3	网站解决方案	阿里云依据网站不同的发展阶段提供的更合适架构方案，有效降低网站的开发运维难度和整体 IT 成本，并保障网站的安全性和稳定性，节约大量的人力和资金投入
4	金融解决方案	在面向金融机构和微金融机构开放，为金融行业量身定制的阿里金融云计算服务，具备低成本、高弹性、高可用、安全合规的特性，帮助金融用户实现从传统 IT 向云计算的转型，并为用户实现与支付宝、淘宝、天猫的直接对接，助力金融用户业务创新，提升竞争力
5	游戏解决方案	阿里云为游戏用户量身打造更低虚拟比、更高稳定性的游戏专属集群、多场景多类型的架构部署方案、海量游戏数据分析解决方案、VIP 护航服务等专业游戏解决方案，满足各种游戏类型用户快速部署、稳定运行、精细运营的需求
6	医疗解决方案	融合云计算、大数据优势，连接用户、医疗设备、医疗机构以及医疗 ISV，致力于构建医疗行业云生态。云计算可弹性扩展，帮助医疗健康行业创新应用更"轻"更高效。大数据解决方案，让医疗数据压力变为数据优势。海量存储、专有网络，构建医学影像平台，实现远程医疗
7	政务解决方案	立足于对政务信息化的深刻理解，在信息和通信技术上持续创新，构筑开放共享、敏捷高效、安全可信的政务云基础架构，并通过与政府行业的集成商和ISV密切合作，具备全面的政务云服务能力，能够为政府部门提供共享的基础资源、开放的数据支撑平台、丰富的智慧政务应用、立体的安全保障及高效的运维服务保障
8	渲染解决方案	使用阿里云和瑞云科技（Rayvision）联合推出的渲染云服务，用户可以在短短几秒钟内调用数以千计的云服务器进行并行渲染，且按照渲染量计费。瑞云科技的技术团队拥有超过 10 年的电影级项目渲染经验，随时提供专业技术支持
9	O2O 解决方案	结合各类型 O2O 场景（如酒店、餐饮、在线旅行服务、POS 支付、Wi-Fi 接入、生鲜快送、汽车服务、房产装修等），为 O2O 行业用户提供高质量低成本的网络、计算、存储、大数据等基础资源。帮助行业用户快速拓展 O2O 业务，提升用户使用体验，助力 O2O 用户走进互联网的"场景时代"

3．用户案例——大麦网

【产品名称】大麦网

【产品类型】电商

【官网链接】http://www.damai.cn/

【使用云产品】ECS、RDS、OSS、SLB

【用户简介】

"大麦网"是中国最大票务平台，华语地区知名综合娱乐体育电子企划品牌，其多元化传播业务横跨娱乐、体育、旅游、互联网、软件研发五大文化创意产业领域，并形成多点领先、多媒体多渠道——中国首家 Live 产品整合、营销且自主技术支撑的一体化平台，为娱乐体育产品的创新与功能拓展提供了迅速实现的无限可能性。经过 13 年时间，大麦网已形成辐射中国华北、华东、华南地区——北京、上海、广州、南京、成都、重庆、杭州、深圳、昆明、天津的直营，同时成功地在全中国 30 余个城市为重大娱乐体育事件提供独家票务系统服务和市场营销策划队。

【云上故事】

2015 年 4 月大麦网 App 在大麦网上线，大麦团队与阿里云团队共同合作，通过 API 接口的方式，对每一个用户的购买、浏览、收藏等数据进行分析，实时为用户推荐基于他们喜好和地理位置的票务信息。现在，用户登入大麦网 App 之后，在首页的"猜你喜欢"栏目或者单品页的"喜欢此项目的还喜欢"栏目，都能看到"千人千面"的个性化推荐内容。通过"推荐背后的智能"，能够在节省人力成本投入的同时，获得推荐转化率的极大提升。

阿里云在 2016 年 1 月 20 日举行的云栖大会上海峰会上发布"千人千面"个性化推荐产品，大麦网已经提前使用了这款产品，并成功将单日转化率峰值提高了 10% 以上。

8.2.4　初识腾讯云

1．腾讯云简介

腾讯云是腾讯公司倾力打造的面向广大企业和个人的公有云平台，主要提供云服务器、云数据库、云存储和 CDN 等基础云计算服务，以及提供游戏、视频、移动应用等行业解决方案。腾讯云有着深厚的基础架构，并且有着多年对海量互联网服务的经验，不管是社交、游戏还是其他领域，都有多年的成熟产品来提供产品服务。腾讯已在云端完成重要部署，为开发者及企业提供云服务、云数据、云运营等整体一站式服务方案。

腾讯云产品具体包括云服务器、云存储、云数据库和弹性 Web 引擎等基础云服务；腾讯云分析（MTA）、腾讯云推送（信鸽）等腾讯整体大数据能力；以及 QQ 互联、QQ 空间、微云、微社区等云端链接社交体系。

2．腾讯云主要产品和解决方案

腾讯云架构示意图如图 8-11 所示。

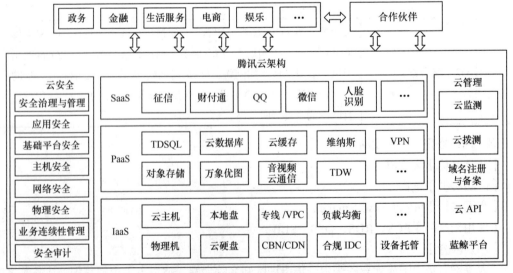

图 8-11　腾讯云架构示意图

腾讯云主要产品和解决方案如表 8-11 所示。

表 8-11　腾讯云主要产品和解决方案

产品名称	服　务	功 能 描 述
计算与网络	云服务器 CVM	稳定安全、高易用、可弹性伸缩的计算服务
	专用宿主机 CDH	独享宿主，安全、合规、灵活的计算服务
	云硬盘 CBS	可扩展、高性能、高可靠的云硬盘服务
	黑石物理服务器 CPM	独享高性能物理服务器租赁，与云服务器内网互通，构建内网级混合云
	弹性伸缩 AS	自动调整计算资源的管理服务
	负载均衡 CLB	对多台服务器进行流量分发的负载均衡服务
	私有网络 VPC	构建独立的网络空间，灵活部署混合云
	专线接入 DC	稳定可靠的专用网络链路接入服务
	消息服务 CMQ	高可靠、高并发、高消息堆积能力的分布式消息服务
存储与 CDN	对象存储服务 COS	可靠、安全、易用的可扩展文件存储
	内容分发网络 CDN	多节点全网覆盖、安全稳定的网络加速服务
数据库	云数据库 CDB	稳定托管的 MySQL、SQLServer、TDSQL、PostgreSQL、黑石数据库等关系型数据库
	云存储 Redis CRS	兼容 Redis 协议的分布式缓存和存储服务
	云数据库 MongoDB	高性能分布式 NoSQL 数据库，100%完全兼容 MongoDB 协议
	云数据库 HBase	高性能、可伸缩、面向列的分布式存储系统，100%完全兼容 HBase 协议
	云缓存 Memcached CMEM	自主研发的高性能、内存级、持久化、分布式 Key-Value 存储服务
	分布式云数据库 DCDB for TDSQL	兼容 MySQL 协议和语法，支持自动水平拆分（即分库分表）的高性能分布式数据库
安全服务	云安全 QS	网络防护、入侵检测、漏洞防护等全方位的检测与防护
	大禹分布式防御 DAYU	4Tbit/s 超大带宽为网站用户抵御 DDoS 攻击，包括基础防护、BGP 高防、网站高防、DNS 劫持检测、网站安全认证等
	天御业务安全防护 BSP	防刷、消息过滤、文件检测全面保障业务安全，包括活动防刷、注册保护、登录保护、消息过滤、图片鉴黄、验证码等
	应用乐固 CR	移动应用安全检测、渠道监控、应用加固等一站式安全服务
监控与管理	云监控 CM	立体化云产品数据监控，智能化数据分析服务，包括基础监控和自定义监控等
	云拨测 CAT	网站、域名、后台接口的智能监控服务
	云 API	以接口的形式访问腾讯云的各类资源
	蓝鲸平台 BLUEKING	以 PaaS 和 SaaS 形式提供基础运维无人值守、增值运维低成本实现的通用技术

产品名称	服 务	功 能 描 述
域名服务	域名注册	专业域名服务，安全、省心、可信赖
	云解析	向全网域名提供稳定、安全、快速的智能解析服务
	域名备案	备案备多久，云服务免费用多久
移动与通信	移动解析 HTTPDNS	防劫持、智能调度、稳定可靠的移动 App 域名解析服务
	维纳斯 WNS	稳定、高效、安全的无线网络接入服务
	信鸽 XGPush	专业移动 App 消息推送平台
	短信 SMS	简单易用的优质语音和文字短信服务
	云通信 IM	承载支撑亿级 QQ 用户的通信服务
	PSTN 多方通话 PMC	稳定的多人 PSTN 语音通信服务
	手游兼容性测试 MGCT	测试移动游戏在百款手机上是否兼容的服务
	移动开发工具 TAB	加速移动开发，轻松生成 App
视频服务	点播 VOD	一站式媒体转码分发平台
	直播 LVB	专业、稳定、快速的直播接入和分发服务
	互动直播 ILVB	多平台的音视频开播、观看及互通直播能力
	微视频 MVS	提供了视频上传、转码、存储、审核和播放的微视频服务
大数据与 AI	云搜 TCS	一站式结构化数据搜索托管服务
	文智自然语言处理 NLP	提供丰富 API 的开放语义分析平台
	机智机器学习 TML	对数据进行机器学习、挖掘和分析的算法平台
	大数据处理套件 TBDS	可靠、安全、易用，可以按需部署的大数据处理服务
	用户洞察分析	快速分析人群特征占比，识别用户分布，助力精准决策
	区域人流分析	实时分析人群流动特征，掌握人流趋势，优化资源配置
	万象优图 CI	高效图片处理、全面的图片鉴定和识别服务
	优图人脸识别 FR	性能卓越、简单易用、准确率极高的人脸识别服务
	智能语音服务 AAI	专业、智能、高效的语音处理服务
	微金小云客服 ICS	智能机器人客服，为企业提供智能、高效的云客服服务

腾讯云提供的解决方案如表 8-12 所示。

表 8-12 腾讯云提供的解决方案

类别	解决方案名称	功 能 描 述
通用解决方案	视频	完善的视频解决方案，轻松为各种使用场景（游戏直播、视频门户、在线教育、美女主播、垂直社交等）提供一站式服务，包括完整的视频点播、直播、互动直播和云通信服务等
	网站	一站式建站服务，满足用户所有的建站需求。腾讯旗下多产品协力，为用户解决从部署到运维各类问题

类别	解决方案名称	功 能 描 述
通用解决方案	混合云	腾讯云内网级混合云架构的专属产品，帮用户灵活应对各种应用场景，兼顾弹性与安全
	数据库	通过腾讯云数据库体系，覆盖目前主流数据库，部署便捷，选型更加灵活。包括关系型数据库（CDB for MySQL、CDB for TDSQL、CDB for SQLServer、CDB for PostgreSQL）、非关系型数据库（云数据库 Redis、云缓存 Memcached、云数据库 MongoDB）和分布式数据库（DCDB for MySQL、DCDB for TDSQL、DCDB for PGXZ）
	大数据库	安全可靠、灵活部署、久经考验的大数据解决方案，为政务、金融、公共安全、城市规划、旅游等行业提供数据开发、数据分析、数据治理和系统管理等"数智"服务
	微信生态	基于腾讯海量业务积累的丰富经验，为微信用户量身定制专属产品与服务。为公众号第三方开发商和 H5 开发商提供精准服务，护航微信生态发展
	智能客服	涵盖主要客服场景（金融、电商、O2O、旅游等），企业按需选用各场景服务，包括智能问答、语音质检、语料挖掘、隐私保护等，满足各行业定制化智能客服需求
行业解决方案	游戏	提供包括手游（MMO、MOBA、卡牌、棋牌、FPS）、页游（MMOPRG、棋牌、休闲类游戏）和端游（MOBA、MMO）等服务，通过全球数据中心，助力游戏全球化布局。腾讯云游戏解决方案是行业标杆用户的第一选择
	金融	根据用户对合规性、隔离性等不同要求，提供多种选择：公有云、金融专区、金融专有云。具有多中心金融合规专区、30+安全机制立体防护、社交大数据连接亿万用户、兼容传统金融业务架构等特点
	医疗	完善的语音视频解决方案，轻松解决医疗行业沟通场景。通过构建医疗生态系统，提供远程直播、语音问诊、视频会诊、分析医疗大数据等服务，开启医疗智慧时代
	电商	快速满足细分领域的不同需求，护航电商生态发展，针对成熟型、初创型、敏捷型等不同类型的用户提供不同的服务，具有从容应对高并发、有效抵御黑产刷单、购物无需等待、紧跟行业发展潮流等特点
	旅游	快速满足细分领域的不同需求，护航旅游生态发展，提供交易平台、内容平台、传统企业上云等服务
	政务	通过提供量身定制的专有云平台，建设集约、高效、安全的政务云，帮助打造服务型政府
	O2O	快速满足细分领域的不同需求，护航 O2O 生态发展，具有专业便捷的通信服务、大数据助力精准营销、丰富完善的 LBS 能力、精准高效的消息服务等特点
	在线教育	帮助用户灵活应对各种应用场景（K12、一对一教学、直播课堂、点播/录播课程等），提供一站式教育平台、智能调度、打造最佳教育生态等服务

类别	解决方案名称	功能描述
行业解决方案	智能硬件	帮助用户在"互联网+硬件"创新的浪潮中简化后端服务部署,专注硬件创新,服务内容从高性能计算能力到稳定安全的数据落地服务,再到大数据分析支持等
技术解决方案	安全	为用户提供从主机、网络到应用的全体系安全产品和服务(移动安全、业务安全、网络安全、主机与网站安全、专家服务等)
	数据迁移	针对不同的数据类型(数据库迁移、大数据接入、对象存储数据迁移等)提供专业的迁移方案(上云迁移、数据灾备迁移、跨地区延迟迁移等)

8.2.5 初识移动云

1. 移动云简介

移动云(http://ecloud.10086.cn/)隶属于中国移动通信集团公司,是中国移动面向政企、事业单位、开发者等用户推出的基于云计算技术,采用互联网模式,提供基础资源、平台能力、软件应用等服务的业务。移动云是建立在中国移动"大云"的基础上,运用自主技术研发而成的公有云平台,通过服务器虚拟化、对象存储、网络安全能力自动化、资源动态调度等技术,将计算、存储、网络、安全、大数据、开放云市场等作为服务提供,用户根据其应用的需要可以按需使用、按使用付费。

移动云业务具备如下优势:部署周期短,业务上线快;按需使用,降低成本;核心技术拥有完全自主知识产权,安全可信,服务质量有保证;移动云业务产品丰富,可为用户搭建一站式个性化的解决方案,可以满足不同需求用户。

2. 移动云主要产品和解决方案

中国移动"大云"体系结构示意图如图 8-12 所示。

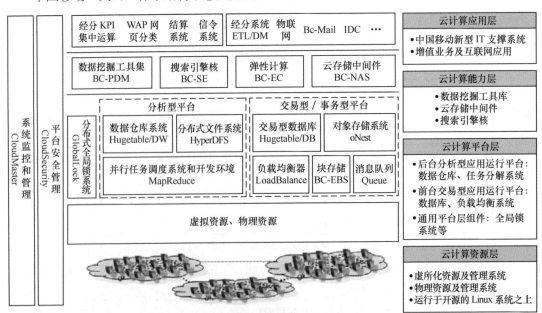

图 8-12　中国移动"大云"体系结构

移动"大云"产品的体系架构,按照资源整合与利用的逻辑关系划分为 4 层:云计算资源层、云计算平台层、云计算能力层和云计算应用层。各层组成及主要功能如下。

云计算资源层:完成 IT 设备及网络设施等物理资源的虚拟化和集中管理,类似于 IaaS 层。

云计算平台层:中国移动现有业务支撑系统、业务管理系统的云化和集中管理,包括通用平台层组件、前台交易型业务系统、后台分析型应用系统等。

云计算能力层:进行云计算核心技术能力聚合,包括数据挖掘工具库、云存储中间件、搜索引擎等。中国移动主要采用 Google 的云计算产品进行定制开发来构建自己的云计算能力层。

云计算应用层:基于全面云化的 IT 资源和业务能力,全面打造全新的中国移动 IT 支撑体系,以期在未来的电信全业务、移动互联网、物联网等领域,通过企业信息化战略的创新,在三大运营商中继续保持领头羊地位。

移动云提供的产品和服务如表 8-13 所示。

表 8-13 移动云提供的产品和服务

产品名称	服 务	功能描述
弹性计算	云主机	弹性扩展、安全可信的计算服务
	弹性伸缩	自动调整弹性资源的管理服务
	云主机备份	简单易用、可靠稳定的系统数据备份服务
弹性存储	云存储	海量空间、安全可靠、稳定易用
	性能型云硬盘	弹性扩展、高性能、高可靠
	容量型云硬盘	分布式技术、多副本保存、大容量
	云硬盘备份	简单易用、经济实惠、全量与增量结合
	企业云盘	移动办公、协作共享、安全高效
云网络	虚拟私有云	构建独立安全的网络空间
	弹性公网 IP	自主调整带宽、灵活的互联网接入服务
	弹性负载均衡	对多台服务器进行流量分发的负载均衡服务
	内容分发网络	全网覆盖的网络加速服务
	云网互联	稳定可靠的专线和 MPLS VPN 服务,灵活部署混合云
云安全	抗 DDoS	清洗 DDoS 攻击流量
	网络入侵检测	精准检测常见攻击行为
	Web 漏洞检测	全面检测网页漏洞
	Web 应用防护	防御 SQL 注入,XSS、Cookie 篡改等攻击
	云主机安全	构建独立安全的网络空间
	安全专家服务	线下定制安全专家服务
大规模计算与分析	大数据处理	构建灵活弹性、按需的云上 Hadoop 集群
	数据仓库	面向大规模数据提供高效加载和访问查询能力
	并行数据挖掘	对海量数据进行分布式机器学习,挖掘数据价值
数据库	云数据库	稳定可靠、弹性伸缩的在线数据库服务

产品名称	服　务	功　能　描　述
管理与监控	模板编配	通过模板创建和管理云计算资源
	云监控	提供 7×24 小时指标监控和告警服务
通信能力开放	模板短信	API 调用简单、自定义模板、批量下发短信通知
	短信验证码	三网合一通道、快速下发验证码
	点击拨号	网络客服、移动端点击通话的服务
	语音会议	即时创建、预约、管理和结束电话会议的服务

移动云提供 IaaS、SaaS、PaaS 一站式云平台服务，开发了弹性、可信的云计算产品，满足各行业需要的灵活、丰富的定制化解决方案，助力各行业用户 IT 上云。移动云主要的行业应用及典型用户如表 8-14 所示。

表 8-14　移动云提供的典型解决方案

序号	解决方案名称	功　能　描　述	典　型　用　户
1	金融云	针对金融行业现状，构建从物理部署、基础服务、增值服务到用户服务的金融云专属技术方案，帮助金融用户构建低成本、高弹性、高可用、高可靠、安全合规的云计算 IT 系统，实现业务互联网化，助力金融用户业务创新	国京正点（深圳）商务服务公司
2	互联网云	利用云主机、弹性公网 IP、负载均衡、云存储等产品为互联网行业用户构建大规模分布式系统，灵活调整系统规模，充分保证网站的访问高峰带宽，可降低企业产品开发和生产成本	
3	教育云	基于移动云系列产品，可构建在线教育平台，整合教育信息化资源，部署课程点播、课程直播、课程教材资料共享等业务，能够实现平台的快速部署和弹性扩展，提升使用效率	金山实验学校
4	医疗云	基于计算、存储、网络、安全和大数据服务，构建医疗服务平台，加快医疗信息化规模建设，促进医疗机构与患者及医疗机构之间的深度连接，助力医疗创新	湖南湘雅医院
5	视频云	提供云存储、弹性负载均衡、CDN、云防火墙等云计算产品，可构建在线直播、在线点播、在线图片等多种媒体服务平台，能够实现平台的快速部署和弹性扩展及高可用性，提升使用效率	
6	政务云	在整合 IT 和通信能力的基础上，移动云以强安全性和高稳定性作为平台发展目标，推出了电子政务云解决方案，通过移动云降低政府信息化建设成本，加强信息资源整合，促进资源共享，加快服务转型	广州市海珠区科技与信息局

3．移动云之云主机服务

中国移动云云主机的价格与配置如表 8-15 所示。

表 8-15　移动云云主机的价格与配置

产 品 类 型	vCPU（个）	内存（GB）	包小时（元/小时）	包月（元/月）
云主机	1	1	0.16	38
	1	2	0.28	68
	2	2	0.75	179
	2	4	1.00	239
	2	8	1.50	359
	4	4	1.50	359
	4	8	2.00	479
	4	16	3.00	719
	8	8	3.00	719
	8	16	4.00	959
	8	32	6.00	1 439
	16	16	6.00	1 439
	16	32	8.00	1 919
	16	64	12.00	2 879

注：

（1）1 个 vCPU 提供的 CPU 计算能力相当于 1 个 2.1GHz 单核处理器。

（2）每规格的虚拟机均免费提供 Linux 操作系统和 Windows 操作系统。

（3）每个用户可订购多个同一规格的云主机或多个不同规格的云主机。

（4）系统盘为免费赠送，其中 Linux 送 20GB，Windows 送 40GB。

提示　中国移动云相关产品及其价格总览与配置、开发文档以及产品白皮书可以参考中国移动云官网（https://ecloud.10086.cn）。

8.3　典型行业应用

8.3.1　概览教育云

1．教育云的概念

云计算在教育领域中的迁移称之为"教育云"。教育云是未来教育信息化的基础架构，包括了教育信息化所必需的一切硬件计算资源，这些资源经虚拟化之后，向教育机构、教育从业人员和学员提供一个良好的平台，该平台的作用就是为教育领域提供云服务。

通俗地说，教育云是指利用云平台实现教学数字化、电子化、信息化、无纸化，为教育者提供良好的平台，构建个性化教学的信息化环境，支持教师的有效教学和学生的主动学习，促进学生思维能力和群体智慧发展，提高教育质量。其优势在于将现有的教育网、校园网进行升级，并整合出公用教育资源库，方便教学使用，方便统一管理，从而提高教学质量。

教育云一般包括云计算辅助教学（Cloud Computing Assisted Instructions，CCAI）和云计算辅助教育（Cloud Computing Based Education，CCBE）多种形式。云计算辅助教学是指学校和教师利用云计算支持的教育云服务，也就是充分利用云计算所带来的云服务为教学提供资源共享、存储空间无限的便利条件。云计算辅助教育，或者称为"基于云计算的教育"，是指在教育的各个领域中，利用云计算提供的服务来辅助教育教学活动。云计算辅助教育是一个新兴的学科概念，属于计算机科学和教育科学的交叉领域，它关注未来云计算时代的教育活动中各种要素的总和，主要探索云计算提供的服务在教育教学中的应用规律，与主流学习理论的支持和融合，相应的教育教学资源和过程的设计与管理等。

2．区域教育云一般架构——以浪潮区域教育云为例

浪潮区域教育云解决方案架构如图 8-13 所示。解决方案依据国家教育部、中央电教馆的指导精神，以实现"三通两平台"落地为目标，建设区域教育云，通过科学设计和整体规划，建设数据集中、系统集成的应用环境，整合各类教育信息资源和信息化基础设施，实现信息整合、业务聚合、服务融合的教育管理信息系统，实现教育主管部门、各学校及社会各伙伴之间的系统互联和数据互通，全面提升教育信息化水平和公共服务水平。

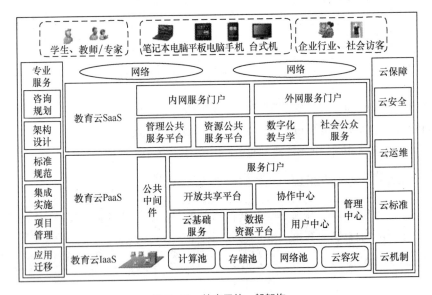

图 8-13　教育云的一般架构

浪潮区域教育云解决方案基于浪潮教育云平台设计并实现，浪潮教育云平台按照云计算 3 层技术框架设计，包括：教育云基础平台层（IaaS）、教育云公共软件平台层（PaaS）、教育云应用软件平台层（SaaS）。浪潮教育云平台基于云计算的开放、标准、可扩展的系统架构，能够实现平台容量扩容、应用嵌入整合。教育云平台按照通用标准 5 层架构建设，分别是云基础服务（IaaS），云公共软件平台服务（PaaS）、云应用软件平台服务（SaaS）、云保障及专业服务。

（1）教育云基础平台层（IaaS）。

实现各类软硬件资源"按需分配、共享最优"。利用云计算和虚拟化技术，整合多种资源，建立统一计算资源池、存储资源池、网络资源池，为不同用户、不同系统提供 IaaS（计算和存储资源服务）。

（2）教育云公共软件平台（PaaS）。

提供全局统一基础性支撑服务，使各类应用系统能够有效地整合与协同，形成信息系统统一的公共支撑环境。构建了统一、开放的软件环境，提供标准化的应用接入方式。

（3）教育云应用软件平台（SaaS）。

构建在教育云基础平台（IaaS）和教育云公共软件平台（PaaS）之上，包括：教育管理公共服务平台、教育资源公共服务平台、数字化教与学平台及向社会公众提供的社会公众服务平台。通过教育云应用软件平台可实现管理系统与资源平台的整合，实现"优质教学资源班班通"和"网络学习空间人人通"的落地。

（4）云保障。

云保障包括云安全、云标准、云运维、云机制 4 个部分。根据应用的需要和科学布局，在区域进行建设部署，功能能满足各级行政管理单位的部署要求，通过网络和终端提供给各级用户使用。云安全：通过完善安全技术设施，健全安全规章制度，提升安全监管能力。云运维：不断强化云基础、云平台、云数据、云应用等运维工作。云标准：采用国际、国家和部门行业已发布的标准，申报制定新标准。云机制：进一步完善建设、采集、应用、共享、培训、考核和监督等工作规范。通过云安全、云运维、云标准、云机制建设，形成基础稳固、平台健壮、应用繁荣、安全可靠的云保障体系。

（5）专业服务。

基于浪潮在教育行业及其他行业的建设经验，为区域教育云平台建设提供架构设计、咨询规划、项目管理、教育标准规范的执行等服务。

3．中国移动教育云解决方案

如前所述，中国移动提供了教育行业解决方案，基于中国移动的教育云可构建在线教育平台，整合教育信息化资源，部署课程点播、课程直播、课程教材资料共享等业务，能够实现平台的快速部署和弹性扩展，提升使用效率。

（1）课程点播。

在线教育的课程点播业务，除了向用户提供基本的 Web 服务外，还具备文件上传、媒体文件转码、媒体服务等功能，主要包括以下模块。

文件上传功能模块：由弹性负载均衡、文件上传服务集群（云主机产品）和原始文件存储（云存储产品）组成，提供高效、高可用的文件上传服务和大容量、可靠的原始文件存储服务。

媒体文件转码功能模块：由媒体文件转码（云主机产品）和索引/切片文件存储（云存储产品）组成，提供高效的媒体文件转码和大容量存储服务。

媒体服务功能模块：由媒体服务集群（云主机产品）、弹性负载均衡和 CDN 组成，提供高效、高可用的媒体服务，并通过 CDN 将媒体文件分发至靠近用户的网络边缘，提高了媒体服务质量。

（2）课程直播。

在线教育的课程点播业务，除了向用户提供基本的 Web 服务外（参考互联网通用架构），还具备直播课程媒体采集与上传、媒体文件实时转码、直播媒体服务等功能，主要包括以下模块。

视频服务功能模块：课程视频实时采集设备将采集到的视频信号通过弹性负载均衡和媒体转码集群实现视频的上传和实时转码。

媒体服务功能模块：由媒体服务集群（云主机产品）、弹性负载均衡和 CDN 组成，提供高效、高可用的媒体直播服务。

直播服务功能模块：对于采用 RTMP 协议的直播方案，通过实时流媒服务集群将媒体流直接推送给 CDN 为用户提供服务；对于采用 HLS 协议的直播方案，将转码后的索引和切片使用云存储产品进行存储后，向用户提供直播服务。

（3）资料分享。

资料分享服务主要包括资料文件上传服务和资料文件下载服务等逻辑功能模块。由弹性负载均衡产品和云主机产品构建的文件上传服务集群具备高效、高可用的特点。使用云存储产品对资料文件进行线上存储。通过 CDN 提供下载加速服务，提升用户体验。

4．中国移动教育云——"和教育"

2015 年，中国移动发布"和教育"云平台产品。"和教育"是中国移动围绕国家"三通两平台"总体规划，基于"移动学习"教育部-中国移动联合实验室研究成果打造的云平台，汇聚了北京师范大学、科大讯飞、新东方、好未来、凤凰传媒、华师京城、北京四中等知名教育机构的优质资源，以 K12 教育为切入点，围绕教师、学生、家长之间真实的用户关系，构建以知识点地图为核心的优质教学资源库，为用户提供各类教育细分产品，满足不同用户的个性化需求。基于中国移动 4G 网络，用户可在手机、Pad、Web 端随时随地获得同步学习体验。

"和教育"平台入口为 edu.10086.cn（登录后选择"名校资源"的界面如图 8-14 所示），用户登录网站或下载客户端后可获取优质的教学资源和应用。教师可利用"教师助手"等备授课一体化教学工具及"教学设计""智能组卷"等应用，提升教学效率与质量；学生可通过"名师导学""精品微课"等应用，获取北京四中、新东方、好未来等名校及机构精选课程，并通过"在线答疑""每日精炼"等应用进行巩固学习；家长可通过"家校圈""成长帮手"等随时进行家校互动，了解孩子在校学习动态，进行学习情况分析，并接受专业的家庭教育辅导。

图 8-14   "和教育"——"名校资源"页面

8.3.2 概览金融云

1．金融云简介

金融云是利用云计算的一些运算和服务优势，将金融业的数据、用户、流程、服务及价值通过数据中心、客户端等技术手段分散到"云"中，以改善系统体验，提升运算能力，重组数据价值，为用户提供更高水平的金融服务，并同时达到降低运行成本的目的。金融云服务旨在为银行、基金、保险等金融机构提供 IT 资源和互联网运维服务。

云金融是指基于云计算商业模式应用的金融产品、信息、服务、用户、各类机构以及金融云服务平台的总称，云平台有利于提高金融机构迅速发现并解决问题的能力，提升整体工作效率，改善流程，降低运营成本。从技术上说，云金融就是利用云计算机系统模型，将金融机构的数据中心与客户端分散到云里，从而达到提高自身系统运算能力和数据处理能力，改善用户体验评价，降低运营成本的目的。

2．阿里金融云简介

阿里金融云服务是为金融行业量身定制的云计算服务，具备低成本、高弹性、高可用、安全合规的特性，帮助金融用户实现从传统 IT 向云计算的转型，并且能够更为便捷地为用户实现与支付宝、淘宝、天猫的直接对接。在提供高性能、高可靠、高可用、高弹性的计算能力之外，还能助力金融用户进行业务创新，提升业务竞争力。阿里云可以为金融用户提供优质网络带宽资源，提升互联网用户覆盖范围和用户体验；并为金融用户提供大规模离线数据处理服务，让用户深入挖掘数据价值。当前金融行业面对互联网业务的迅速崛起，用户行为发生了巨大转变，业务增速难以预测。金融机构为了满足用户对网上查询、交易等行为带来的与日俱增的访问，不得不在整体 IT 建设上投入更高的成本，而随着设备的增加，交付时间周期变长，运维难度不断增大。阿里金融云可以帮助金融机构系统整合入云，实现快速交付，降低业务启动门槛；通过标准化的异地灾备、专线接入等增值服务，满足金融业务在安全上的建设标准。

阿里金融云于 2013 年底正式上线，主要面向银行、证券、基金、保险和信托等金融企业。不到一年时间，已经有 200 多家金融机构的 IT 系统全部或部分运行于金融云上。阿里金融云提供金融公有云和金融私有云金融上云两大模式；提供云服务器 ECS 和云数据库 RDS 等专属产品；提供安全咨询服务、架构优化咨询服务、大促保障咨询服务、应急护航咨询服务等金融云专属技术咨询服务。概括来说，阿里金融云有以下特点。

（1）安全合规。通过了国际、国内多项权威机构的专业认证，符合人民银行和银监会的 IT 建设标准，例如物理隔离、生物识别、电力、制冷、监控、安保等。

（2）高可用和安全性。提供更高的 SLA 和安全防护能力，例如支持两地三中心架构，ECS 单台可用率达 99.95%，RDS 实例可用率达 99.97%，具有更强的安全和防护、更高的防攻击能力等。

（3）提供专线/VPN 免费接入、堡垒机、特殊设备托管等增值服务，并计划推出金融中间件服务和更多数据服务等。

3．阿里金融云——网商银行应用/数据架构部署

云上银行不依赖物理网点，突破网点辐射范围限制，让偏远地区的用户也可以获得金融服务，实现普惠金融，同时大幅降低网点和人工成本。业务特色是 7×24 小时随时在线，小额频发、促销等突发流量要求弹性服务能力。基于数据的运营模式，利用数据模型识别和评估借款人的风险。网商银行应用/数据架构部署示意图请参考阿里云官网（https://www.aliyun.com/

solution/finance/bank?spm=5176.8037461.301477.1.HPfsmx)。

云上银行核心系统由用户、产品和账务 3 个平台构成"瘦"核心。在平台规划上，用户和产品平台均应具有融合打通全集团范围内用户和产品的能力，同时能通过映射、集成等技术手段实现和外部金融行业用户的匹配。整个系统架构基于分布式服务化进行应用解耦，使用柔性事务确保数据一致性，实现大平台微应用。通过开放平台接入各种场景，实时数据总线支持秒级风控、智能营销。全部批量业务实现联机化，全部实时化异步处理。

整个平台的规划具备亿级金融交易处理能力、PB 级大数据处理能力、秒级风险实时管控能力、人均十万级用户处理能力，80% 以上流程自动化处理。平台全面采用国产化自主可控技术。

4．阿里金融云——混合云部署解决方案

银行业作为信息化程度最高的行业，也是对 IT 系统依赖度最高的行业，所以对 IT 系统的高可用性要求也最高。但互联网金融的快速发展倒逼银行 IT 必须转型，关键需求是降低使用成本，提高计算弹性。经过与各类型银行的多次交流与全方位分析，阿里金融云提出"双引擎驱动，混合云部署"的银行技术升级路径。混合云部署解决方案部署架构示意图请参考阿里云官网（https://www.aliyun.com/solution/finance/bankhhy.html?spm=a21cy.8037464.301542.2.c3XKah）。

混合云部署架构具有如下特点。

（1）现有业务继续按照现有模式运营，确保现有业务平稳运营。

（2）构建面向移动互联网、自动弹性扩展、持续高可用、大数据实时分析管理的直销银行核心（第二核心）支持创新业务的运营。由于云计算技术具备横向扩展的能力，因此第二核心的起始投资规模将远远低于传统技术平台的投入。随着创新业务的业务量不断增加，有序扩容第二核心的资源规模，逐步释放云计算对创新业务强大驱动力。

（3）构建同构的混合云大数据交换枢纽，使用高效的大数据分析工具支持银行全面提升数字化运营能力（包括现有核心的业务运营）。

（4）根据整体运营情况分析，逐步减少不可持续发展业务的投入，通过 3～5 年的自然淘汰（现有 IT 设备的逐年折旧），整体 IT 技术平滑升级过渡到分布式云架构平台上。

5．阿里金融云数据中心

阿里金融云为金融用户在杭州、深圳和青岛等多个地域提供了可以实现两地三中心的高等级绿色数据中心作为整个云计算平台的基础设施。相关的数据中心具备以下特性。

（1）绿色节能：通过设备节能、节能监控、供电设备节能、制冷设备节能、节能建筑、节能管理制度等措施建设了全国绿色节能示范的数据中心。

（2）逻辑互通：杭州和深圳分别有两个数据中心，同时每个地域的两个数据中心是二层互通的，除了购买时需要指定可用区（机房）外，其他运维管理时没有差别，可以把一个地域认为只有一个逻辑机房；青岛只有一个数据中心，通常把青岛当做灾备中心。

（3）容灾备份：阿里云为适应金融行业对灾备的硬性管理规定，提供两地双中心和两地三中心的容灾方案。阿里云为一般业务提供双中心，为核心业务提供两地三中心的独立专属定制的物理集群，享有独立网络带宽资源，避免性能争抢，提供高性能稳定的云服务；同时与公众集群隔离，单独管理，提供更高级别的安全稳定性能。

（4）专线接入：提供安全的、私密的通信机制，杜绝网络安全及传输过程中的敏感信息泄露，满足相关规范的要求。专线接入保证了和银行内网络连接的高速连接，并确保业务的实时性要求。

（5）多线 BGP 网络：阿里多线 BGP 网络实现了 IDC 直连和多个运营商互联，确保了不

同运营商用户的高速访问。

（6）CDN 服务：阿里云的 CDN 全国分布 300 多个节点，有效覆盖了全国不同地区、不同运营商，让每个用户都能快速访问。通过先进的系统架构、充足的带宽、节点资源应对大量用户集中的访问冲击。通过完善的监控体系和服务体系以及丰富的 CDN 运营管理经验，为用户提供快速、高效、弹性的 CDN 服务。

6．阿里金融云应用案例——天弘基金

天弘基金与支付宝在 2013 年 6 月合作推出了"余额宝"理财支付产品。"余额宝"上线以后，短短几个月内，资金规模便突破千亿，用户数突破 3 000 万，成为中国基金史上第一个规模突破千亿的基金。

"余额宝"是互联网金融一个典型案例，是天弘与支付宝在基金支付领域的一个创新，同时也是第一个使用云计算支撑基金直销和清算系统的成功案例。"余额宝"为超过 3 000 万的互联网用户提供了货币基金理财服务，基于云计算的基金清算系统每天可以处理超过 3 亿笔的交易数据。"余额宝"在业务模式和技术架构上的创新对金融行业产生了巨大反响，成为互联网金融的标杆案例。

天弘基金系统上云后，经过系统压测最终的性能表现超出期望，实时请求处理可达到 11 000 笔/秒，完成 3 亿笔交易的清算可在 140 分钟内完成。该系统在上线一个多月后，经过了双 11 峰值的考验，系统表现得平稳可靠，证明了阿里云计算技术的实力。

8.3.3　概览电子政务云

1．电子政务云简介

电子政务云属于政府云。电子政务云结合了云计算技术的特点，对政府管理和服务职能进行精简、优化、整合，并通过信息化手段在政务上实现各种业务流程办理和职能服务，为政府各级部门提供可靠的基础 IT 服务平台。

政务云应用集中在公共服务和电子政务领域，即公共服务云和电子政务云。电子政务云是为政府部门搭建一个底层的基础架构平台，把传统的政务应用迁移到平台上，去共享给各个政府部门，提高各部门的服务效率和服务的能力。考虑到电子政务系统在安全方面的特殊要求，电子政务云更适合选择私有云。公共服务云定位为由政府主导，整合公共资源，为公民和企业的直接需求提供云服务的创新型服务平台。根据公共服务的行业又可对公共服务云进行细分，如医疗云、社保云、园区云等。公共服务云需要整合各种公共资源，适宜部署到公有云中。

随着政务信息资源开发利用的深入，电子政务平台的应用系统和硬件设备在不断增加，从而整个电子政务平台的建设和运行成本（包括电力成本、空间成本、维护成本等）在不断攀升。同时政府各部门建设的应用系统之间数据不能共享，形成数据孤岛，严重制约电子政务统一平台的发展。云计算作为一种新的软件服务模式，具有整合软硬件资源、较低的客户端要求和统一维护平台的特点。将云计算模式应用到电子政务平台建设上来，可以最大限度地共享数据资源、节约建设运行成本、提高平台的负载能力、降低维护难度。

电子政务云由客户端、SaaS、PaaS、IaaS 4 部分组成，并通过管理和业务支撑、开发工具进行联通。典型电子政务云架构示意图如图 8-15 所示。

2．中山电子政务云平台简介

中山市人民政府与中国电子信息产业集团（CEC）于 2012 年 5 月达成以信息安全为核心

的电子政务云服务平台十五年战略合作协议。根据战略合作协议，中山市经济与信息化局与中电长城网际系统应用有限公司合作，双方采用"投资+运营+服务"（IOS）模式合作共建以信息安全为核心的中山市电子政务云服务平台，按照统一规划、分步实施原则逐步实现政务信息化和基于卫星导航的公共信息服务等资源整合，将中山市委市政府和所属各部门的信息化系统逐步纳入到以信息安全为核心的中山市电子政务云服务平台。以"纵向到底、横向到边"为指导原则，实施出口相对统一和通道相对统一的网络整合，建设覆盖中山全市域并延伸至全市各基层单位的电子政务云网络平台。对纳入以信息安全为核心的中山市电子政务云服务平台的各应用系统在规范安全等级、统一技术路线和架构、统一接口标准的基础上实现符合相关政策的数据和业务的隔离与交换，以异构云技术构建以信息安全为核心的中山市电子政务云服务平台。

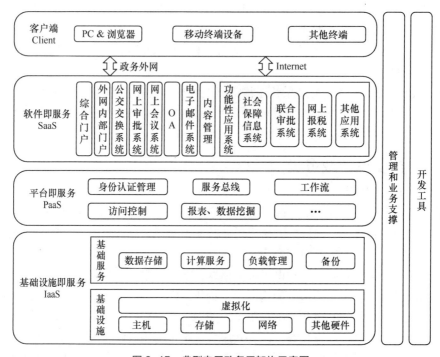

图 8-15　典型电子政务云架构示意图

同时将高安全桌面办公应用系统的投资和建设作为传统业务系统向未来中山市电子政务云服务平台应用系统过渡的载体，满足当前部分电子政务应用的紧急需求。包括：启动电子政务云基础平台建设，提供云主机和云存储服务，建立运维体系，为部署安全移动办公应用平台提供载体与支撑。逐渐完善、形成云基础平台和移动办公平台的基本安全框架。

中山电子政务云平台提供的主要服务内容包括：云主机服务、云存储服务、云负载均衡服务、云监控服务、移动办公平台接入服务、云安全服务、第三方软件租用服务和基础资源服务等。

3. 中山电子政务云平台架构

中山电子政务云平台由交换与隔离的网络、数据与存储、自动化管理平台、异构多态云、安全平台和应用平台等层次组成。云平台架构示意图如图 8-16 所示。

4. 中山电子政务移动办公平台架构

中山电子政务移动办公平台由移动终端、各运营商专有网络、移动发布平台和各业务系统组成，移动平台架构如图 8-17 所示。

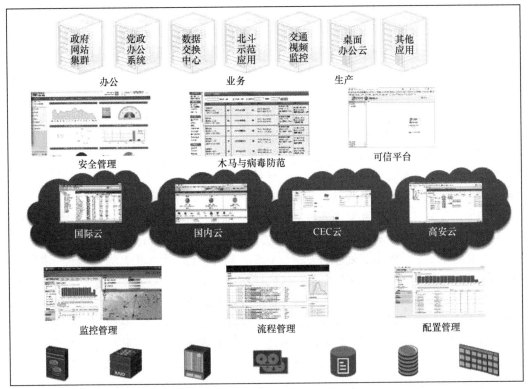

图 8-16 中山电子政务云平台架构示意图

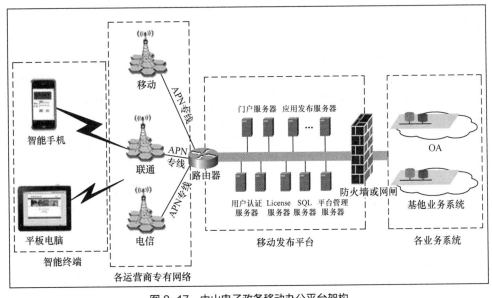

图 8-17 中山电子政务移动办公平台架构

8.3.4 概览智能交通云

1．智能交通云简介

　　智能交通云是指面向政府决策、交通管理、企业运营、百姓出行等需求，建立智能交通云服务平台。开展与铁路、民航、公安、气象、国土、旅游、邮政等部门数据资源的交换共享，建立综合交通数据交换体系和大数据中心，通过监控、监测、交通流量分布优化等技术，建立包含车辆属性信息和静、动态实时信息的运行平台。通过智能交通云实现全网覆盖，提供交通诱导、应急指挥、智能出行、出租车和公交车管理、智能导航等服务，实现交通信息的充分共享、公路交通状况的实时监控及动态管理，全面提升监控力度和智能化管理水平，确保交通运输安全、畅通，推动构建人、车、路和环境协调运行的新一代综合交通运输运行协调体系。

通过智能交通云，实现全网覆盖、多媒体文件管理、流量分析、实时动态监控、智能导航、跨地区信息共享、资源融合和数据处理等功能。

2．智慧交通行业应用描述

智慧交通是指以交通信息中心为核心，连接城市公共汽车系统、城市出租车系统、城市高速公路监控系统、城市电子收费系统、城市道路信息管理系统、城市交通信号系统、汽车电子系统等，让人、车、路和交通系统融为一体，为出行者和交通监管部门提供实时交通信息，有效缓解交通拥堵，快速响应突发状况，为城市大动脉的良性运转提供科学的决策。

智慧交通以信息的收集、处理、发布、交换、分析、利用为主线，为交通参与者提供多样性的服务。诸如动态导航，可提供多模式的城市动态交通信息，帮助驾驶员主动避开拥堵路段，合理利用道路资源，从而达到省时、节能、环保的目的。智慧交通系统通过各类传感器采集各类交通信息、发布各类交通信息、引导交通。各类采集到的交通信息将统一汇聚到城市交通信息系统中心，进行分析处理。通过对汇聚的数据进行处理和挖掘，可对道路交通拥堵状态进行分析，为交通管理部门进行决策提供帮助。交通行业应用解决方案依托优势的有线和无线、固定和移动网络资源，强大的 ICT 服务能力，丰富的行业应用经验，通过与业内优秀的产品和服务供应商合作，为交通行业用户提供信息化、智能化解决方案，从而有效提升交通行业信息化水平。

3．智能交通云价值分析

智能交通云是将先进的信息技术、数据通信技术、电子控制技术及计算机处理等技术综合运用于整个交通运输管理体系，通过对交通信息的实时采集、传输和处理，借助各种科技手段和设备，对各种交通情况进行协调和处理，建立起一种实时、准确、高效的综合运输管理体系，从而使交通设施得以充分利用，提高交通效率和安全，最终使交通运输服务和管理智能化，实现交通运输的集约式发展。智能交通云对政府、企业和公众的价值分析如表 8-16 所示。

表 8-16 智能交通云价值分析

序 号	对 象	价 值 体 现
1	政府	采用信息化手段解决道路拥堵问题
		建立完善的公共交通网络
		建设和完善城市路网
		构建交通流量信息的采集系统和信息发布共享网络
		建立完善的应急联动和事故救援机制
		大力倡导绿色交通、节能减排
		建设现代化、信息化的城市停车场管理系统
		保障公共交通安全，加强公共车辆管理
		推动智能电子车牌的发展

序 号	对 象	价 值 体 现
2	企业	实现对企业车辆的实时监控和管理 提供车载信息化服务 实现对车辆的安全管理 降低车辆的营运成本
3	公众	交通安全（关注各类交通出行方式，关注车辆故障、车辆防盗、车辆救援等安全相关内容） 获取各种类型的交通信息（停车、加油、交通信号、车辆诱导、气象） 延长车辆的使用寿命（获取车辆保养信息，参与各类车辆的维护，延长车辆的使用寿命）

4. 智能交通云总体架构

智能交通云包括全面感知、网络通信、网络应用、核心应用、终端和用户等层次和组成部分，其总体架构示意图如图8-18所示。

图 8-18 智能交通云总体架构示意图

5. 贵州智能交通云

贵州省交通运输厅近年来为提升路网的公众出行服务水平与应急处置能力，已完成对全省路网600多路视频信号的接入，并实现与交警交通管制、交通事故、车辆驾驶员及违规信息、交通流量数据的互调共享和应急处置的联勤联动，依托交通云，对高速公路路网和国省干线公路运行状态进行监测和统一管理，目前交通数据中心、GIS 共享平台、养护管理、重点营运车辆公共服务系统、黔通途等系统已开始在智能交通云平台上提供服务，涉及高速公路收费、路网监控、公路养护、公路基础、公路交通量、道路运输基础、建设项目等业务数据。贵州智能交通云总体架构如图 8-19 所示。

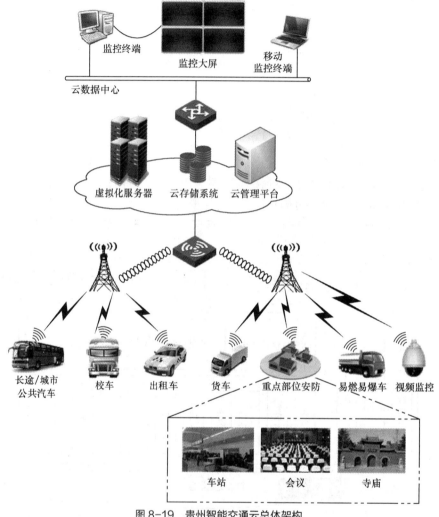

图 8-19　贵州智能交通云总体架构

通过智能交通云，开展与铁路、民航、公安、气象、国土、旅游、邮政等部门数据资源的交换共享，建立综合交通数据交换体系和大数据中心，通过监控、监测、交通流量分布优化等技术，建立包含车辆属性信息和静、动态实时信息的运行平台，实现全网覆盖，提供交通诱导、应急指挥、智能出行、出租车和公交车管理、智能导航等服务和交通信息的充分共享、公路交通状况的实时监控及动态管理，全面提升监控力度和智能化管理水平，确保交通运输安全、畅通，推动构建人、车、路和环境协调运行的新一代综合交通运输运行协调体系。

在智能交通云的总体架构下，借助"黔通途"（为旅行者提供高速公路交通信息服务的移动手机软件）可进行高速公路实时路况查询、路线查询、黔通卡业务查询、通行费查询等。通过互动功能可实现车辆应急救援、连线交通运输服务监督热线"12328"，并具备天气预报、旅游景点介绍等一系列高效、专业、方便的服务。

在智能交通云的总体架构下，借助北斗技术，贵州省所有"两客一危"车辆均已安装北斗兼容终端，并接入全国重点营运车辆联网联控系统。利用北斗技术对贵州省道路营运车辆运行动态信息进行远程实时采集、传输，对驾驶员超速超载行驶、疲劳驾驶、不按核定线路行驶、停车等违法违规行为实时监控管理。发现问题及时通过系统纠正、阻止，实时掌握"两客一危"运输车辆的位置、状态，提高监管效率，规范运输车辆营运秩序，减少和避免重特大道路运输安全事故的发生。

在智能交通云的总体架构下，依托智能交通算法，通过道路交通综合调控系统对城市红绿灯及总体交通状况进行科学掌控。在 2014 中国"云上贵州"大数据商业模式大赛智能交通算法大挑战中，利用贵州省贵阳市交通流量数据（公交车 GPS 信息、出租车 GPS 信息、高德公司普通市民导航数据等），模拟贵阳市整体的十字路口交通情况，对贵阳市红绿灯控制系统进行算法建模，根据交通流量情况实时控制红绿灯的亮灯策略，以最大程度地减少拥堵，加快通行速度。

8.3.5　概览医疗健康云

1. 云医疗简介

云健康又称健康云，是指通过云计算、云存储、云服务、物联网、移动互联网等技术手段，通过医疗机构、专家、医疗研究机构、医疗厂商等相关部门的联合、互动、交流、合作，为医疗患者、健康需求人士提供在线、实时、最新的健康管理、疾病治疗、疾病诊断、人体功能数据采集等服务与衍生产品开发。

云健康将提供从摇篮到坟墓的健康管理，也就是全人全程健康管理系统，把人体的致病原因用准确的医学用语记录下来，便于医生发现问题。从胎儿期的产检记录，到日常的体检报告，实时的人体体征数据，以及每次医生问病结果，每一个和健康有关的信息都会以数据的形式记录下来，社区责任医生会根据这些记录，帮助居民进行健康管理，提醒居民该注意哪些健康事项，同时海量的居民健康信息的汇聚，也可以帮助疾控部门进行当地流行病学的统计，发现一些各地高发的疾病，开展高发病的防治工作。

云健康是一个系统工程，也是跨电子、通信、医疗、生物、软件等不同行业的复杂巨系统，需要政府的引导与相关行业的进入与支持。目前国内所应用的医疗物联网设备、数字医院、远程诊断、家庭智能医生、智慧医疗、电子健康档案等都会成为其重要组成部分。

云医疗（Cloud Medical Treatment，CMT）是指在云计算、物联网、3G 通信以及多媒体等新技术基础上，结合医疗技术，旨在提高医疗水平和效率，降低医疗开支，实现医疗资源共享，扩大医疗范围，以满足广大人民群众日益提升的健康需求的一项全新的医疗服务。

云医疗包括云医疗健康信息平台、云医疗远程诊断及会诊系统、云医疗远程监护系统以及云医疗教育系统等。

（1）云医疗健康信息平台。

云医疗健康信息平台主要是将电子病历、预约挂号、电子处方、电子医嘱以及医疗影像文档、临床检验信息文档等整合起来建立一个完整的数字化电子健康档案（EHR）系统，并将健康档案通过云端存储作为今后医疗的诊断依据以及其他远程医疗、医疗教育信息的来源等。在云医疗健康信息平台我们还将建立一个以视频语音为基础的"多对多"的健康信息沟通平台，建立多媒体医疗保健咨询系统，以方便居民更多、更快地与医生进行沟通，云医疗健康信息平台将作为云医疗远程诊断及会诊系统、云医疗远程监护系统以及云医疗教育系统的基础平台。

（2）云医疗远程诊断及会诊系统。

云医疗远程诊断及会诊系统主要针对边远地区以及应用于社区门诊，通过云医疗远程诊断及会诊系统，在医学专家和病人之间建立起全新的联系，使病人在原地、原医院即可接受远地专家的会诊并在其指导下进行治疗和护理，可以节约医生和病人大量时间和金钱。云医疗运用云计算、3G通信、物联网以及医疗技术与设备，通过数据、文字、语音和图像资料的远距离传送，实现专家与病人、专家与医务人员之间异地"面对面"的会诊。

（3）云医疗远程监护系统。

云医疗远程监护系统主要应用于老年人、心脑血管疾病患者、糖尿病患者以及术后康复的监护。通过云医疗监护设备，提供了全方位的生命信号检测，包括心脏、血压、呼吸等，并通过3G通信、物联网等设备将监测到的数据发送到云医疗远程监护系统，如出现异常数据系统将会发出警告通知给监护人。云医疗监护设备还将附带安装一个GPS定位仪以及SOS紧急求救按钮，如病人出现异常，通过SOS求助按钮将信息传送回云医疗远程监护系统，云医疗远程监护系统将与云医疗远程诊断及会诊系统对接，远程为病人进行会诊治疗，如出现紧急情况，云医疗远程监护系统也能通过GPS定位仪迅速找到病人进行救治，以免错过最佳救治时间。

（4）云医疗教育系统。

云医疗教育系统主要在云医疗健康信息平台基础上，以现实统计数据为依据，结合各地疑难急重症患者进行远程、异地、实时、动态电视直播会诊以及大型国际会议全程转播，并组织国内外专题讲座、学术交流和手术观摩数等，可极大地促进我国云医疗事业的发展。

医疗云常见的功能（以"河北移动医疗云平台"为例）如表8-17所示。

表8-17 医疗云常见的功能

序　号	功　　能	子　功　能	功　能　描　述
1	就医服务	预约挂号	提供合作医院网上预约挂号能力
		报告查询	提供合作医院检查/检验报告查询
2	健康课堂	健康资讯	提供多渠道健康资讯相关信息
		学习资料	提供慢病、心理、保健、养生等类视频与资讯
3	健康档案	健康管理	提供智能穿戴设备数据管理
		云存储	提供存储相关服务
4	体检家园	体检指南	体检相关流程和注意事项等
		体检套餐	各类体检套餐等
5	远程诊疗	远程心电	
6	网上商城		相关健康、医疗产品
7	最新应用		健康、医疗最新应用等

概括来说，医疗健康云的优点表现在如下几个方面。

（1）数据安全。利用云医疗健康信息平台中心的网络安全措施，断绝了数据被盗走的风险；利用存储安全措施，使得医疗信息数据定期地本地及异地备份，提高了数据的冗余度，使得数据的安全性大幅提升。

（2）信息共享。将多个省市的信息整合到一个环境中，有利于各个部门的信息共享，提升服务质量。

（3）动态扩展。利用云医疗中心的云环境，可使云医疗系统的访问性能、存储性能、灾备性能等进行无缝扩展升级。

（4）布局全国。借助云医疗的远程可操控性，可形成覆盖全国的云医疗健康信息平台，医疗信息在整个云内共享，惠及更广大的群众。

（5）前期费用较低。因为几乎不需要在医疗机构内部部署技术（即"可负担"）。

2．中国移动医疗健康云

中国移动提供了医疗健康云的完整解决方案，方案主要功能如下。

（1）在线挂号与问诊。

用户使用移动云产品搭建在线挂号与远程问诊系统，患者可以通过该系统进行在线预约挂号，并支持在线问诊。该功能相关的云计算产品和服务包括弹性负载均衡、云主机、弹性伸缩服务、CDN、RDS、云存储、云硬盘和云监控等，详细信息请参考"移动云"官网（https://ecloud.10086.cn/solution/medical），其技术实现如下。

- 购买弹性负载均衡产品，实现系统业务在不同云主机之间分担，构建 Web 服务和应用服务集群，并部署弹性伸缩服务，应对突发业务流量。
- 对网站进行动静分离，动态关系型数据使用 RDS 集群进行存储和处理，并部署缓存服务器，将热点数据进行缓存，提高热点数据读取性能。
- 系统将图片、视频等静态文件存储在移动云云存储产品中。
- 对于静态文件，通过移动云 CDN 进行内容分发，提高用户访问速度。

（2）医疗影像海量存储。

该功能相关的云计算产品和服务包括弹性负载均衡、云主机、弹性伸缩服务、虚拟私有云、RDS 和云存储等，详细信息请参考"移动云"官网（https://ecloud.10086.cn/solution/medical），其技术实现如下。

- 在移动云上为医院用户部署一个隔离的虚拟私有云（VPC）环境，用户可在虚拟私有云内规划 IP 地址范围、划分子网、配置网络访问等。
- 通过专线/VPN 等方式完成与医院内部管理系统连接，实现对医疗影像文件的管理。
- 使用移动云的云存储产品，实现影像文件的海量存储，与传统存储相比，移动云云存储具备海量空间、弹性扩展等特点，另外云存储使用三副本冗余机制，具备高可靠性。

（3）医疗智能硬件与医疗大数据。

该功能相关的云计算产品和服务包括弹性负载均衡、大数据分析服务、大数据处理服务和数据仓库服务，详细信息请参考"移动云"官网（https://ecloud.10086.cn/solution/medical），其技术实现如下。

- 智能硬件终端通过各种网络环境（4G、Wi-Fi）接入移动云大规模数据计算与分析服务集群，对收集到的人体健康数据进行存储和分析。
- 专业医疗人员通过数据提取及业务应用集群，对数据进行分析，评价人体健康状态，并及时反馈给终端用户。

3．邵医健康云平台

2015 年 4 月，邵逸夫医院推出了其与杭州市江干区卫生计生局、上海金仕达卫宁公司、浙江绎盛谷、国药控股等单位合作的一款新产品——邵医健康云平台。建设该平台的目的在于建设云端的医院、家门口的医院，通过线上与线下资源的整合，实现各级医疗机构的资源和服务的整合，从而解决患者排队挂号、候诊等看病难问题。邵医健康云平台创新了医患、医医、医药联动的服务模式，而且对接了第三方运营服务、药品配送和健康服务联动，能够为患者提供智能化、人性化的健康服务，并为分级诊疗的实施提供全流程的移动化技术支持，有利于推进区域分级诊疗体系的形成。邵医健康云平台的整体架构如图 8-20 所示。

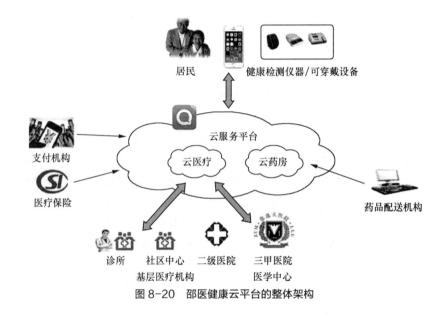

图 8-20　邵医健康云平台的整体架构

　　邵医健康云平台目前已经实现了四大功能应用（用户可在 Apple 商店下载"纳里健康" App 体验）。

　　（1）预约门诊：通过患者 App 服务，患者不但能预约社区签约的全科医生，还能通过全科医生预约邵逸夫医院的专家，在常规预约基础上，实现去省级医院就诊前的分诊和亚专科的专病专治，提高就医效率。

　　（2）双向转诊：通过医生间 App 服务，实现全科医生和不同级别的专科医生根据病情有效双向转诊，省去了自行去医院看病的一大堆烦恼和环节，包括选医生、排队、挂号、缴费、候诊、重复检查等。

　　（3）在线会诊：通过医生间 App 服务，社区医生遇到疑难病例，可以在线邀请邵逸夫医院专家在手机端进行会诊，让远程医疗触手可及，既提高基层医疗的服务质量，又提升了基层医生的医疗服务能力。

　　（4）健康咨询：社区医生和邵逸夫医院医生利用碎片化时间直接通过 App 接受患者的健康咨询和问诊，放大优质医疗资源的服务能力。

　　读者也可通过健康云相关 App 进一步检验医疗健康云的功能。例如：在华为"应用市场"输入"健康云"后出现很多与健康相关的 App，如图 8-21 所示。下载并安装"移动健康云"后，启动运行的主界面如图 8-22 所示。

图 8-21 健康云相关 App 　　　　图 8-22 "移动健康云"主界面

【巩固与拓展】

一、知识巩固

1. AWS 是（　　）的产品。

A. Google　　　　B. Amazon　　　　C. Microsoft　　　　D. IBM

2. 较早提供个人云存储服务，2014 年用户数突破 2 亿的云产品是（　　）。

A. 轩辕汇云　　　　B. 百度云　　　　C. 阿里云　　　　D. 腾讯云

3. 阿里云创立于（　　）。

A. 2008 年　　　　B. 2009 年　　　　C. 2010 年　　　　D. 2011 年

4. 广东轩辕网络科技股份有限公司开发的完全拥有自主知识产权的云管理平台是

（　　）。

A. 百度云　　　　B. 移动云　　　　C. 汇云　　　　D. 沃云

5. 湖南省政府采用的为政府各级部门提供可靠的基础 IT 服务的云平台称为（　　）。

A. 教育云　　　　B. 金融云　　　　C. 电子政务云　　　D. 智能交通云

二、拓展提升

1. 试着对 Amazon AWS 和 Microsoft Azure 进行比较（系统架构、提供服务、重点领域等）。

2. 以小组方式进行研讨，总结归纳大家生活和工作中所接触到的云计算相关的应用，并通过制作 PPT 方式选派代表进行分享。

3. 结合 "第 4 章 云服务" 内容，分析国内外主流厂商提供的产品及对应的服务类型。

4. 阅读图 8-23（中国电信 "天翼云" 体系架构）和图 8-24（中国联通 "沃云" 体系架构），试着与中国移动 "大云" 进行对比分析。

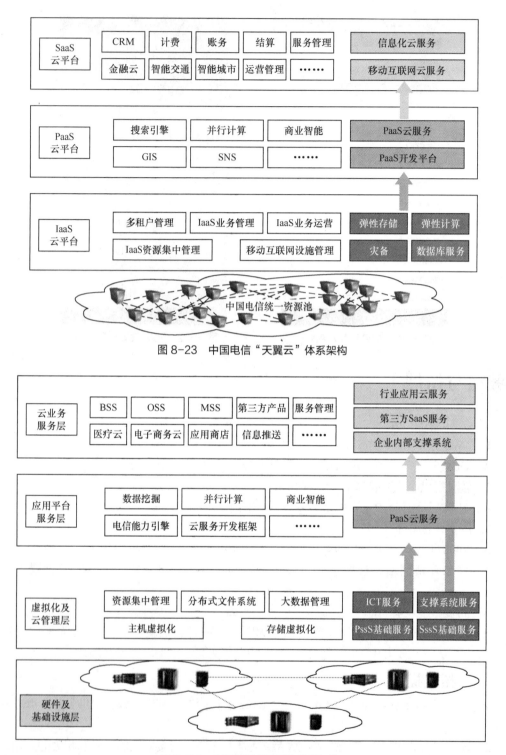

图 8-23 中国电信"天翼云"体系架构

图 8-24 中国联通"沃云"体系架构

　　总结回顾云计算发展历程，云计算由最初的美好愿景到概念落地，再到广泛应用，可以分为理论完善阶段（1959年—2005年）、发展准备阶段（2006年—2009年）、稳步成长阶段（2010年—2012年）和高速发展阶段（2013年—2016年）4个阶段。

1. 云计算关理论完善阶段（1959年—2005年）

　　1959年—2005年，云计算相关理论形成阶段。云计算的相关理论逐步发展，云计算概念慢慢清晰，部分企业开始发布初级云计算平台，提供简单的云服务。

序号	时　　间	事　　件
1	1959年6月	计算机科学家 Christopher Strachey（克里斯托弗·斯特雷奇）发表了一篇名为《大型高速计算机中的时间共享（Time Sharing in Large Fast Computers）》的学术报告，文中首次提出了虚拟化的基本概念，被认为是虚拟化技术的最早论述。虚拟化是云计算基础架构的基石
2	1961年	John McCarthy（约翰·麦卡锡）在 MIT 一百周年纪念会上提出计算力和通过公用事业销售计算机应用的思想："如果我所倡导的这种计算机能成为未来的计算机，计算就有可能在将来以一个为公共服务的基础设施的形式被组织起来，这是发展的需要，就像电话系统是一个公共设施一样。计算机设施就有可能成为一个全新的、非常重要的工业基础。"
3	1962年	J.C.R.Licklider（利克里德）提出"星际计算机网络"设想
4	1965年	美国电话公司 Western Union 一位高管提出建立信息公用事业的设想
5	1984年	Sun 公司的联合创始人 John Gage（约翰·盖奇）说出了"网络就是计算机（The Network is the Computer）"的名言，用于描述分布式计算技术带来的新世界。今天的云计算正在将这一理念变成现实
6	1996年	网格计算 Globus 开源网格平台起步
7	1997年	南加州大学教授 Ramnath K.Chellappa 提出云计算的第一个学术定义，认为计算的边界可以不是技术局限，而是经济合理性
8	1998年	VMware（威睿）公司成立并首次引入 x86 的虚拟技术
9	1999年	Marc Andreessen（马尔克·安德瑞森）创建 Loudcloud 公司，为互联网公司提供网站主机管理与网站监控服务。这是第一个商业化的 IaaS（基础设施即服务）平台

序号	时 间	事 件
10	1999 年	Salesforce.com 公司成立，宣布"软件终结"革命开始
11	2000 年	SaaS（软件即服务）兴起
12	2004 年	Web2.0 会议举行，Web2.0 成为技术流行词，互联网发展进入新阶段
13	2004 年	Google 发布 MapReduce 论文。MapReduce 是一种编程模式，用于分布式计算
14	2004 年	Doug Cutting 和 Mike Cafarella 实现了 Hadoop 分布式文件系统（HDFS）和 Map Reduce，Hadoop 成为了非常优秀的分布式系统基础架构
15	2005 年	Amazon 宣布推出 AWS（Amazon Web Services）云计算平台

2．云计算发展准备阶段（2006 年—2009 年）

2006 年—2009 年，云计算发展准备阶段。云计算概念正式提出，用户对云计算认知度仍然较低，云计算相关技术不断完善，云计算概念深入推广。国内外云计算厂商布局云计算市场，但解决方案和商业模式尚在尝试中，成功案例较少。初期以政府公有云建设为主。

序号	时 间	事 件
1	2006 年	Amazon 相继推出在线存储服务 S3 和弹性计算云 EC2 等云服务
2	2006 年	Sun 推出基于云计算理论的"黑盒子（BlackBox）"计划
3	2006 年 8 月 9 日	Google 首席执行官 Eric Schmidt（埃里克·施密特）在搜索引擎大会上首次提出"云计算（Cloud Computing）"的概念
4	2006 年	Amazon 开始向中小企业出租其冗余的空间提供数据存储服务，后来逐渐扩展至计算、数据库等一系列服务
5	2006 年	EMC（易安信）中国研发中心在上海成立。一年之后，北京研发中心和 EMC 在美国本土之外的第一个研究实验室成立（EMC 全球创新网络的两大节点之一）
6	2007 年	Google 与 IBM 在大学开设云计算课程
7	2007 年	Dell 成立数据中心解决方案部门，先后为全球五大云计算平台中的 3 个（包括 Windows Azure、Facebook 和 Ask.com）提供云基础架构
8	2007 年	Amazon 公司推出了简单队列服务（Simple Queue Service，SQS），这项服务使托管主机可以存储计算机之间发送的消息
9	2007 年	IBM 首次发布云计算商业解决方案，推出"蓝云（Blue Cloud）"计划
10	2008 年	Salesforce.com 推出了随需应变平台 DevForce，Force.com 平台是世界上第一个 PaaS（平台即服务）的应用
11	2008 年 2 月	EMC 中国研发集团云架构和服务部正式成立，该部门结合云基础架构部、Mozy 和 Pi 两家公司共同形成 EMC 云战略体系
12	2008 年 2 月	IBM 宣布在无锡太湖新城科教产业园为中国的软件公司建立第一个云计算中心

序号	时　　间	事　件
13	2008 年 4 月	GAE（Google App Engine）发布。它允许开发人员编写 Python 应用程序，然后把应用构建在 Google 的基础架构上，Google 会提供多达 500MB 的存储空间和免费额度
14	2008 年	Gartner 发布报告，认为云计算代表了计算的方向
15	2008 年 5 月	Sun 在 2008 JavaOne 开发者大会上宣布推出"Hydrazine"计划，正式进军云计算领域
16	2008 年 6 月	EMC 公司中国研发中心启动"道里"可信基础架构联合研究项目
17	2008 年 6 月	IBM 宣布成立 IBM 大中华区云计算中心。该中心将帮助大中华地区的用户设计和部署自己的云计算设施和应用
18	2008 年 7 月	HP、Intel 和 Yahoo 联合创建云计算试验台 Open Cirrus
19	2008 年 8 月 3 日	美国专利商标局（SPTO）网站信息显示，Dell 正在申请"云计算（Cloud Computing）"商标，此举旨在加强对这一未来可能重塑技术架构的术语的控制权。Dell 在申请文件中称，"云计算是在数据中心和巨型规模的计算环境中，为他人提供计算机硬件定制制造"
20	2008 年 9 月	Google 公司推出 Google Chrome 浏览器，将浏览器彻底融入云计算时代
21	2008 年 9 月	Oracle（甲骨文）和 Amazon AWS 合作，用户可在云中部署 Oracle 软件、在云中备份 Oracle 数据库
22	2008 年 9 月	Citrix（思杰）公布云计算战略，并发布新的 Citrix 云中心（Citrix Cloud Center，C3）产品系列
23	2008 年 10 月	Microsoft 发布其公有云计算平台——Windows Azure Platform，由此拉开了 Microsoft 的云计算大幕
24	2008 年 11 月	Amazon、Google 和 Flexiscale 的云服务相继发生宕机故障，引发业界对云计算安全的讨论
25	2008 年 12 月	Gartner 披露十大数据中心突破性技术，虚拟化和云计算上榜
26	2009 年 1 月	阿里软件在江苏南京建立首个电子商务云计算中心
27	2009 年 2 月	Cisco 先后发布统一计算系统（UCS）、云计算服务平台，并与 EMC、VMware 建立虚拟计算环境联盟
28	2009 年 4 月	VMware 推出业界首款云操作系统 Vmware vSphere 4
29	2009 年 5 月 22 日	中国首届云计算大会在中国大饭店举行，会议讨论了云计算的实质以及发展
30	2009 年 7 月	Google 宣布将推出 Chrome OS 操作系统
31	2009 年 7 月	中国首个企业云计算平台诞生（中化企业云计算平台）
32	2009 年 9 月	VMware 启动 vCloud 计划，并与多家 IDC（互联网数据中心）协作构建全新云服务
33	2009 年 11 月	中国移动云计算平台"大云"计划启动

3. 云计算稳步成长阶段（2010年—2012年）

2010年—2012年，云计算成长阶段。云计算产业稳步成长，云计算生态环境建设和商业模式构建成为这一时期的关键词，越来越多的厂商开始介入云计算领域，出现大量的应用解决方案，成功案例逐渐丰富。用户了解和认可程度不断提高，用户主动将自身业务融入云中。公有云、私有云、混合云建设齐头并进。

云计算概念的真正落地，还是要从2010年算起。进入2010年，随着云计算厂商在解决方案、标准、安全性上的努力，加上坚持不懈的市场推广，云计算发展迅速。人们的态度逐渐从疑虑、观望向接受方向转变，使得云计算开始融入到了企业应用之中。具体表现在：云计算在IT、制造、教育等行业受到普遍关注。互联网和IT行业用户首先成为云计算技术的关注者和使用者。但云应用在中国目前还处于低层次、初级应用阶段。

序号	时　间	事　件
1	2010年1月13日	HP和Microsoft联合提供完整的云计算解决方案
2	2010年1月	Salesforce.com遭遇的长时间断供故障引发了对云服务的可靠性的讨论
3	2010年1月22日	中国云计算技术与产业联盟（China Cloud Computing Technology and Industry Alliance，CCCTIA）在北京正式宣布成立
4	2010年1月	IBM与松下达成当时全球最大的云计算合同
5	2010年1月	Microsoft正式发布Microsoft Azure云平台服务
6	2010年4月	Intel在IDF上提出互联计算，计划用x86架构统一嵌入式、物联网和云计算领域
7	2010年4月	Dell推出源于DCS部门设计的Power Edge C系列云计算服务器及相关服务
8	2010年4月	Microsoft CEO Steve Ballmer（史蒂夫·鲍尔默）宣布其90%员工将从事云计算及相关工作
9	2010年4月	Salesforce.com和VMware联手推出了一个针对Java开发者的PaaS平台VMforce
10	2010年5月	在2010 I/O大会上，Google正式对外发布商业版的GAE，并提供名为Google Storage的云存储服务和SQL数据库服务
11	2010年5月21日	第二届中国云计算大会在北京新云南皇冠酒店举行，会议主要探讨了云计算对产业、教育和社会发展的影响
12	2010年5月	EMC在其年度大会上发布VPLEX（一款多功能的云存储引擎），能将处于不同数据中心的多个远程存储节点整合成一个逻辑资源池
13	2010年5月21日	中国移动宣布推出"大云"计划BC（BigCloud）1.0版本
14	2010年6月	VMware发布了其最新版的企业级系统虚拟化软件VMware vSphere 4.1，并且增加了很多有利于云计算的特性
15	2010年8月19日	浪潮集团正式发布"云海In-Cloud"战略，着力"行业云"的研发

序号	时　间	事　件
16	2010 年 8 月	在 VMworld 2010 大会上，VMware 正式对外发布用于构建企业内部私有云的 vCloud Director、VFabric 云应用平台和 VMware 数据中心服务，还推出了 3 款 vSheild 系列虚拟化安全产品
17	2010 年 10 月 18 日	工信部联合发改委联合印发《关于做好云计算服务创新发展试点示范工作的通知》，确定在北京、上海、深圳、杭州、无锡 5 个城市先行开展云计算服务创新发展试点示范工作
18	2010 年 10 月	由北京市科学技术研究院计算中心打造的百万亿次超级工业云计算平台落成。该云平台拥有每秒百万亿次的超强计算能力，是当时国内最大的工业云计算服务平台，云集了 4 668 个关键 "核"
19	2010 年 10 月 28 日	Intel 公司发布了 "2015 年云愿景" 及与之相配套的一系列全新计划。这是 Intel 官方正式宣布全面涉足云计算领域
20	2010 年 11 月 26 日	由国内高性能计算机龙头企业曙光信息与江苏省无锡新区合作建设的中国物联网云计算中心启用
21	2010 年 11 月 30 日	华为在京正式面向全球发布云计算战略及端到端的解决方案

　　2011 年被业界认为是云计算元年，云计算已经进入应用阶段，并为产业链内的公司带来了实实在在的效益。2011 年中国云计算产业进入新的发展阶段，在国家层面，"十二五" 规划纲要和《国务院关于加快培育和发展战略性新兴产业的决定》均把云计算作为 "新一代信息技术" 产业的重要组成部分来强调，2011 年政府对于云计算产业的支持与推动进入实操阶段；在地方层面，已有包括北京、上海、无锡、杭州、深圳、成都等在内的 30 余个地方政府推出各有侧重的云计算产业规划，云计算产业区域布局正在形成；在企业层面，IBM、Google、Microsoft、曙光、浪潮、华为、联想等几乎所有国内外 IT 企业均将云计算作为业务创新与拓展的重要方向，投入大量资金与人才，开发云计算应用。与此同时，各行业不同规模的众多企业也开始对云计算内部应用做出尝试，云计算市场正在成为充满活力且规模迅速扩张的新兴市场。

序号	时　间	事　件
1	2011 年 2 月	Cisco 系统正式加入 OpenStack，重点研制 OpenStack 的网络服务
2	2011 年 2 月	VMware 公司宣布完成收购 Yahoo 公司旗下领先的下一代开源电子邮件和协同软件厂商——Zimbra。Zimbra 将被纳入 VMware vCloud 计划
3	2011 年 3 月	Google 邮箱再次爆发大规模的用户数据泄露事件
4	2011 年 4 月 22 日	Amazon 云数据中心服务器大面积宕机，这一事件被认为是 Amazon 史上最为严重的云计算安全事件
5	2011 年 5 月 19 日	以 "云计算应用之路" 为主题的第三届中国云计算大会在北京国家会议中心召开。工信部、发改委领导先后在会议上表示，将继续采取措施推动我国云计算产业的健康快速发展
6	2011 年 6 月	Microsoft 正式发布了云计算办公套件 Office 365

序号	时　间	事　件
7	2011 年 7 月 21 日	宏碁公司对外宣布斥资 3.2 亿美元，外加 7 500 万美元营运绩效奖励分配款并购拥有先进云端技术的美国 iGware Inc，进军云计算市场
8	2011 年 8 月 18 日	HP 公司宣布以 103 亿美元收购英国软件公司 Autonomy
9	2011 年 10 月	由国家发改委牵头，联合工信部、财政部等三部委拨出 15 亿元，作为国家战略新兴产业云计算示范工程专项资金，重点推动国内云计算产业发展、扶持云计算领军企业。百度、阿里巴巴、腾讯等企业成为国家首批云计算示范企业
10	2011 年 11 月	华为"云帆计划 2012"起航，明确了华为云计算三大战略：大平台、促进业务和应用的云化、开放共赢
11	2011 年 12 月	中国电信投资 120 亿元建立云计算园区，中国电信云计算园项目正式落户内蒙古和林县

2012 年是云计算成为主流的一年。更多的用户开始应用基于云的服务。厂商为了争夺市场份额展开了积极的价格战，竞争更加激烈。2012 年作为云计算产业发展承上启下、进入高速发展阶段的预备期，国内云计算市场的新形态、新方向主要集中在政策调整、行业规范、服务模式 3 个方面。SaaS 和 IaaS 市场进一步成熟。人们日益关注 PaaS 市场以便提供在云中构建应用程序的服务。

序号	时　间	事　件
1	2012 年	欧盟委员会发布了云战略路线图，目标是在欧盟地区改善和增加云计算的应用
2	2012 年	对于国际云计算厂商来说，2012 年延续并扩大了 2011 年的云计算并购浪潮，发生了多起云计算巨头的并购事件：Oracle 并购 Collective Intellect、Involver、Skire、Xsigo、SlectMinds 5 家云计算公司；VMware 收购 Wanova、DynamicOps、Nicira；Google 并购 Incentive Targeting、Viewdle、Nik Software、VirusTotal、Wildfire Interactive、Sparrow、Quickoffice、Meebo、TxVia 和 Milk Inc；Cisco 将 Cariden、Meraki 等 3 家公司揽入旗下；Kenexa、Vivisimo 等公司成为了 IBM 的子公司；Oracle 收购 Taleo
3	2012 年	大数据成为 2012 年数据处理领域最大的热点之一。包括 Oracle、HP、SAP、Dell、IBM、Teradata、EMC 等在内的领导型 IT 厂商，都相继发布了自己的大数据产品和解决方案，IBM 还收购了 StoredIQ，以强化其大数据架构。华为也推出了 MVX 大数据存储解决方案
4	2012 年 5 月 23 日	以云计算应用与实践经验为主题的第四届中国云计算大会在北京国家会议中心举行，大会亮点是云计算示范应用案例
5	2012 年 9 月	Microsoft 宣布其 Windows Server 2012 全面上线
6	2012 年 11 月	Google 对云计算产品全线降价，其中的云存储宣布降价 20%，虚拟机计算资源租赁价格调低 5%。这一举动引发了竞争对手的反弹。Amazon 也紧跟着宣布其 S3 云计算产品在多个区域降价 25%。紧跟着，Microsoft 也宣布对其云存储降价 28%（年初时曾经降价 12%）

序号	时　间	事　件
7	2012 年 11 月 1 日	Microsoft 宣布与国内互联网基础设施服务提供商世纪互联达成合作，实现 Microsoft 企业级云服务——Office 365 和 Microsoft Azure 在中国的落地。根据双方签订的协议，Microsoft 将向世纪互联授权技术，由后者运营这两项服务。通过该种方式，Microsoft 解决了入华牌照的问题，其公有云服务正式落户中国
8	2012 年	工信部、国家发改委、科技部相继出台了相关政策支持云计算产业：工信部电信研究院发布《云计算白皮书（2012）》；国家发改委先后在北京、上海、深圳、杭州、无锡 5 个城市先行启动了云计算服务创新发展试点示范；科技部推出《中国云科技发展"十二五"专项规划》
9	2012 年 12 月 24 日	Amazon 北弗吉尼亚地区的服务出现故障，导致视频服务公司 Netflix 遭遇宕机。这是年内 Amazon 第六次发生宕机事件

4. 云计算高速发展阶段（2013 年—2016 年）

2013 年—2016 年，云计算高速发展阶段。云计算产业链、行业生态环境基本稳定；各厂商解决方案更加成熟稳定，提供丰富的 XaaS 产品。用户云计算应用取得良好的绩效，并成为 IT 系统不可或缺的组成部分，云计算成为一项基础设施。

经历了 2012 年从技术理想向应用实践的艰难进化，对于用户而言，云计算在 2013 年中变得越来越真实和具体。Microsoft 的 Azure 和 Amazon AWS 相继通过与中国本地的 IDC（互联网数据中心）合作，借助技术授权或合作运营的方式在中国展开公有云业务。公有云市场中，阿里云、盛大云、腾讯云、UCloud 等云服务供应商通过战略校准和技术丰富等手段，不断提升服务的质量，并且着手拓展在电子商务、视频、游戏、移动开发等行业领域的新战场。以中国电信天翼云和中国联通沃云为代表的电信运营商旗下的公有云服务也于年内正式对外服务。

序号	时　间	事　件
1	2013 年 2 月 5 日	Dell 公司正式对外宣布将以 224 亿美元的价格被私有化，私有化之后将是 Dell 从专注硬件向专注软件和服务转型的开始
2	2013 年 4 月	Intel 信息技术峰会举行，会上企业级领域当中涉及了大数据、云计算、HTML5、物联技术与全新发布的至强系列处理器。浪潮在这次大会上展出了其天梭 K1 与新一代高性能刀片服务器 NX5440。华为在展会上展出了全新研发的 E9000 融合架构刀片服务器，深度融合了计算、存储、网络和管理模块
3	2013 年 6 月 5 日	以"大数据大带宽推动云计算应用与创新"为主题的第五届中国云计算大会在国家会议中心举行。会议探讨了云计算与大数据、云计算与移动互联网、云安全、云计算行业应用和智慧城市等
4	2013 年 7 月 22 日	Oracle 全球大会在浦东新区的上海世博中心隆重举行。Oracle 公司全面展示了其最新技术产品中应用软件、数据库、中间件、行业解决方案、集成系统以及云计算等

序号	时　　间	事　　件
5	2013 年 9 月 2 日	华为云计算大会（HCC 2013）在上海世博中心正式开幕。华为继续以"精简 IT，敏捷商道"为主题，携手 Intel、SAP、希捷等众多全球合作伙伴积极探索 IT 基础设施创新，并首次推出 IT 领域创新的"融合（Fusion）"战略。华为在大会上发布了 3 款服务器新产品
6	2013 年 11 月 16 日	在以"坚持创新驱动发展，提高经济增长质量"为主题的第十五届中国国际高新技术成果交易会（高交会）上，联想展示了其汇聚百余项创新科技和专利技术打造的 IaaS 云计算平台解决方案、高性能计算解决方案、桌面虚拟化解决方案等一系列云计算基础架构解决方案和大数据基础架构解决方案
7	2013 年 11 月 13 日	中国云体系产业创新战略联盟（CCOPSA）正式成立
8	2013 年 12 月 5 日	以"创新、开放、社区"为主题的 TechEd 2013 Microsoft 技术大会在北京国家会议中心召开，Microsoft 向各界来宾介绍了以云操作系统为核心的解决方案、技术、产品和服务

2014 年，云计算继续保持快速发展。美国、澳大利亚等国不断出台新政策推进云计算发展和应用，知名信息技术企业通过融资、并购、合作等方式积极布局产业生态体系建设。国内，公有云服务市场竞争日趋激烈，政务、行业和创新创业等领域应用不断取得进展，各环节企业加速创新，部分企业已经具备同国外企业竞争的实力。总体来看，云计算对传统 IT 资源使用模式、IT 服务模式和商业模式的转变仍在进行之中，将继续是信息技术产业未来最重要的领域之一。

序号	时　　间	事　　件
1	2014 年 3 月 26 日	Microsoft 宣布 Microsoft Azure 在中国正式商用，Microsoft Azure 帮助包括 CCTV、光明网以及蓝港在线在内的用户建立了自己的媒体云。4 月 15 日，Microsoft 宣布 Office 365 正式落地中国
2	2014 年 3 月 28 日	阿里云将云服务器、云存储以及云数据库价格大幅下调，其中云存储（OSS）降幅为史上最低（达 42%）。5 月，腾讯云宣布将云服务价格下调 50%。11 月 18 日，阿里云宣布云服务器（ECS）和云数据库（RDS）产品降价。其中，云服务器最高降幅达 25%，云数据库最高降幅达 20%
3	2014 年 5 月 20 日	以"云计算大数据·推动智慧中国"为主题的第六届中国云计算大会在北京国家会议中心举行。大会突出行业应用、分享技术趋势、促进国际合作、打造共赢平台
4	2014 年 5 月 21 日	中国电信首次对外公布电信云服务 6 个方面的核心指标，重点在政务、教育、医疗、金融、园区 5 个方面打造云优势。此外中国移动也成立了苏州研发中心，计划构建 3 000～4 000 人的研发团队和运营团队，完善云计算和大数据产品体系。中国联通则着手改造下一代网络
5	2014 年 7 月 15 日	在 2014 可信云服务大会上，主办方公布了第一批通过"可信云服务认证"的名单

序号	时　间	事　件
6	2014 年 8 月 19 日	阿里云启动"云合计划",该计划拟招募 1 万家云服务商,为企业、政府等用户提供一站式云服务
7	2014 年 9 月 16 日	在 2014 华为云计算大会上,华为发布了一系列震撼性的云产品,包括由业务驱动的分布式云数据中心架构 SD-DC2、云操作系统 FusionSphere5.0、大数据平台 Fusion Insight 等
8	2014 年 10 月 31 日	腾讯集团对外公布腾讯云的连接计划,称在未来 2 年内连接 100 万家传统企业,帮助他们完成云化转型,打造大的腾讯云生态环境
9	2014 年 12 月 3 日	小米 CEO 兼金山软件董事长雷军,携其多位合作伙伴,宣布金山软件未来 3～5 年内将会向云业务进行规模超过 10 亿美元的投资,而金山云未来 3 年将执行"All in Cloud"的战略

　　2015 年是云计算成熟之年。2015 年中国云计算市场全面开花,国内 IT 企业纷纷向云计算转型,云计算不再是新颖的概念,再加上移动互联网对传统行业的颠覆性影响,中国用户"云化"需求快速提升。政策方面,在《国务院关于促进云计算创新发展培育信息产业新业态的意见》《关于积极推进"互联网+"行动的指导意见》《云计算综合标准化体系建设指南》等相关利好政策的推动下,我国云计算市场的创新活力得到充分释放,市场规模进一步扩大。技术和应用方面,公有云与私有云的争执尚未平息,容器云已经势如野火,开源技术生态圈的产品和服务仍需打磨,云安全将是企业长期关注的重点。

序号	时　间	事　件
1	2015 年 4 月 1 日	OpenStack 项目创始者之一的 Nebula(星云)公司宣布因市场原因而关闭。Nebula 成立于 2011 年,由 OpenStack 之父 Chris C. Kemp 创立
2	2015 年 4 月 21 日	Citrix 宣布以企业赞助商的方式加入 OpenStack 基金会,不久后的 7 月,Google 也加入了 OpenStack 基金会
3	2015 年 4 月 27 日	杭州数梦工场和阿里云签署了战略合作协议,为用户提供专业的大数据和云计算服务
4	2015 年 6 月 3 日	以"促进云计算创新发展,培育信息产业新业态"为主题的第七届中国云计算大会在北京国家会议中心举行
5	2015 年 6 月 6 日	因服务商睿江科技机房遭遇雷暴天气引发电力故障,青云广东 1 区全部硬件设备意外关机重启,造成青云官网及控制台短时无法访问、部署于 GD1 的用户业务暂时不可用
6	2015 年 7 月 30 日	华为在北京正式对外宣布"企业云"战略
7	2015 年 9 月 1 日	阿里云因云盾安骑士服务组件升级触发 bug,导致用户服务器可执行文件被误隔离
8	2015 年 10 月 12 日	Dell 宣布将以约 670 亿美元收购数据存储厂商 EMC
9	2015 年 10 月 21 日	OpenStack 服务商 Mirantis 完成 1 亿美元的 C 轮融资
10	2015 年 10 月 22 日	HP 公司宣布退出 OpenStack 公有云市场

序号	时　间	事　件
11	2015 年 10 月 23 日	Amazon 公布了 AWS 业务 2015 年 Q3 财报
12	2015 年 11 月 1 日	在东京的 OpenStack 峰会上，UCloud 与 Mirantis 正式宣布成立合资公司 UMCloud，以求更好地在中国拓展市场
13	2015 年 11 月 19 日	金山云正式对外发布 3 款企业级新产品，分别是云操作系统 KingStack、超融合存储 KingStore 和企业网盘服务 KingFile，在私有云市场开始发力
14	2015 年 12 月	在 ArchSummit 北京大会上，青云首次在公开演讲中透露了 QingCloud SDN/NFV 2.0 的技术细节。目前业内的 SDN 方案主要是通过硬件和软件两种方式来实现，而青云在设计第二代 SDN 方案时最终选择了与 NFV 进行结合。此外，青云也大力拓展其私有云市场
15	2015 年 12 月 16 日	UnitedStack 有云宣布完成 C 轮融资，该轮融资由 Cisco 和红杉资本投资
16	2015 年 12 月	在国标委下达的 2015 年第三批国家标准修订计划中，正式下达 17 项云计算国家标准制修订计划。这是自 2013 年 10 月，我国正式启动可信云服务认证机制之后的一项重大政策调整。"可信云服务工作组"成员由工信部电信研究院、3 家电信运营商、主要互联网企业和设备提供商组成。可信云服务认证的具体测评内容包括三大类共 16 项

根据市场调研机构 IDC 的数据，全球 2016 年云计算基础设施（服务器、存储阵列和网络交换机）支出将增长 26.4%，达 334 亿美元。工信部总工程师张峰预计，2016 年我国云计算市场规模将突破 100 亿元。

序号	时　间	事　件
1	2016 年 1 月	阿里云云栖大会在上海召开，阿里云在云栖大会上对互联网、计算与数据的未来趋势进行预判
2	2016 年 1 月 20 日	苏宁与中兴通讯在北京召开了全球战略合作发布会。通过合作，苏宁借助中兴通讯的技术优势，实现自身云商战略目标，同时中兴通讯也能够积累更多关于行业的经验和提供解决方案的能力，最终达到共赢
3	2016 年 2 月	Microsoft 宣布正式对外开放 Azure Container 服务，容器服务已经成为云服务市场一枚极具意义的战略性棋子
4	2016 年 3 月	乐视云宣布完成 A 轮融资，融资金额为 10 亿元，乐视云问鼎全球云计算产业中首轮融资金额及估值最大的公司
5	2016 年 3 月 29 日	以"云跃变"为主题的 2016 腾讯云战略升级发布会在北京举行。本次发布会正式对外推出全新腾讯云品牌 Logo 形象及价值理念，并发布"云+CDN""黑石-混合云 plus"全新升级产品，同时宣布了腾讯云"出海计划"
6	2016 年 3 月 29 日	华三云新品发布会召开，这是华三云的首次正式亮相。大多数人乍一听到华三云发布以为其也要涉足公有云，其实华三通信聚焦的仍是为云提供产品和平台

序号	时间	事件
7	2016 年 3 月 31 日	中国联通对外发布了公司未来的云计算发展策略，标志着中国联通全面开启了云服务时代。中国联通还同步发布了云计算新产品，并发起成立了"中国联通沃云 + 云生态联盟"
8	2016 年	Docker 官方公布的数据显示，全球已有 46 万个应用 Docker 化，并且实现两年增长 3 000%。以 Docker 为代表的容器技术在发展速度上业已超过了曾经的虚拟化技术和云计算技术
9	2016 年 4 月	阿里云人工智能程序小 Ai 在《我是歌手》3 轮比赛中完全预测准确
10	2016 年 4 月 1 日	京东公司在华东、华北、华南三地基于新的数据中心同时上线了新的京东云平台对外提供服务。2016 年也被京东内部称为"京东云元年"
11	2016 年 5 月 18 日	主题为"技术融合、应用创新"的第八届中国云计算大会在北京国家会议中心隆重召开
12	2016 年 6 月 29 日	阿里云在云栖大会·成都峰会发布《数据安全白皮书》，首次公开了阿里云在保障 230 万用户数据安全方面建立的流程、机制以及具体实践办法
13	2016 年 7 月	BAT 三巨头中的腾讯在"云+未来峰会"上由马化腾亲自宣布腾讯云开放生态体系资源；李彦宏在"2016 百度云计算战略发布会"上抛出"云计算+大数据+人工智能"的"三位一体"战略
14	2016 年 9 月 20 日	国内互联网公司中比较特立独行的网易公司在上海举行发布会，首度全面推出"网易云"品牌，并发布了新的 Logo。在这次发布会上，网易正式上线了网易 Docker 容器化云蜂巢、反垃圾云服务易盾以及视频云 3 款云服务产品
15	2016 年	内蒙古斥资 500 亿元欲打造亚洲最大云计算数据中心。以"羊煤土气"等传统能源产业为经济支撑的内蒙古在云计算产业的投资将超过 500 亿元，欲打造成为亚洲最大的云计算数据中心产业基地

附录2
云计算相关术语

云 OS（Cloud Operating System）

云 OS，又称云操作系统、云计算操作系统、云计算中心操作系统，是以云计算、云存储技术作为支撑对云计算后台数据中心进行整体管理运营的系统。它是指构架于服务器、存储、网络等基础硬件资源和单机操作系统、中间件、数据库等基础软件之上的，管理海量的基础硬件、软件资源的云平台综合管理系统。Windows Server 2008 中的 Windows Azure 就是云 OS（云操作系统）的一个例子。

云计算中心（Cloud Computing Center）

云计算中心是指基于超级计算机系统对外提供计算资源、存储资源等服务的机构或单位，以高性能计算机为基础面向各界提供高性能计算服务。当前，云计算中心主要面向大规模科学计算及工程计算应用，并在商业计算、互联网、电子政务、电子商务等领域拥有巨大发展潜力。

云管理平台（Cloud Management Platform，CMP）

云管理平台（CMP）是数据中心资源的统一管理平台，可以管理多个开源或者异构的云计算技术或者产品，比如同时管理 CloudStack、OpenStack、VMware、Docker 等。云管理平台为用户提供了针对公有云、私有云和混合云环境的综合管理，支持组织迅速将其现有虚拟基础架构转变为高度可扩展的私有云，同时可充分利用公有云资源。

软件即服务（Software as a Service，SaaS）

软件即服务（SaaS）是一种通过 Internet 向最终用户提供软件产品和服务（包括各种应用软件及应用软件的安装、管理和运营服务等）的模式。SaaS 服务提供商将应用软件统一部署在自己的服务器上，用户可以根据自己实际需求，通过互联网向 SaaS 服务提供商定购所需的应用软件，按定购服务的多少和时间的长短向厂商支付费用，并通过互联网获得厂商提供的应用软件相关的服务。

平台即服务（Platform as a Service，PaaS）

平台即服务（PaaS）是一种在云计算基础设施上把服务器平台、开发环境（开发工具、中间件、数据库软件等）和运行环境等以服务形式提供给用户（个人开发者或软件企业）的服务模式。PaaS 服务提供商通过基础架构平台或开发引擎为用户提供软件开发、部署和运行环境。用户基于 PaaS 提供商提供的开发平台可以快速开发并部署自己所需要的应用和产品，缩短了应用程序的开发周期，降低了环境的配置和管理难度，节省了环境搭建和维护的成本。

基础设施即服务（Infrastructure as a Service，IaaS）

基础设施即服务（IaaS）是一种向用户提供计算基础设施（包括 CPU、存储、网络和其他基本的计算资源）服务的服务模式。IaaS 提供商利用自身行业背景和资源优势，借助于虚拟化技术、分布式处理技术等面向用户（主要是企业用户）提供基础设施服务。用户通过 Internet 可以从 IaaS 提供商获得云主机、云存储、CDN 等服务。

后端即服务（Backend as a Service，BaaS）

后端即服务（BaaS）是指提供商为 Web 和移动应用程序开发人员提供的创建云后端的工具和服务。通过 BaaS，开发者无需过多关注服务器端程序，而只需调用云计算平台提供的 API、使用相应的 SDK，就能够实现将其应用程序连接到后端云存储等众多功能（如用户管理、推送通知以及与社交网络整合等）。

BaaS 也作为移动后端即服务（Mobile Backend as a Service，MBaaS）而出名，它是连接移动应用到云服务的一种方式。

数据即服务（Data as a Service，DaaS）

数据即服务（DaaS）是指与数据相关的任何服务都能够发生在一个集中化的位置，如聚合、数据质量管理、数据清洗等，然后再将数据提供给不同的系统和用户，而无需再考虑这些数据来自于哪些数据源。通过 DaaS 服务，可以把大数据中潜在的价值挖掘出来，并根据用户的需求提供服务。这里的服务既可以是为用户提供的公共数据的访问服务（用户可以随时访问天气情况等公共数据），也可以是为用户提供数据中潜在的价值信息的服务（如销售企业的销售数据等）。

桌面即服务（Desktop as a Service，DaaS）

桌面即服务（DaaS）也叫虚拟桌面（Virtual Desktop）或托管桌面服务（Hosted Desktop Services），亦可理解为桌面云。它是指以云计算服务的形式向处于任何位置、使用任何设备的任何用户交付用户桌面和托管应用。服务提供商负责数据存储、备份、安全和升级，用户通过终端登录后获得高性能桌面和托管应用体验。

安全即服务（Security as a service，SECaaS）

安全即服务（SECaaS）是一个用于安全管理的外包模式，是一种通过云计算方式交付的安全服务（包括认证、反病毒软件、反恶意软件、间谍软件、入侵检测、安全事件管理等）。通过 SECaaS，服务提供商可以给用户提供即时的、持续的、高效的安全服务，用户减少大量安全产品的采购支出。

业务流程即服务（Business Process as a Service，BPaaS）

业务流程即服务（BPaaS）是一种在任何类型的水平或垂直业务流程的基础上提供云服务的模型。在 BPaaS 下，整套的业务流程作为服务来提供（如计费、人力资源、工资和广告等），并依赖于已有的 SaaS、PaaS 或 IaaS。

云存储（Cloud Storage）

云存储是在云计算概念上延伸和发展出来的一个新的概念，是一种新兴的网络存储技术，是指通过集群应用、网络技术或分布式文件系统等功能，将网络中大量的、不同类型的存储设备通过应用软件集合起来协同工作，共同对外提供数据存储和业务访问功能的一个系统。当云计算系统运算和处理的核心是大量数据的存储和管理时，云计算系统中就需要配置大量的存储设备，那么云计算系统就转变成为一个云存储系统，所以云存储是一个以数据存储和管理为核心的云计算系统。

云安全（Cloud Security）

云安全是继云计算、云存储之后出现的云技术的重要应用，是传统 IT 领域安全概念在云计算时代的延伸。云安全通常包括两个方面的内涵：一是云计算安全，即通过相关安全技术，形成安全解决方案，以保护云计算系统本身的安全；二是安全云，特指网络安全厂商构建的提供安全服务的云，让安全成为云计算的一种服务形式。

云杀毒（Cloud Antivirus）

云杀毒其实还是基于特征码杀毒，只是杀软的病毒库已经不全部在本地了，而是在一大堆的服务器里，扫描的时候和服务器交互，以判断是否有病毒。云杀毒能降低升级的频率，降低查杀的占用，减小本地库的容量。

云备份（Cloud Backup）

云备份是指将数据（包括个人数据的通信录、短信、图片等）备份到基于云的远程服务器的过程。云备份是一种全新的基于宽带互联网、大容量存储空间的备份服务，它通过集群应用、网格技术或分布式文件系统等功能，将网络中大量不同类型的存储设备通过应用软件集合起来协同工作，共同对外提供数据存储备份和业务访问的功能服务。

云迁移（Cloud Migration）

云迁移是指将公司的所有或一部分数据、应用程序和服务从内部转移到云的过程。迁移模式包括系统整体迁移、渐进式部分迁移、V2V 迁移（虚拟机到虚拟机的迁移）、P2V 迁移（物理机到虚拟机的迁移）等。

云输入法（Cloud Input Method）

云输入法是依托云计算技术、数据挖掘技术和中文分词技术的智能输入法。云输入法利用服务器的无限量的存储和计算能力，大幅提升输入准确率。云输入法具有跨平台、免安装、用户短句覆盖率和首选率高等特点。基于云输入法的云输入不需要本地输入法文件的支持，完全靠服务器支持；不需要下载安装客户端软件，在线即可使用。云输入法可以应用于所有主流浏览器，目前已经正式推出的云输入法有搜狗云输入法、QQ 云输入法、百度在线输入法等。

私有云（Private Cloud）

私有云是云计算的部署模式之一。私有云是为一个企业单独使用而构建的云计算系统，其中的设施只提供给该企业单独使用。私有云可部署在企业数据中心的防火墙内，也可以将它部署在一个安全的主机托管场所。它可以由企业、第三方或两者共同拥有、管理和操作。私有云可由企业自己的 IT 机构或者专门的云提供商进行构建。

公有云（Public Cloud）

公有云是云计算的部署模式之一。公有云又称公共云，通常指第三方提供商为用户提供各类服务（应用程序、资源、存储等）的云计算系统。在公有云的部署模式中，云服务提供商通过自己的基础设施直接向外部用户提供各类服务，外部用户通过互联网获得公有云提供的资源和服务。云服务供应商提供给用户的服务部分是免费的，也有部分按需、按使用量收费。

混合云（Hybrid Cloud）

混合云是两种或两种以上的云计算部署模式的混合体，如公有云和私有云混合，它们相互独立，但在云的内部又相互结合，可以发挥出所混合的多种云计算模型各自的优势。混合云部署模式中，可以完整地或部分地利用第三方云供应商提供的服务，从而增加计算的灵活性。混合云应用场景广泛，涉及范围不断扩大，未来将覆盖政府业务、广电、医疗、安防、酒店、银行等众多行业领域。

社区云（Community Cloud）

社区云是由一些有着类似需求并打算共享基础设施的组织基于社区内的网络互联优势和技术易于整合等特点，结合社区内的用户需求共性，整合区域内各种计算能力，实现面向区域内用户按需提供各类服务（计算资源、网络资源、软件等）的云计算服务模式。

行业云（Industry Cloud）

行业云就是由行业内或某个区域内起主导作用或者掌握关键资源的组织建立和维护，以公开或者半公开的方式，向行业内部或相关组织和公众提供有偿或无偿服务的云平台。

云际云（The Intercloud）

云际云的概念是"因特网的因特网"这一概念的扩展，其含义是每一个云都可以使用其他云上的虚拟基础设施（包括计算和存储资源），云际云用于描述未来的数据中心。云际云最早是在 2007 年由 Kevin Kelly 提出的，他认为最终会有一个云的云，就是云际云。云际云的概念建立在单个云不能包括无限资源的观点之上，即如果一个云包括了所有的虚拟基础设施资源（包括计算和存储资源等），它将不能满足将用户发送的服务进一步进行分配的需求。

中国移动"移动云"

中国移动"移动云"是中国移动采用自主技术研发而成的公有云平台。中国移动于 2007 年提出并开始实施"大云"计划，2009 年发布大云 0.5 版本（研发和试验的平台），2010 年发布大云 1.0 版本（成果落地），2011 年发布大云 1.5 版本（从私有云走向公有云），2012 年发布大云 2.0 版本（进一步推向商用），2013 年发布了大云 2.5 版本。

2014 年 6 月，中国移动推出移动云，正式建立起国内最完整的云计算和大数据产品体系。移动云是建立在中国移动"大云"的基础上，通过服务器虚拟化、对象存储、网络安全能力自动化、资源动态调度等技术，将计算、存储、网络、安全、大数据、开放云市场等作为服务提供，用户根据其应用的需要可以按需使用、按使用付费。中国移动云服务涵盖 3 个层次，即底层的基础设施服务 IaaS、中间层的平台服务 PaaS、上层的应用服务 SaaS，提供私有云、公有云、混合云等全方位解决方案。

中国移动"移动云"地址：https://ecloud.10086.cn/。

中国电信"天翼云"

中国电信"天翼云"是中国电信运营的一站式信息服务门户。其云计算产品主要包含云主机、云服务器、云存储、对象存储、CDN、内容分发、大数据、桌面云等。中国电信 2011 年发布天翼云计算战略；2012 年成立国内运营商首家专业云计算公司，并推动云主机、云存储上线；2013 年中国电信内蒙古信息园开园、百度入驻，对象存储、CDN 投入商用，天翼云门户上线；2014 云主机、云存储首批高分通过可信云认证，并全面承接大数据开发和运营。

中国电信"天翼云"地址：http://www.ctyun.cn/。

中国联通"沃云"

中国联通"沃云"是中国联通自主研发的面向个人、企业和政府用户的云计算服务。沃云于 2013 年 12 月正式。沃云面向集团行业用户、社会企业用户及公众用户提供云服务。沃云包括企业云产品和公众云产品，其中企业云提供网络类产品、计算类产品、存储类产品和应用类产品；公众云产品包括云分享、云同步和云备份等。

中国联通"沃云"地址：http://www.wocloud.cn/。

百度云

百度云是百度基于 16 年技术积累提供的稳定、高可用、可扩展的云计算服务。云服务器、BAE 提供多种建站配置，云存储、CDN、视频转码为在线教育及视频网提供支撑。百度云秉承百度与生俱来的云计算技术实力和服务能力，面向各行业企业用户，提供完善的云计算产品和解决方案，帮助企业快速创新发展。融合百度强大人工智能技术的百度云，将在"云计算、大数据、人工智能三位一体"的战略指导下，让智能的云计算成为社会发展的新引擎。

百度云地址：https://cloud.baidu.com/。

阿里云

阿里云是阿里巴巴集团旗下云计算品牌，全球卓越的云计算技术和服务提供商。阿里云创立于 2009 年，在杭州、北京、硅谷等地设有研发中心和运营机构。

阿里云地址：https://www.aliyun.com/。

腾讯云

腾讯云是腾讯公司倾力打造的面向广大企业和个人的公有云平台，提供云服务器、云数据库、CDN 和域名注册等基础云计算服务，以及游戏、视频、移动应用等行业解决方案。

腾讯云地址：https://www.qcloud.com/。

华为云

华为云包括华为企业云和华为云服务。华为企业云贯彻华为公司"云、管、端"的战略方针，聚焦 I 层、使能 P 层、聚合 S 层，提供包括弹性云服务器、云硬盘、虚拟私有云和对象存储服务等企业云服务，致力于为广大企业、政府和创新创业群体提供安全、中立、可靠的 IT 基础设施云服务。

华为企业云地址：http://www.hwclouds.com/。

浪潮云

浪潮云是中国政务云市场领导者，也是国家工信部首批认证通过的"可信云"，提供云服务器、云数据库、云托管等服务，中国政务云市场占有率第一。

浪潮云地址：http://cloud.inspur.com/。

网易云

网易云是网易集团旗下云服务品牌，业界领先的高品质、场景化云服务平台。网易云包括产品研发云（网易云信、网易视频云、网易云捕、网易易测等）、业务运营云（网易七鱼、网易易盾等）和网易蜂巢（网易公司推出的专业的容器云平台，深度整合了 IaaS、PaaS 及容器技术，提供弹性计算、DevOps 工具链及微服务基础设施等服务，帮助企业解决 IT、架构及运维等问题，使企业更聚焦于业务，是新一代的云计算平台）。

网易云地址：http://www.163yun.com/。

新浪云

新浪云是中国最早的公有云服务商、最大的 PaaS 服务厂商，也是国家工信部首批认证通过的"可信云"，提供网站、存储、数据库、缓存、队列、安全等服务。

新浪云地址：http://www.sinacloud.com/。

青云

青云是全球首家实现资源秒级响应并按秒计量的基础云服务商，致力于为企业用户提供安全可靠、性能卓越、按需、实时的 IT 资源交付平台。

青云地址：https://www.qingcloud.com/。

京东云

京东云依托京东集团在云计算、大数据、物联网和移动互联应用等多方面的长期业务实践和技术积淀，致力于打造社会化的云服务平台，向全社会提供安全、专业、稳定、便捷的云服务。京东云研发了基础云、数据云两大产品线，提供电商云、物流云、产业云、智能云四大解决方案。

京东云地址：http://www.jcloud.com/。

AWS（Amazon Web Service）

AWS 是 Amazon 公司旗下云计算服务平台，为全世界范围内的用户提供云解决方案。AWS 提供 30 多种云服务，涵盖 IaaS、PaaS 和 SaaS 这三大云计算模式，是目前知名的云服务提供商。AWS 面向用户提供包括弹性计算、存储、数据库、应用程序在内的一整套云计算服务，帮助企业降低 IT 投入成本和维护成本。Amazon 提供的专业云计算服务主要包括：Amazon 弹性计算网云（Amazon EC2）、Amazon 简单储存服务（Amazon S3）、Amazon 简单队列服务（Amazon Simple Queue Service）以及 Amazon CloudFront 等。

Amazon AWS 地址：https://aws.amazon.com/cn/。

Bluemix

Bluemix 是 IBM 于 2015 年推出的一种开放式标准的云平台，用于构建、运行和管理应用程序与服务。Bluemix 是一个基于 Cloud Foundry 开源项目的 PaaS 产品，用于构建、运行和管理应用程序与服务，能够提供易于集成到云应用程序中的企业级特性和服务。

IBM Bluemix 地址：http://www.ibm.com/cloud-computing/cn/zh/platform/。

IBM Bluemix 数字创新平台：https://console.ng.bluemix.net/。

Azure

Microsoft Azure 是一个开放而灵活的企业级云计算平台，由世纪互联运营，原名 Windows Azure（Microsoft 基于云计算的操作系统），是 Microsoft "软件和服务" 技术的名称。Microsoft Azure 的主要目标是为开发者提供一个平台，帮助开发可运行在云服务器、数据中心、Web 和 PC 上的应用程序。Azure 服务平台包括了以下主要组件：Windows Azure；Microsoft SQL 数据库服务，Microsoft .NET 服务；用于分享、储存和同步文件的 Live 服务；针对商业的 Microsoft SharePoint 和 Microsoft Dynamics CRM 服务等。

Microsoft Azure 地址：https://azure.microsoft.com/zh-cn/。

GAE（Google App Engine）

GAE 是 Google 公司在 2008 年推出的互联网应用服务引擎，它采用云计算技术，使用多个服务器和数据中心来虚拟化应用程序。GAE 可以看做托管网络应用程序的平台，GAE 也是 Google 云计算的一部分，开发人员可以使用 GAE 的 API 开发互联网应用，全球已有数十万的开发者在其上开发了众多的应用。

虚拟化（Virtualization）

虚拟化是对一组类似资源提供一个通用的抽象接口集，从而隐藏属性和操作之间的差异，并允许通过一种通用的方式来查看并维护资源。虚拟化之后的部件（CPU、存储等）是在虚拟的基础上而不是真实的基础上运行。虚拟化一般通过软件的方法重新定义划分 IT 资源，可以实现 IT 资源的动态分配、灵活调度、跨域共享，提高 IT 资源利用率，使 IT 资源能够真正成为社会基础设施，服务于各行各业中灵活多变的应用需求。例如：虚拟机就是通过虚拟化技术将一台计算机虚拟为多台逻辑计算机，每个逻辑计算机可运行不同的操作系统，并且应用程序都可以在相互独立的空间内运行而互不影响，从而显著提高计算机的工作效率。

存储虚拟化（Storage Virtualization）

存储虚拟化是指通过存储（子）系统或存储服务的内部功能进行抽象、隐藏或隔离，使存储或数据的管理与应用、服务器、网络资源的管理分离，从而实现应用和网络的独立管理。（SNIA（存储网络工业协会）的定义）

对存储服务和设备进行虚拟化，能够在对下一层存储资源进行扩展时进行资源合并、降低实现的复杂度。存储虚拟化可以在系统的多个层面实现，比如建立类似于 HSM（分级存储管理）的系统。虚拟存储技术将底层存储设备进行抽象化统一管理，向服务器层屏蔽存储设备硬件的特殊性，而只保留其统一的逻辑特性，从而实现了存储系统集中、统一而又方便的管理。类比一个计算机系统来说，整个存储系统中的虚拟存储部分就像计算机系统中的操作系统，对下层管理着各种特殊而具体的设备，而对上层则提供相对统一的运行环境和资源使用方式。

应用虚拟化（Application Virtualization）

应用虚拟化是将应用程序对底层的操作系统和硬件的依赖抽象出来的一种技术。应用虚拟化将应用程序与操作系统解耦合，为应用程序提供了一个虚拟的运行环境。在这个环境中，不仅包括应用程序的可执行文件，还包括它所需要的运行时环境。通过应用虚拟化，各种应用可以统筹发布在服务器上，通过授权的客户端可以不用下载应用到本地而直接使用这些应用。

桌面虚拟化（Desktop Virtualization）

桌面虚拟化是指将计算机的终端系统（也称做桌面）进行虚拟化，以达到桌面使用的安全性和灵活性。用户可以借助任何设备、在任何地点、任何时间通过网络访问自己个性化的桌面系统。桌面虚拟化依赖于服务器虚拟化，在数据中心的服务器上进行服务器虚拟化，生成大量的独立的桌面操作系统（虚拟机或者虚拟桌面），使用专有的虚拟桌面协议发送给终端设备。

服务器虚拟化（Server Virtualization）

服务器虚拟化是将服务器物理资源抽象成逻辑资源，让一台服务器变成几台甚至上百台相互隔离的虚拟服务器，或者将几台服务器变成一台服务器来用，让 CPU、内存、磁盘、I/O 等硬件变成可以动态管理的"资源池"，从而提高资源的利用率、简化系统管理、实现服务器整合。服务器虚拟化将用户和服务器资源进行隔离，服务器管理员可以借助应用软件将一个物理服务器划分为多个隔离的虚拟环境（有时被称为虚拟专用服务器），用户不再受限于物理上的界限。

网络虚拟化（Network Virtualization）

网络虚拟化就是在一个物理网络上模拟出多个逻辑网络。目前比较常见的网络虚拟化应用包括虚拟局域网（即 VLAN）、虚拟专用网（VPN）以及虚拟网络设备等。网络虚拟化可以帮助保护 IT 环境，防止来自 Internet 的威胁，同时使用户能够快速安全地访问应用程序和数据。

Hypervisor（管理程序）

Hypervisor 是一种运行在基础物理服务器和操作系统之间的中间软件层，可允许多个操作系统和应用共享硬件，也可叫做虚拟机监视器（Virtual Machine Monitor，VMM）。Hypervisor 是一种在虚拟环境中的"元"操作系统，它可以访问服务器上包括磁盘和内存在内的所有物理设备。Hypervisor 不但协调着这些硬件资源的访问，也同时在各个虚拟机之间施加防护。当服务器启动并执行 Hypervisor 时，它会加载所有虚拟机客户端的操作系统同时会分配给每一台虚拟机适量的内存、CPU、网络和磁盘。

多租户（Multi-Tenancy）

多租户指多个租户（用户）共用一个应用程序或运算环境（多个租户共用一个实例，租户的数据既有隔离又有共享）。即服务器上运行单一应用，但是同时服务于多家企业，每一个企业的用户所使用的应用都是自定制版本，但是应用程序只允许每个企业自己的成员访问其企业数据。在云计算模式下，通过多租户技术，一个或若干应用程序的多个实例在一种共享环境下运行；汇集的物理和虚拟资源可根据消费者需求动态分配、重新分配给租户。

容器（Container）

容器是一种虚拟化实例，是被隔离起来的运行时环境。通过容器技术对计算资源（CPU、内存、磁盘或者网络等）进行隔离与划分，一个操作系统的内核允许多个隔离的用户空间实例存在。与虚拟机不同，容器不需要为每个实例运行一个完备的操作系统镜像。相反，容器能够在单个共享操作系统里面运行应用程序的不同实例。

Docker

Docker 是 dotCloud 开源的一个基于 LXC（Linux Container 的简写）的高级容器引擎，是一种典型的容器技术。Docker 的初衷是将各种应用程序和它所依赖的运行环境打包成标准的容器（或镜像），进而发布到不同的平台上运行，容器发挥类似 VM 的作用，但它启动得更快且需要更少的资源。

Unikernel

Unikernel 技术可以翻译成专用内核技术或者特型内核技术，Unikernel 是通过使用专门的库操作系统来构建的单地址空间机器镜像，开发者通过选择栈模块和一系列最小依赖库来运行应用。Unikernel 是用高级语言定制的操作系统内核，并且作为独立的软件构件，完整的应用（或应用系统）作为一个分布式系统运行在一套 Unikernel 上。

安全性（Security）

为防止把计算机系统（包括计算机网络系统等）内的机密文件泄露给无关的用户，必须采取某种安全保密措施，这些措施的有效程度称为计算机系统的安全性或保密性。

负载均衡（Load Balancing）

负载均衡是建立在现有网络结构之上，通过一种廉价、有效、透明的方法扩展网络设备和服务器的带宽、增加吞吐量、加强网络数据处理能力、提高网络的灵活性和可用性的技术。负载均衡能够将计算工作负载分配到诸多资源（服务器）上。在云计算中，负载均衡系统充当反向代理，将应用程序流量分发到多台服务器上，以防止任何单一应用服务器成为故障点。

弹性（Elastic）

在云计算中，弹性用来指系统的这种能力：通过配置和取消汇集的资源，以便所配置资源尽可能准确地匹配当前需求，从而适应不断变化的工作负载需求。

按需分配（On-Demand）

按需分配是指用户可以根据需要来选择服务和应用，而不需要预先定制好自己的服务，然后供应商再根据企业的定制需求来实现应用。

资源池（Resource Pool）

资源池是指云计算数据中心中所涉及的各种硬件和软件的集合，按其类型可分为计算资源、存储资源和网络资源。在云计算中，所有资源（CPU、存储、网络等）都被放到池内，当用户产生需求时，便从这个池中配置能够满足需求的组合。

服务器（Server）

服务器（Server）是提供计算服务的设备。由于服务器需要响应客户端发送的服务请求并进行处理，因此一般来说服务器应具备承担服务并且保障服务的能力。服务器的构成应包括处理器、硬盘、内存、系统总线等与通用计算机类似的部件，但是由于需要提供高可靠的服务，因此在处理能力、稳定性、可靠性、安全性、可扩展性、可管理性等方面要求较高。

在网络环境下，根据服务器提供的服务类型不同，可以将服务器分为文件服务器、数据库服务器、应用程序服务器和 Web 服务器等。

客户端（Client）

客户端（Client）或称为用户端，是指与服务器相对应，为用户提供本地服务的程序。C/S 模式中的客户端一般指安装在普通的客户机上的本地运行的应用程序，B/S 模式中的客户端可以是万维网使用的网页浏览器、收寄电子邮件时的电子邮件客户端或者即时通信的客户端软件等。

客户端及服务器不一定是物理上分开的两台机器，提供服务的服务器及接受服务的客户端有可能都在同一台机器上（如我们在提供网页的服务器上执行浏览器浏览本机所提供的网页）。

用户/服务器（Client/Server，C/S）

用户/服务器（C/S）是一种计算模式。C/S 模式中，用户和服务器之间采用网络协议（如 TCP/IP、IPX/SPX）进行连接和通信，由客户端向服务器发出请求，服务器端响应请求并进行相应服务。C/S 模式是分布式系统体系结构模型的一个例子。C/S 模式是一个逻辑概念，而不仅指计算机设备。在 C/S 模式中，请求一方为用户，响应请求一方称为服务器，如果一个服务器在响应用户请求时不能单独完成任务，还可能向其他服务器发出请求，这时，发出请求的服务器就成为另一个服务器的用户。

浏览器/服务器结构（Browser/Server，B/S）

浏览器/服务器结构（B/S）结构是随着 Internet 技术的兴起，对 C/S 结构的一种变化或者改进的结构。在这种结构下，用户工作界面是通过 WWW 浏览器来实现的，极少部分事务逻辑在前端（Browser）实现，但是主要事务逻辑在服务器端（Server）实现，形成所谓三层结构。这样就大大简化了客户端计算机载荷，减轻了系统维护与升级的成本和工作量，降低了用户的总体成本（TCO）。

Web 服务器（Web Server）

Web 服务器也称为 WWW（World Wide Web）服务器，是指驻留在 Internet 上某种类型计算机的程序。当 Web 浏览器（客户端）连到服务器上并请求文件时，服务器将处理该请求并将文件发送到该浏览器上，附带的信息会告诉浏览器如何查看该文件（即文件类型）。服务器使用 HTTP（超文本传输协议）进行信息交流。Web 服务器不仅能够存储信息，还能在用户通过 Web 浏览器提供的信息的基础上运行脚本和程序。

Web Service（Web 服务）

Web Service（Web 服务）是一个平台独立的、低耦合的、自包含的、基于可编程的 Web 的应用程序，可使用开放的 XML（标准通用标记语言下的一个子集）标准来描述、发布、发现、协调和配置这些应用程序，用于开发分布式的互操作的应用程序。

中间件（Middleware）

中间件是一种独立的系统软件或服务程序，分布式应用软件借助这种软件在不同的技术之间共享资源。中间件位于 C/S 的操作系统之上，管理计算机资源和网络通信。中间件是连接两个独立应用程序或独立系统的软件，中间件连接的系统，即使它们具有不同的接口，但通过中间件相互之间仍能交换信息。执行中间件的一个关键途径是信息传递。通过中间件，应用程序可以工作于多平台或 OS 环境。

对等计算（Peer-to-Peer）

对等计算（Peer-to-Peer，简称 P2P）是指网络的参与者共享他们所拥有的一部分硬件资源（处理能力、存储能力、网络连接能力、打印机等），这些共享资源通过网络提供服务和内容，能被其他对等节点（Peer）直接访问而无需经过中间实体。从字面上，P2P 可以理解为对等互联网，一般将 P2P 翻译成"点对点"或者"端对端"。从计算模式上来说，P2P 打破了传统的 C/S 模式，在网络中的每个节点的地位都是对等的，每个节点既充当服务器为其他节点提供服务，同时也享用其他节点提供的服务。在此网络中的参与者既是资源（服务和内容）提供者（Server），又是资源获取者（Client）。

面向服务的体系结构（Service-Oriented Architecture，SOA）

面向服务的体系结构（SOA）是一个组件模型，它将应用程序的不同功能单元（称为服务）通过这些服务之间定义良好的接口和契约联系起来。接口是采用中立的方式进行定义的，它应该独立于实现服务的硬件平台、操作系统和编程语言。这使得构建在各种这样的系统中的服务可以以一种统一和通用的方式进行交互。

网格计算（Grid Computing）

网格计算是分布式计算和并行计算的一种形式，它将一个松耦合的网络上的计算机集群组成一个超级的虚拟计算机，来完成大型的工作任务。网格计算主要研究如何把一个需要非常巨大的计算能力才能解决的问题分成许多小的部分，然后把这些部分分配给许多计算机进行处理，最后把这些计算结果综合起来得到最终结果。

云安全联盟（Cloud Security Alliance，CSA）

云安全联盟（CSA）创立于 2009 年，是中立的非盈利世界性行业组织，致力于国际云计算安全的全面发展。CSA 的使命是"倡导使用最佳实践为云计算提供安全保障，并为云计算的正确使用提供教育以帮助确保所有其他计算平台的安全"。CSA 的宗旨是：提供用户和供应商对云计算必要的安全需求和保证证书的同样认识水平；促进对云计算安全最佳做法的独立研究；发起正确使用云计算和云安全解决方案的宣传和教育计划；创建有关云安全保证的问题和方针的明细表。

美国国家实验室（National Institute of Standards and Technology，NIST）

美国国家标准与技术研究院（NIST）直属于美国商务部，从事物理、生物和工程方面的基础和应用研究，以及测量技术和测试方法方面的研究，提供标准、标准参考数据及有关服务，在国际上享有很高的声誉。NIST 的目标是提供技术指导和推广技术标准在政府和工业领域有效和安全地应用，它提出了云计算的定义，针对美国联邦政府的云架构、安全和部署策略，专注于美国联邦政府的云标准、云接口、云集成和云应用开发接口等。

欧洲电信标准研究所（European Telecommunications Standards Institute，ETSI）

欧洲电信标准化协会（ETSI）是由欧共体委员会 1988 年批准建立的一个非营利性的电信标准化组织，总部设在法国南部的尼斯。ETSI 的标准化领域主要是电信业，并涉及与其他组织合作的信息及广播技术领域。ETSI 正在更新其工作范围以包括云计算这一新出现的商业趋势，重点关注电信及 IT 相关的 IaaS。

全球网络存储工业协会（Storage Networking Industry Association，SNIA）

全球网络存储工业协会（SNIA）是成立时间比较早的存储厂家中立的行业协会组织，是存储行业的领导组织，其宗旨是领导全世界范围的存储行业开发、推广标准、技术和培训服务，增强组织的信息管理能力。SNIA 的成员包括不同的厂商和用户，核心成员有 Dell、IBM、NetApp、EMC、Intel、Oracle、Fujitsu、Juniper、QLogic、HP、LSI、Symantec、Hitachi、Microsoft、VMware、Huawei-Symantec 十五家，其他成员有近百以上。目前，针对云计算迅速发展，SNIA 成立了云计算工作组。

结构化信息标准促进组织（Organization for the Advancement of Structured Information Standards，OASIS）

结构化信息标准促进组织（OASIS）成立于 1993 年，是一个推进电子商务标准的发展、融合与采纳的非盈利性国际化组织。OASIS 在软件开发领域影响力很大，提交了著名的 XML 和 Web Services 标准。中国互联网络信息中心（CNNIC）、神州数码信息系统有限公司、华为（微博）、北京大学等都加入了该组织。

中国云计算技术与产业联盟（China Cloud Computing Technology and Industry Alliance，CCCTIA）

中国云计算技术与产业联盟（CCCTIA）于 2010 年 1 月在北京成立，是云计算相关企业、科研院所和相关机构自发、自愿组建的开放式、非营利性技术与产业联盟。

中国云产业联盟（CCIA）

中国云产业联盟（CCIA）于 2012 年 4 月正式成立。联盟由北京航空航天大学、宽带资本、百度、用友、中国联通、龙湖地产、TCL、联想、阿里巴巴、腾讯、北京大学共同发起。中国云产业联盟是我国第一个由高校、企业、政府联合发起的云产业联盟，旨在整合资源，在研发、应用、标准、人才等方面开展协调工作，拓宽中国云计算产业链深度和广度，推进中国云产业发展和生态系统建立。

云计算开源产业联盟（OSCAR）

云计算开源产业联盟（OSCAR）于 2016 年 3 月在北京成立。联盟由工业和信息化部信息化和软件服务业司指导，由中国信息通信研究院联合多家云计算开源技术公司发起，由中国通信标准化协会代管。云计算开源产业联盟是业界首个专注于云计算市场的开源产业联盟，旨在推进 OpenStack 等开源技术在中国的产业化进程，加速中国云计算产业的创新发展。

三网融合

三网融合是指电信网、广播电视网、互联网在向宽带通信网、数字电视网、下一代互联网演进过程中，三大网络通过技术改造，其技术功能趋于一致，业务范围趋于相同，网络互联互通、资源共享，能为用户提供语音、数据和广播电视等多种服务。三合并不意味着三大网络的物理合一，而主要是指高层业务应用的融合。三网融合应用广泛，遍及智能交通、环境保护、政府工作、公共安全、平安家居等多个领域。手机可以看电视、上网，电视可以打电话、上网，计算机也可以打电话、看电视。三者之间相互交叉，形成你中有我、我中有你的格局。

Application（应用程序）

应用程序（Application）通常是指能够执行某种功能的一群计算机程序的集合，旨在让用户可以执行一组功能或任务。比如，文字处理程序、数据库程序、网络浏览器、图像编辑工具以及通信工具等都是应用程序。

App

App 是 Application 的简称，原意是"应用、运用"。随着移动互联网的发展以及智能手机的普及，App 特指智能终端（手机、平板电脑等）上的基于 Android 或 iOS 操作系统的应用程序。

应用编程接口（Application Programming Interface，API）

应用编程接口（API）是一种接口，让用户可以访问来自另一个服务的信息，并将该服务整合到其自己的应用程序中。换句话说，API 是软件系统不同组成部分衔接的约定。在数据封装时，网络分层中的每个层相互之间会用接口进行交互并提供服务，其中应用层与用户之间的接口称之为 API）。API 实际上是一种功能集合，也可说是定义、协议的集合，无论是哪种集合，它的实质都是通过抽象为用户屏蔽实现上的细节和复杂性。

从用户角度看 API 表现为一系列 API 函数，用户可以使用这些函数进行网络应用程序开发。从网络角度看，API 给用户提供了一组方法，用户可以使用这组方法向应用层发送业务请求、信息和数据，网络中的各层则依次响应，最终完成网络数据传输。

大数据（Big Data）

大数据（Big Data）是指无法在一定时间范围内用传统数据库软件工具对其内容进行采集、存储、管理和分析的数据集合。大数据需要新处理模式才能具有更强的决策力、洞察力和流程优化能力来适应海量、高增长率和多样化的信息资产。通常认为大数据具有 5V 特点：Volume（大量）、Velocity（高速）、Variety（多样）、Value（价值）和 Veracity（真实性）。

物联网（Internet of Things）

物联网（Internet of Things）就是"物物相连的互联网"。物联网是通过射频识别（RFID）、红外感应器、全球定位系统、激光扫描器等信息传感设备，按约定的协议，把任何物品与互联网连接起来，进行信息交换和通信，以实现智能化识别、定位、跟踪、监控和管理的一种网络。一般认为，物联网有两层意思：第一，物联网的核心和基础仍然是互联网，是在互联网基础上延伸和扩展的网络；第二，物联网的用户端延伸和扩展到了任何物品，任何物品之间都可以进行信息交换和通信。

移动互联网（Mobile Internet）

移动互联网是互联网与移动通信各自独立发展后互相融合的新兴网络。它是以宽带 IP 为技术核心，以移动通信网络和传统互联网为基础，用户使用手机、上网本、笔记本电脑、平板电脑、智能本等移动终端，通过移动网络获取语音、数据和多媒体等各种移动通信网络服务和互联网服务的网络。移动互联网的核心是互联网，因此一般认为移动互联网是桌面互联网的补充和延伸，应用和内容仍是移动互联网的根本。

Cloud Foundry

Cloud Foundry 是 VMware 推出的业界第一个开源 PaaS 云平台，它支持多种框架、语言、运行时环境、云平台及应用服务，使开发人员能够在几秒钟内进行应用程序的部署和扩展，无需担心任何基础架构的问题。同时，它本身是一个基于 Ruby on Rails 的由多个相对独立的子系统通过消息机制组成的分布式系统，使平台在各层级都可水平扩展，既能在大型数据中心里运行，也能运行在一台桌面计算机中，二者使用相同的代码库。

链接地址：https://www.cloudfoundry.org/。

OpenStack

OpenStack 是一个由 NASA（美国国家航空航天局）和 Rackspace（全球领先的托管服务器及云计算提供商）合作研发并发起的，由 Apache 许可证授权的自由软件和开放源代码项目，该项目旨在为公有云及私有云的建设与管理提供软件。OpenStack 包括 Nova 、Swift、Glance（镜像服务）、Keystone（认证服务）和 Horizon（UI 服务）等组件，其中 Nova 是 NASA 开发的虚拟服务器部署和业务计算模块；Swift 是 Rackspace 开发的分布式云存储模块。OpenStack 支持几乎所有类型的云环境，项目目标是提供实施简单、可大规模扩展、丰富、标准统一的云计算管理平台。OpenStack 通过各种互补的解决方案，帮助服务商和企业内部实现类似于 Amazon EC2 和 S3 的 IaaS。

Nova

Nova 是 OpenStack 的计算组织控制器。支持 OpenStack 云中实例（instances）生命周期的所有活动都由 Nova 处理。这样使得 Nova 成为一个负责管理计算资源、网络、认证、所需可扩展性的平台。

Swift

Swift 最初是由 Rackspace 公司开发的高可用分布式对象存储服务，于 2010 年被贡献给 OpenStack 开源社区作为其最初的核心子项目之一，为其 Nova 子项目提供虚机镜像存储服务。Swift 开源项目提供了弹性可伸缩、高可用的分布式对象存储服务，适合存储大规模非结构化数据。Swift 基于 Python 开发，采用 Apache 2.0 许可协议，可用来开发商用系统。

CloudStack

CloudStack 是一个开源的具有高可用性及扩展性的云计算平台（功能同 OpenStack）。CloudStack 支持管理大部分主流的 Hypervisor（如 KVM 虚拟机、XenServer、VMware、Oracle VM、Xen 等）。基于 CloudStack 可提供多种计算、存储和网络等基础架构云服务，可以加速高伸缩性的公有云和私有云（IaaS）的部署、管理和配置。

Hadoop

Hadoop 是一个由 Apache 基金会所开发的开源的分布式系统基础架构，支持在分布式计算环境下处理庞大数据集。用户可以轻松地在 Hadoop 上开发和运行处理海量数据的应用程序。Hadoop 的框架最核心的设计就是 HDFS 和 MapReduce。其中 HDFS 为海量的数据提供了存储，MapReduce 则为海量的数据提供了计算。

MapReduce

MapReduce 是一种编程模型，用于大规模数据集（大于 1TB）的并行运算。它极大地方便了编程人员在不会分布式并行编程的情况下，将自己的程序运行在分布式系统上。基于 MapReduce 的应用程序能够运行在由上千个商用机器组成的大型集群上。

HDFS

HDFS（Hadoop Distributed File System）是 Hadoop 项目的核心子项目，是分布式计算中数据存储管理的基础，是基于流数据模式访问和处理超大文件的需求而开发的，可以运行于廉价的商用服务器上。它所具有的高容错、高可靠性、高可扩展性、高获得性、高吞吐率等特征为海量数据提供了不怕故障的存储，为超大数据集（Large Data Set）的应用处理带来了很多便利。HDFS 在最开始是作为 Apache Nutch 搜索引擎项目的基础架构而开发的，是 Apache Hadoop Core 项目的一部分。

HBase

HBase 是一种 Key-Value 系统，它运行在 HDFS 之上。和 Hive 不一样，HBase 能够在它的数据库上实时运行，而不是运行 MapReduce 任务。Hive 被分区为表格，表格又被进一步分割为列簇。列簇必须使用 Schema 定义，列簇将某一类型列集合起来（列不要求 Schema 定义）。HBase 非常适合用来进行大数据的实时查询。例如，Facebook 用 HBase 进行消息和实时的分析。

Hive

Hive 是一个构建在 Hadoop 基础设施之上的数据仓库。通过 Hive 可以使用 HQL 语言查询存放在 HDFS 上的数据。HQL 是一种类 SQL 语言，这种语言最终被转化为 MapReduce。虽然 Hive 提供了 SQL 查询功能，但是 Hive 不能够进行交互查询，因为它只能够在 Haoop 上批量地执行 Hadoop。Hive 适合用来对一段时间内的数据进行分析查询，例如用来计算趋势或者网站的日志。

Force.com

Force.com 是 Salesforce.com 的一种 PaaS 方案。借助 Salesforce.com 的按需编程语言 Apex Code，Force.com 开发人员可创建托管的应用程序，并将客户端应用程序与基于 Apex 的托管组件整合起来。

DevForce

DevForce 是一个企业级的应用服务器和开发框架，其添加了 n 层持久化能力到.NET 中，并提供了一个基础结构来用于构建和部署数据驱动的 WinForms 和 WPF 的 RIA 应用。

IDE（集成开发环境）

IDE（集成开发环境）是用于提供程序开发环境的应用程序，一般包括代码编辑器、编译器、调试器和图形用户界面工具等。IDE 集成了代码编写功能、分析功能、编译功能、调试功能等一体化的开发软件服务。常见的 IDE 如 Microsoft 的 Visual Studio 系列，用于 Java 开发的 Eclipse 和 IntelliJ IDEA 等。

LAMP

LAMP 是一套免费开源软件解决方案架构的缩写词，面向基于 Web 的应用程序。LAMP 包括：Linux（操作系统）、Apache（Web 服务器）、MySQL（关系数据库）和 PHP（服务器脚本语言）。随着开源潮流的蓬勃发展，开放源代码的 LAMP 已经与 J2EE 和.NET 商业软件形成三足鼎立之势，并且该软件开发的项目在软件方面的投资成本较低，因此受到整个 IT 界的关注。

微服务（Micro Service）

微服务或微服务架构是一种设计应用程序的方式，是一项在云中部署应用和服务的新技术。微服务架构利用一套小型的、可独立部署的、可扩展的微服务构建复杂的应用程序。这些"微服务"运行在自己独立的进程中，并与其他轻量级装置（通常是 HTTP 型 API）进行沟通。微服务都是建立在业务能力的基础上，可以用不同的语言编写，并以全自动化开发设备作为保障独立运行。微服务不需要像普通服务那样成为一种独立的功能或者独立的资源。

互联网数据中心（Internet Data Center，IDC）

互联网数据中心（IDC）是互联网服务提供商（ISP）和专业云服务提供商等建立的标准化、专业级的机房环境，为互联网内容提供商（ICP）、政府、企业等提供大规模、高质量、安全可靠的专业化服务器托管、空间租用及其他增值等方面的全方位服务。IDC 是对使用用户（入驻企业、商户等）的网站服务器群托管的场所，是各种模式电子商务赖以安全运作的基础设施，也是支持企业及其商业联盟（其分销商、供应商、用户等）实施价值链管理的平台。

内容分发网络（Content Delivery Network，CDN）

内容分发网络（CDN）是一种新型网络内容服务体系，它基于 IP 网络构建，基于内容访问与应用的效率要求、质量要求和内容秩序而提供内容的分发和服务。CDN 的基本思路是尽可能避开互联网上有可能影响数据传输速度和稳定性的瓶颈和环节，使内容传输得更快、更稳定。CDN 通过在网络各处放置节点服务器，构建现有互联网基础之上的智能虚拟网络，从而能够实时地根据网络流量和各节点的连接、负载状况以及到用户的距离和响应时间等综合信息将用户的请求重新导向离用户最近的服务节点上，达到用户就近取得所需内容的目标，解决 Internet 网络拥挤的状况，提高用户访问网站的响应速度。

云主机（Cloud Host）

云主机是整合了计算、存储与网络资源的 IT 基础设施能力租用服务，能提供基于云计算模式的按需使用和按需付费能力的服务器租用服务。用户可以通过 Web 界面的自助服务平台部署所需的服务器环境。云主机是新一代的主机租用服务，它整合了高性能服务器与优质网络带宽，有效解决了传统主机租用价格偏高、服务品质参差不齐等缺点，可全面满足中小企业、个人站长用户对主机租用服务低成本、高可靠、易管理的需求。

虚拟私有云（Virtual Private Cloud，VPC）

虚拟私有云（VPC）是一个公有云计算资源的动态配置池，需要使用加密协议、隧道协议和其他安全程序在使用企业和云服务提供商之间传输数据。虚拟私有云在概念上类似于虚拟专用网（VPN）。

对象存储（Object-based Storage）

对象存储也称为基于对象的存储，是用来描述解决和处理离散单元的方法的通用术语，这些离散单元被称为对象。相对块存储（如直连式存储 DAS、存储区域网络 SAN）和文件存储（如 NAS），对象存储是一种新的网络存储架构，该架构基于对象存储设备（Object-based Storage Device，OSD）构建存储系统，每个对象存储设备具备一定的智能，能够自动管理其上的数据分布。对象存储兼具 SAN 高速直接访问磁盘特点及 NAS 的分布式共享特点。

云数据库（Cloud Database）

云数据库是指被优化或部署到一个虚拟计算环境中的数据库。相对传统数据库来说，云数据库具有可以实现按需付费、按需扩展、高可用性以及存储整合等优势。

云盘（Cloud Disk）

云盘是互联网存储工具，是云计算和云存储技术发展的产物。它通过互联网为企业和个人提供信息的存储、读取和下载等服务，帮助用户实现只要有网络就可以随时随地存取的目标。云盘具有安全稳定、海量存储的特点，云盘的主流产品有百度云盘、微云、360 云盘等。与网盘对于不同用户的相同文件进行重复存储的方式不同，云盘只需要一次存储。此外，云盘在网盘的基础存储功能之上附加了上层应用功能，更加注重资源的同步和分享以及跨平台的运用。

云存储网关（Cloud Storage Gateway）

云存储网关（Cloud Storage Gateway）是一整套用于连接本地应用和远程云存储服务的硬件或软件的集合。它提供基本的协议转换和简单的连接方式，从而可以让远程云存储看起来与传统的存储应用一样，可以模拟成 NAS 文件服务器、块存储阵列、智能备份目标端、甚至是本地应用本身的一个扩展部分。云存储网关可以方便地将用户 IT 系统环境与云端服务连接起来，为用户应用与云存储提供商的对象存储（OOS）之间的连接提供安全、无缝的集成手段。通过云存储网关，用户能够更简便地将已有应用迁移到云存储服务平台和云存储系统上。

防火墙（Firewall）

防火墙（Firewall），也称防护墙，是一种位于内部网络与外部网络之间的网络安全系统。防火墙是一个由软件和硬件设备组合而成，在内部网和外部网之间、专用网与公共网之间的界面上构造的保护屏障。它是一种获取安全性方法的形象说法。通过防火墙，在 Internet 与 Intranet 之间建立起一个安全网关，依照特定的规则允许或是限制传输的数据通过，从而保护内部网免受非法用户的侵入。防火墙主要由服务访问规则、验证工具、包过滤和应用网关 4 个部分组成。

拒绝服务（Denial of Service，DoS）

造成 DoS 的攻击行为被称为 DoS 攻击，其目的是使计算机或网络无法提供正常的服务。最常见的 DoS 攻击有计算机网络带宽攻击和连通性攻击。

分布式拒绝服务（Distributed Denial of Service，DDoS）

分布式拒绝服务（DDoS）通常指 DDoS 攻击。DDoS 攻击借助于 C/S 技术，将多个计算机联合起来作为攻击平台，对一个或多个目标发动 DDoS 攻击，从而成倍地提高拒绝服务攻击的威力。

智慧地球

智慧地球也称为智能地球，就是把感应器嵌入和装备到电网、铁路、桥梁、隧道、公路、建筑、供水系统、大坝、油气管道等各种物体中，并且被普遍连接，形成所谓"物联网"，然后将"物联网"与现有的互联网整合起来，实现人类社会与物理系统的整合。这一概念由 IBM 首席执行官彭明盛首次提出。

开源（Open Source）

开源用于描述那些源码可以被公众使用的软件，并且此软件的使用、修改和发行也不受许可证的限制。

灾备（Disaster Recovery）

灾备即灾难备援，它是指利用科学的技术手段和方法，提前建立系统化的数据应急方式，以应对灾难的发生。其内容包括数据备份和系统备份、业务连续规划、人员架构、通信保障、危机公关、灾难恢复规划、灾难恢复预案、业务恢复预案、紧急事件响应、第三方合作机构和供应链危机管理等。

灾难（Disaster）是突发的、导致重大损失的不幸事件，一般包括：自然的（如地震、洪水、强对流天气、火山爆发、自然火灾等）、系统/技术的（如硬件/软件中断、系统/编程错误等）、供应系统的（如通信中断、配电系统中断、管道破裂等）、人为的（如爆炸、火灾、故意破坏、航空器坠毁、有害物质泄露、化学污染、有害代码等）和政治的（如恐怖袭击、骚乱、罢工等）等。

灾难恢复计划（Disaster Recovery Planning，DRP）

灾难恢复计划（DRP）通常指在信息资源系统遭受部分或全部资源与物理设施损失时，提供应急响应、延长备份运行以及灾后恢复的程序。相对灾备来说，灾难恢复计划是涵盖面更广的业务连续规划的一部分，其核心是对企业或机构的灾难性风险做出评估、防范，特别是对关键性业务数据、流程予以及时记录、备份、保护。